应用型本科机电类专业“十三五”规划精品教材

互换性与技术测量

HUHUANXING YU JISHU CELIANG

主　审　金崇源

主　编　王海文　石　琳　张翠芳

副主编　崔　勇　张金柱　罗文军　高兴军

華中科技大學出版社
http://www.hustp.com
中国·武汉

内 容 简 介

本书全面采用最新的国家标准，并以国家标准为指南，充实理论，加强实用，是一本非常实用的互换性与技术测量的教材和工具书。全书共 12 章，内容包括：绪论，测量技术基础，极限与配合，几何公差与误差检测，表面粗糙度，光滑极限量规，滚动轴承的公差与配合，螺纹的公差与配合，渐开线圆柱齿轮传动的互换性，尺寸链，计算机辅助公差设计，公差与配合综合应用。

本书注重理论和实际应用相结合，内容由浅入深、通俗易懂，各章配有适量的习题，既便于教学又利于自学，可以作为学校教学用的教材和工程技术人员的参考书。

为了方便教学，本书还配有电子课件等教学资源包，任课教师和学生可以登录“我们爱读书”网（www.ibook4us.com）免费注册并浏览，或者发邮件至 hustpeiit@163.com 免费索取。

图书在版编目（CIP）数据

互换性与技术测量/王海文，石琳，张翠芳主编. —武汉：华中科技大学出版社，2017.6
ISBN 978-7-5680-2857-8

Ⅰ.① 互… Ⅱ.① 王… ② 石… ③ 张… Ⅲ.① 零部件-互换性-高等学校-教材 ② 零部件-测量技术-高等学校-教材 Ⅳ.① TG801

中国版本图书馆 CIP 数据核字(2017)第 108367 号

互换性与技术测量
Huhuanxing yu Jishu Celiang

王海文　石琳　张翠芳　主编

策划编辑：康　序
责任编辑：段亚萍
责任监印：朱　玢
出版发行：华中科技大学出版社（中国·武汉）　电话：(027)81321913
武汉市东湖新技术开发区华工科技园　邮编：430223
录　　排：武汉正风天下文化发展有限公司
印　　刷：武汉科源印刷设计有限公司
开　　本：787mm×1092mm　1/16
印　　张：15
字　　数：393 千字
版　　次：2017 年 6 月第 1 版第 1 次印刷
定　　价：35.00 元

前言

PREFACE

“互换性与技术测量”是应用型高等院校机械类、仪器仪表类和机电结合类各专业重要的主干技术基础课程，是和机械工业发展紧密联系的基础学科。“互换性”属于标准化范畴，研究如何通过规定公差与配合来合理地解决实际使用要求和制造工艺之间的矛盾；“测量技术”属于计量学范畴，研究如何运用测量技术手段来保证国家标准的贯彻实施。

本书切合当前教育改革需要，侧重培养适应 21 世纪现代工业发展要求的机械类高级应用技术型人才。根据应用型本科院校机械类、仪表仪器类和机电结合类各专业的培养目标及对毕业生的基本要求，本书本着注重理论与实践紧密联系的原则，既保证了必要、足够的理论知识内容，又增强了理论知识的应用性、实用性。在机械产品的精度设计和制造过程中，如何正确应用相关的国家标准和零件精度设计的原则、方法进行机械产品的精度设计，如何运用常用的、现代的检测技术手段来保证机械零件加工质量是本课程教学的培养目标。本书共分 12 章。第 1 章为绪论，主要介绍互换性；第 2 章介绍测量技术基础；第 3、4、5 章介绍极限与配合、几何公差与误差检测及表面粗糙度，这些内容占实际图纸精度标注的 90％以上，是精度设计的三个重要方面，也是课程的重中之重；第 6 章介绍的光滑极限量规是检验的主要手段；第 7、8、9 章介绍了滚动轴承、螺纹、齿轮的互换性，在掌握了三大精度的基础上，学习这些典型零件的公差、配合与检测并不困难；第 10 章介绍了尺寸链的定义及计算方法；第 11、12 章对公差的计算机辅助设计及综合应用进行了介绍。

本书既突出了常见几何参数及典型表面的公差要求的标注、查表、解释，以及对几何量的常见检测方法和数据处理等内容，又适当地保证了对国家标准制定的基本原理的解释、分析。本书以实际例子说明理论内容，尤其是重点化解难以理解的理论内容。为了满足教学和自学的需要，巩固和加深对有关内容的理解，本书提供了适量的习题。

随着经济技术的迅猛发展，国家标准也在不断更新和修订，为了保证先进性，本书绝大部分内容依据最新国家标准进行编写。

本书在教学使用过程中，可根据专业特点和课时安排选取教学内容。本书可作为高等院校本科机械制造专业、材料成型专业及相近专业的教材,也可作为各类院校专科层次相关专业类似课程的选用教材,还可作为机械制造、材料成型方面的工程技术人员的参考书。

全书由大连工业大学王海文及大连工业大学艺术与信息工程学院石琳、张翠芳担任主编,大连豪森设备制造有限公司崔勇、黑龙江工程学院张金柱、桂林航天工业学院罗文军、辽宁石油化工大学高兴军担任副主编。全书共12章,其中,王海文编写第1章、石琳编写第2、3章及第4章中4.1至4.3节,张翠芳编写第8、9章,大连豪森设备制造有限公司崔勇编写第11、12章,张金柱编写第4章中4.4节至4.6节和第5章,罗文军编写第6、7章、高兴军编写第10章。殷铭一、黄婷婷、李默、白义宁、李云谨、王旭阳、张双双协助进行了编写资料的整理工作。全书由大连工业大学艺术与信息工程学院的金崇源老师主审。

在编写本书的过程中,参考了兄弟院校的相关资料及其他相关教材,并得到许多同仁的关心和帮助,在此谨致谢意。

为了方便教学,本书还配有电子课件等教学资源包,任课教师和学生可以登录"我们爱读书"网(www.ibook4us.com)免费注册并浏览,或者发邮件至hustpeiit@163.com免费索取。

限于篇幅及编者水平,在内容上若有局限和欠妥之处,竭诚希望同行和读者赐予宝贵的意见。

编　者

2017年5月

目录 CONTENTS

第1章 绪 论

1.1 互换性概述

1.1.1 互换性的含义

互换性在日常生活中随处可见，例如，灯泡坏了换个新的，手机、电脑的零件坏了也可以换新的，这是因为合格的产品和零部件都具有在材料性能、几何尺寸、使用功能上彼此互相替换的性能，即具有互换性。广义上说，互换性是指某一产品、过程或服务能用来代替另一产品、过程或服务并满足同样要求的能力。

制造业生产中，经常要求产品的零部件具有互换性。产品或者机器由许多零部件组成，而这些零部件是由不同的工厂和车间制成的，“在同一规格的一批零部件中任取一件，不需要经过任何选择、修配或调整，就能装配在机器上，并且满足使用要求”的特性就是零部件的互换性。广义上讲，互换性包括几何参数(如尺寸、形状、相对位置、表面质量)、力学性能(如强度、硬度、塑性、韧性)、理化性能(如磁性、化学成分)的互换，本书只讨论几何参数的互换性。

1.1.2 互换性的分类

(1) 按互换程度的不同，可以把互换性分为完全互换性和不完全互换性两类。

完全互换性简称互换性，以零部件装配或更换时不需要挑选或修配为条件。一般来说，孔和轴加工后只要符合设计的规定要求，就具有完全互换性。

不完全互换性也称有限互换性，在零部件装配时允许有附加条件地选择或调整。对于不完全互换性，可以采用分组装配法、修配法、调整法或其他方法来实现。

所谓分组装配法，就是将加工好的零件按照实测尺寸分为若干组，使每组内的尺寸差别比较小，再按相应组进行装配，大孔配大轴，小孔配小轴，组内零件可以互换，组与组之间的零件不可互换。分组装配法既可以保证装配精度和使用要求，又可以降低成本。

修配法用补充机械加工或钳工修刮的办法来获得所需的精度，如普通车床尾座部件中的垫板，其厚度需要在装配时进行修磨，以满足头尾座顶尖等高的要求。

调整法也是一种保证装配精度的方法，其特点是在机器装配或使用过程中，对某一特定零件按所需要的尺寸进行调整，以达到装配精度要求。例如在装配时对减速器中的端盖与箱体间的垫片的厚度进行调整，使轴承的一端与端盖的底端之间预留适当的轴向间隙，以补偿温度变化时轴的微量伸长，从而避免在工作时可能产生轴向应力而导致轴的弯曲。

(2) 对标准零部件或机构来讲，其互换性又可分为内互换性和外互换性。

内互换性是指部件或机构内部组成零件间的互换性，外互换性是指部件或机构与其相配合件间的互换性。例如，滚动轴承内、外圈滚道直径与滚动体直径间的配合为内互换性；

滚动轴承内圈内径与传动轴的配合，滚动轴承外圈外径与壳体孔的配合为外互换性。

为使用方便起见，滚动轴承的外互换采用完全互换，内互换则因为组成零件的精度要求较高、加工困难而采用分组装配法，为不完全互换。一般来说，不完全互换只用于制造厂内部的装配，厂际协作即使产量不大也采用完全互换。

1.1.3 互换性的作用

互换性原则被广泛采用，因为它不仅对生产过程有影响，还涉及产品的设计、制造、装配、使用、维修等各方面。

(1) 在设计方面，零部件具有互换性可以最大限度地采用标准件和通用件，减少设计工作量，缩短设计周期，有利于开展计算机辅助设计和实现产品品种的多样化。例如开发汽车新产品时，可以采用具有互换性的发动机和底盘，不需要重新设计，而把设计重点放在外观等方面，大大缩短了设计与生产准备的周期。

(2) 在制造方面，互换性有利于组织专业化生产，可采用高效率的专用设备，有利于组织流水线和自动线等先进生产方式，有助于进行计算机辅助制造，从而提高产品质量和生产效率，降低生产成本。例如在汽车制造业中，汽车制造厂通常只生产主要部件，其他大部分的零部件采用专业化的协作生产。

(3) 在装配方面，由于零部件具有互换性，因此装配时不需任何辅助加工，减轻了劳动强度，缩短了装配周期，有利于实现装配过程的机械化和自动化。

(4) 在使用和维修方面，零部件具有互换性，可及时更换已经磨损或损坏的零部件，以减少机器的维修时间和费用，保证机器的使用效率，延长使用寿命。

综上所述，互换性在提高劳动生产率、保证产品质量和降低生产成本等方面具有重大的意义。互换性原则已成为现代制造业中的重要生产手段和有效的技术措施。应当指出，互换性原则不是在任何情况下都适用的，有的零件必须单配才能制成或者符合经济原则，然而在这种情况下，也不可避免地要用到具有互换性的刀具或量具，因此互换性原则确实是基本的技术经济原则。

1.1.4 互换性的实现

任何零件都有一个加工的过程，无论设备的精度和操作工人的水平多么高，加工后的一批同规格的零部件之间，相对应的实际几何参数（如尺寸、形状、相对位置、表面质量）也不可能完全一样。实际上，为了保证几何参数的互换性，只要把加工后的零部件的实际几何参数控制在产品性能所允许的变动范围内即可，这个允许的变动范围叫作“公差”。至于零部件的实际几何参数的变动量是否在规定的公差范围内，则要通过测量和检验手段来判断。

为了使零部件具有互换性，首先必须对几何参数提出公差要求，只有在公差要求范围内的合格零件才能实现互换性。为了实现互换性生产，对各种公差要求还必须具有统一的术语、协调的数据和正确的标注方式，使从事机械设计或加工的人员具有共同的技术语言和依据，因此必须制定公差标准。公差标准是对零件的公差和相互配合制定的技术基础标准。

有了公差标准，还要有相应的检测技术措施来保证检测实际几何参数是否合格，从而保证零部件的互换性。在检测过程中必须保证计量基准和单位的统一，这就需要规定严格的尺寸传递系统，从而保证计量单位的统一。检测不仅可以用来评定产品质量，还能用于分析产品不合格的原因，以便及时调整生产，预防废品的产生。产品质量的提高，除了设计和加工精度的提高外，往往更有赖于检测精度的提高。

综上，制定和贯彻公差标准、合理设计公差、采用相应的检测技术是实现互换性、保证产品质量的必要条件。

1.1.5 本课程的性质与要求

“互换性与技术测量”课程是高等工科应用型本科院校机械类各专业（包括车辆、材料、仪器仪表等专业）的一门重要的技术基础课程，是联系机械设计与后续机械加工工艺等课程的纽带，是从专业基础课学习过渡到专业课程学习的桥梁。

学习者在学习本课程之前，应具有一定的理论知识和初步的机械制造生产实践知识。在完成本课程的学习任务后，应达到以下基本要求。

(1) 建立几何参数互换性与标准化的概念。

(2) 认识有关几何参数公差标准的基本内容和主要规定。

(3) 初步掌握选用国家标准规定的各几何参数公差与配合；在机械产品的装配图和零件图样上，按常见几何参数公差与配合的要求正确标注，会解释和查用有关标准。

(4) 会正确选择、使用在机械制造现场中常用的计量器具，能对一般的、常见的几何量进行综合检测和数据处理，并做出合格性的正确判断。

(5) 会设计光滑极限量规。

本书为了强化应用能力的学习，每章均配有习题，将理论知识与几何量精度设计有机地结合在一起，使学习者更容易理解理论知识。本书突出教学重点和教学的基本点，使学习者在有限的学习时间内，掌握必要的内容，达到基本要求。

1.1.6 本课程的发展及前景

“互换性与技术测量”是一门传统的技术基础课。在人们长期的生产实践及教学研究过程中，该课程已形成完整的学科体系，有规范的国家标准，基本上能够满足传统精度设计和加工要求。然而，随着科学技术的不断进步，机械行业的快速发展，产品更新极为迅速，机器及零件精度要求越来越高，零件的形状越来越复杂，特别是数控加工设备（加工中心、数控铣床、数控车床、电火花机床、线切割机、快速成型机）的不断涌现，对传统的技术测量及数据处理提出了严峻的挑战，迫切需要有一门既能够高精度测量，同时又能测量复杂零件、快速处理大量数据信息，还能够实现测量及数据处理自动化要求的学科，计算机技术的不断发展及高精度机器设备的出现使其成为可能。

“现代测量技术”是在计算机辅助下测量和处理机械零件误差数据的一门学科，是“互换性与技术测量”课程的发展与延伸。随着现代测量技术在机械工业中的不断应用和发展，现

图 1-1　三坐标测量仪

代测量技术无论在理论研究，还是在实际应用的深度和广度方面，都取得了令人可喜的成果。以三坐标测量仪（见图 1-1）为代表的一批现代测量设备在机械、电子、航空、模具、汽车等行业中起着越来越重要的作用。

现代测量技术把工程技术人员从繁杂的手眼劳动中解放出来，解决了手眼不能测量高精度、复杂零件的问题，使用手工不能处理的数据的处理得以实现，大大缩短了机械设计周期，提升了零件的品质，为高精度机械设备生产提供了有力的技术保证。

21 世纪的工程技术人员，肩负国家振兴、经济腾飞的重任。学习“现代测量技术”课程是历史赋予我们的责任，必须在学习“互换性与技术测量”课程的基础上，紧跟历史潮流，把握“现代测量技术”的脉搏，成为一名既懂传统技术，又会现代方法的高级工程技术人才。

1.2　标准与标准化

现代工业生产的特点是规模大、品种多、分工细、协作单位多和互换性要求高。一种产品的制造往往涉及许多部门和企业，为了适应生产中各部门和企业之间技术上相互协调、生产环节之间相互衔接的要求，必须使独立的、分散的生产部门和生产环节之间保持必要的技术统一，以实现互换性生产。标准与标准化正是联系这种关系的主要途径和手段。

1. 标准

按照 GB/T 20000.1—2014《标准化工作指南　第 1 部分：标准化和相关活动的通用术语》的规定，标准是通过标准化活动，按照规定的程序经协商而一致制定，为各种活动或其结果提供规则、指南或特性，供共同使用和重复使用的文件。

标准宜以科学、技术和经验的综合成果为基础，以促进最佳的共同效益为目的。规定的程序指制定标准的机构颁布的标准制定程序。国际标准、区域标准、国家标准等，由于它们可以公开获得以及必要时通过修正或修订保持与最新技术水平同步，因此它们被视为构成了公认的技术规则。其他层次上通过的标准，诸如专业协（学）会标准、企业标准等，在地域上可影响几个国家。

标准可以从不同的角度进行分类，按标准的作用范围可分为国际标准、区域标准、国家标准、行业标准、地方标准和企业标准。在世界范围内，企业共同遵守国际标准（ISO）；对于需要在全国范围内统一的技术要求，制定国家标准（GB）；对于没有国标又需要在某行业统一的技术要求制定行业标准，如机械标准（JB）；对于需要在某个范围内统一的技术要求，可制定地方标准（DB）和企业标准（QB）。

按标准化对象的特性，标准可分为基础标准、术语标准、符号标准、分类标准、试验标准、规范标准、规程标准、指南标准、产品标准、过程标准、服务标准、接口标准、数据待定标准等。这些类别相互间并不排斥。例如，一个特定的产品标准，如果不仅规定了对该产品特性的技术要求，还规定了用于判定该要求是否得到满足的证实方法，这个产品标准也可视为规范标准。

2. 标准化

标准化指的是为了在既定范围内获得最佳秩序，促进共同效益，对现实问题或潜在问题确立共同使用和重复使用的条款以及编制、发布和应用文件的活动。标准化活动确立的条款，可形成标准和其他标准化文件。标准化的主要效益在于为了产品、过程或服务的预期目的改进它们的适用性，促进贸易、交流及技术合作。

标准化工作包括制定标准、发布标准、组织实施标准和对标准的实施进行监督的全部活动过程。由此可见，标准化是一个不断循环而又不断提高水平的过程。实施标准化可以改进产品、过程和服务的适用性，其目的可能包括但不限于品种控制、可用性、兼容性、互换性、健康、安全、环境保护、产品防护、相互理解、经济绩效、贸易等。

标准化是实现互换性生产的前提，是组织现代化生产的重要手段，是实现专业化生产的必要前提，是联系设计、生产和使用等方面的纽带，是科学管理的重要组成部分，也是提高产品在国际市场上的竞争能力的技术保证。因此，目前世界上各工业发达国家都高度重视标准化工作。

目前，标准化已发展到一个新的阶段，其特点是标准的国际化。采用国际标准已成为各国技术经济工作的普遍发展趋势。国际标准指国际标准化组织（ISO）、国际电工委员会（IEC）和国际电信联盟（ITU）制定的标准，以及 ISO 确认并公布的其他国际组织制定的标准。为了便于国际贸易和国际技术交流，有些国家参照国际标准制定本国的国家标准，有些国家甚至不制定本国标准，完全采用国际标准。

我国提出了采用国际标准的三大原则：坚持与国际标准统一协调的原则，坚持结合我国国情的原则，以及坚持高标准、严要求和促进技术进步的原则。1978 年加入 ISO 后，我国以国际标准为基础，陆续修订了自己的标准，其一致性程度有等同（IDT）、修改（MOD）和非等效（NEQ）三种。

1.3 优先数与优先数系

1.3.1 优先数系和公比

在设计机械产品和制定标准时，产品的性能参数、尺寸规格参数等都要通过数值表达，而这些数值在生产过程中又是互相关联的。例如，设计减速器箱体上的螺孔，当螺孔的直径和螺距确定后，与之相配合的螺钉尺寸、加工用的丝锥尺寸、检验用的螺纹塞规尺寸则随之而定，甚至攻螺纹前的钻孔尺寸和钻头尺寸、与之相关的垫圈尺寸、轴承盖上通孔的尺寸也随螺孔直径而定，这种参数数值具有扩散传播的特性。工程技术中的参数数值，即使是很小的差别，经过反复传播，也会造成尺寸规格的繁多杂乱，给组织生产、协作配套及使用维修等带来很大的困难。优先数和优先数系就是对各种技术参数的数值进行协调、简化和统一的一种科学的数值制度，于 1877 年由法国人查尔斯·雷诺（Charles Renard）首先提出。

GB/T 321—2005《优先数和优先数系》规定的优先数系是指公比为 $\sqrt[5]{10}$、$\sqrt[10]{10}$、$\sqrt[20]{10}$、$\sqrt[40]{10}$、$\sqrt[80]{10}$，且项值中含有 10 的整数幂的几何级数的常用圆整值。为纪念雷诺，优先数系又叫 R 数系，各系列分别用 R5、R10、R20、R40 和 R80 表示，数系中的每一个数都为优先数。

优先数的理论值除10的整数幂之外均为无理数，应用时要加以圆整。通常取5位有效数字作为计算值，供精确计算用，取3位有效数字作为常用值。5个优先数系的公比分别为

R5 系列： $q_5=\sqrt[5]{10}\approx1.60$

R10 系列： $q_{10}=\sqrt[10]{10}\approx1.25$

R20 系列： $q_{20}=\sqrt[20]{10}\approx1.12$

R40 系列： $q_{40}=\sqrt[40]{10}\approx1.06$

R80 系列： $q_{80}=\sqrt[80]{10}\approx1.03$

R5、R10、R20、R40是优先数系的基本系列，常用值如表1-1所示，基本系列中的优先数常用值，对计算值的相对误差在+1.26%～-1.01%范围内。一般机械产品的主要参数通常按R5系列和R10系列；专用工具的主要尺寸按R10系列；通用零件及工具的尺寸、铸件的壁厚等按R20系列；R80作为补充系列，仅用于分级很细的特殊场合。

表1-1　优先数系的基本系列(摘自GB/T 321—2005)

R5	R10	R20	R40	R5	R10	R20	R40	R5	R10	R20	R40
1.00	1.00	1.00	1.00			2.24	2.24		5.00	5.00	5.00
			1.06				2.36				5.30
		1.12	1.12	2.50	2.50	2.50	2.50			5.60	5.60
			1.18				2.65				6.00
	1.25	1.25	1.25			2.80	2.80	6.30	6.30	6.30	6.30
			1.32				3.00				6.70
		1.40	1.40		3.15	3.15	3.15			7.10	7.10
			1.50				3.35				7.50
1.60	1.60	1.60	1.60			3.55	3.55		8.00	8.00	8.00
			1.70				3.75				8.50
		1.80	1.80	4.00	4.00	4.00	4.00			9.00	9.00
			1.90				4.25				9.50
	2.00	2.00	2.00			4.50	4.50	10.00	10.00	10.00	10.00
			2.12				4.75				

1.3.2　优先数系的特点

优先数系是一种十进制的等比级数，级数的项值中包括1,10,100,…,10^n和1,0.1,0.01,…,10^{-n}这些数(n为正整数)，按1～10,10～100,…和1～0.1,0.1～0.01,…划分区间，然后进行细分。它具有以下特点。

(1) 每个区间内，R5系列有5个优先数，即1,1.6,2.5,4和6.3。R10系列有10个优先数，即在R5的5个优先数中再插入比例中项1.25,2,3.15,5和8。R5系列的各项数值包含在R10系列中，同理R10系列的各项数值包含在R20系列中，R20系列的各项数值包含在R40系列中，R40系列的各项数值包含在R80系列中。

(2) 只要知道一个十进段内的优先数值，其他十进段内的数值就可由小数点的前后移位得到，所以优先数系的项值可从1开始，向大于1和小于1两端无限延伸，简单方便，易学易记易用。

(3) 任意相邻两项间的相对差近似不变（按理论值则相对差为恒定值），如R5系列的约为60%，R10系列的约为25%，R20系列的约为12%，R40系列的约为6%，R80系列的约为3%。按照等差数列分级的话，绝对差不变会导致相对差变化太大，只有按照等比数列分级，才能在较宽范围内以较少规格经济合理地满足要求。

(4) 任意优先数经乘法、除法、乘方、开方运算后仍为优先数。很多数学量和物理量的近似值为优先数，如圆周率 π 可取3.15，重力加速度可取10，给工程计算带来很大方便。例如直径为优先数时，圆的周长和面积、圆柱面的面积和圆柱体的体积、球体的表面积和体积等都是优先数。

1.3.3 派生系列和优先数的选用

为使优先数系具有更宽广的适应性，可以从基本系列Rr中，每逢p项留取一个优先数，生成新的派生系列，以符号Rr/p表示，公比为$10^{p/r}$。如R10/3，是从基本系列R10中，每3项留取一个优先数生成的，即…，1.00，2.00，4.00，8.00，…，其公比为$10^{3/10}\approx 2$，又称作倍数系列，应用非常广泛。

在确定产品的参数或参数系列时，如果没有特殊原因而必须选用其他数值的话，只要能满足技术经济上的要求，就应当力求选用优先数，并且按照R5、R10、R20和R40的顺序，优先选用公比较大的基本系列；当一个产品的所有特性参数不可能都采用优先数时，也应使一个或几个主要参数采用优先数；即使单个参数值，也应按上述顺序选用优先数。这样做既可在产品发展时插入中间值，使之仍保持或逐步发展成为有规律的系列，又便于跟其他相关产品协调配套。

当基本系列不能满足要求时，可选用派生系列，优先采用公比较大和延伸项含有项值1的派生系列；根据经济性和需要量等不同条件，还可分段选用最合适的系列。

习　题

一、简答题

1. 试述互换性在机械制造中的作用，并列举互换性应用的实例。
2. 互换性怎样分类？各用于何种场合？
3. 试述标准和标准化的意义。
4. 优先数系有哪些特点？R5、R10、R20、R40和R80系列是什么意思？

二、综合题

1. 试写出下列基本系列和派生系列中自1以后共5个优先数的常用值：R10、R10/2、R20/3、R5/3、R40/7。
2. 下面两列数据属于哪种系列？公比为多少？

(1) 某机床主轴转速为50，63，80，100，125，…，单位为r/min。

(2) 表面粗糙度Ra的基本系列为0.012，0.025，0.050，0.100，0.200，…，单位为μm。

第2章 测量技术基础

2.1 概述

本节介绍几何量测量技术方面的基础知识，包括测量与检验的概念、计量单位与长度基准、长度量值传递系统、在生产实际中作为标准量具的量块及其应用及计量器具和测量方法的分类。

2.1.1 测量与检验的概念

完工零件的几何精度是否满足设计时所规定的要求，需要经过测量与检验。

测量是指为确定被测量的量值而进行的实验过程，即将被测量的量值 L 与复现计量单位的标准量 E 进行比较，从而确定两者比值的过程。被测量的量值可表示为

$$L=qE \tag{2-1}$$

检验是指判断被测量是否合格的实验过程。

任何一个完整的测量过程必须有被测对象和所采用的计量单位，同时要采用与被测对象相适应的测量方法，并使测量结果达到所要求的测量精度。因此，测量过程应包括被测对象、计量单位、测量方法和测量精度四个要素。

1. 被测对象

在几何量测量中，被测对象主要是指零件的尺寸、几何误差及表面粗糙度等几何参数。由于被测对象种类繁多，复杂程度各异，因此熟悉和掌握被测对象的定义，分析和研究被测对象的特点十分重要。

2. 计量单位

我国规定的法定计量单位中长度单位为米(m)。在机械制造业中，常用的长度单位为毫米(mm)；精密测量时，多采用微米(μm)；超精密测量时，多采用纳米(nm)。

3. 测量方法

测量方法是指在进行测量时所采用的测量原理、计量器具及测量条件的总和。

4. 测量精度

测量精度即测得值与其真值的一致程度。测量过程中不可避免地存在测量误差。测量误差小，测量精度高；测量误差大，测量精度低。只有测量误差足够小，才表明测量结果是可靠的。因此，不知道其测量精度的测量结果是没有意义的。通常用测量的极限误差或测量的不确定度来表示测量精度。

2.1.2 计量单位与长度基准

1. 计量单位

为了保证计量的准确度，首先需要建立统一、可靠的计量单位。

1984年国务院发布了《关于在我国统一实行法定计量单位的命令》，在采用国际单位制的基础上，规定我国计量单位一律采用《中华人民共和国法定计量单位》，其中规定“米”(m)为长度的基本单位。机械制造中常用的长度单位为毫米(mm)。

2. 长度基准

1983年10月，在第十七届国际计量大会上通过的“米”的现行定义为：米是光在真空中1/299 792 458秒的时间间隔内所经过的路程的长度。这是米在理论上的定义，使用时需要对米的定义进行复现，才能获得各自国家的长度基准。

2.1.3 长度量值传递系统

在工程上，一般不能直接按照米的定义用光波来测量零件的几何参数，而是采用各种计量器具。为了保证量值的准确和统一，必须建立从长度基准一直到被测零件的量值传递系统。

我国长度量值传递的主要标准器是量块(端面量具)和线纹尺(刻线量具)，其传递系统如图2-1所示。

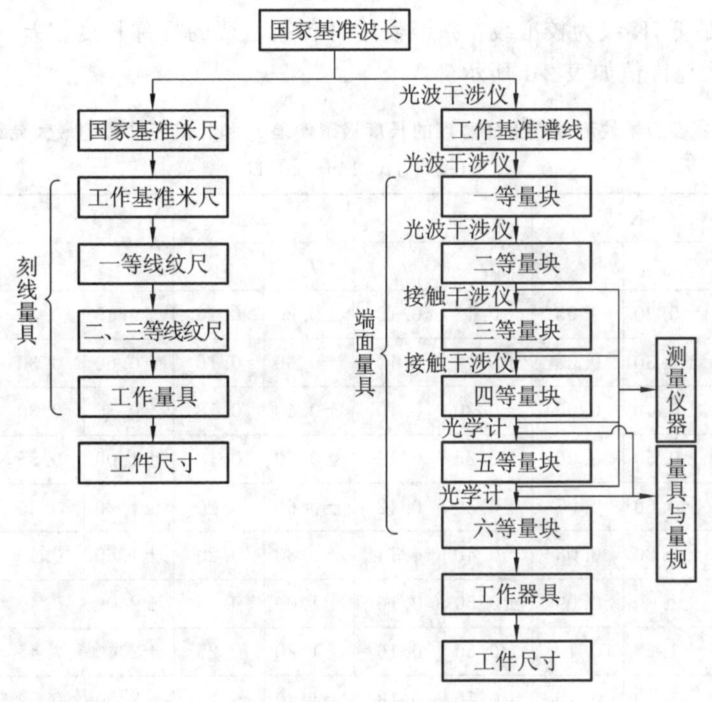

图2-1 长度量值传递系统

2.1.4 量块及其应用

量块又称块规，它是平面平行端面量具，多用铬锰钢制成，具有尺寸稳定、不易变形和耐磨性好等特点。量块的用途广泛，除作为标准器具进行长度量值的传递外，还可用来调整仪器、机床和其他设备，也可以用来直接测量零件。

量块通常制成长方体，如图2-2(a)所示。其中两个表面光洁($Rz \leqslant 0.08\ \mu m$)且是平面度误差很小的平行平面，称为测量面或工作面。量块的精度极高，但是两个工作面也不是绝对平行的。因此,量块的尺寸规定为把量块的一个工作面研合在平行的工作平面上,另一个工作面的中心到平行平面的垂直距离,如图 2-2(b)所示。量块上标出的尺寸称为量块的标称尺寸。标称尺寸(即名义尺寸)小于 6 mm 的量块,有数字的一面为上测量面;标称尺寸大于等于 6 mm 的量块,有数字面的右侧面为上测量面。

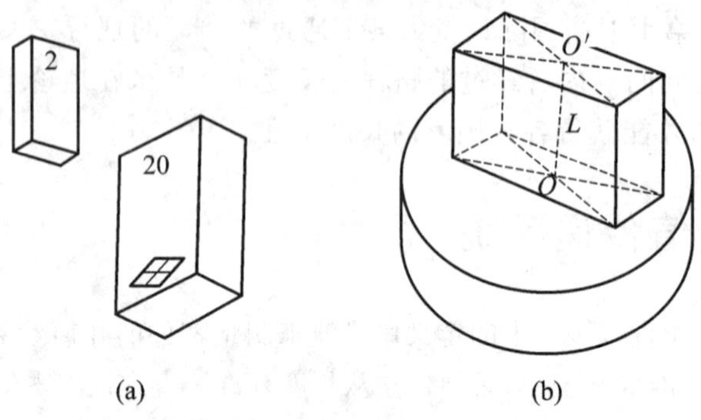

图 2-2 量块的形状与尺寸

为了满足不同的生产要求,量块按其制造精度分为 00,0,K,1,2,3 级。其中 00 级精度最高,3 级精度最低,K 级为校准级。按级使用时各级量块的标称长度偏差(极限偏差)和长度变动量的最大允许值如表 2-1 所示。

表 2-1 各级量块测量面上任意点的长度极限偏差 t_e 和长度变动量的最大允许值 t_v

(摘自 JJG 146—2011)

μm

标称长度 l_n/mm	K 级		0 级		1 级		2 级		3 级	
	t_e	t_v	t_e	t_v	t_e	t_v	t_e	t_v	t_e	t_v
l_n≤10	±0.20	0.05	±0.12	0.10	±0.20	0.16	±0.45	0.30	±1.0	0.50
10<l_n≤25	±0.30	0.05	±0.14	0.10	±0.30	0.16	±0.60	0.30	±1.2	0.50
25<l_n≤50	±0.40	0.06	±0.20	0.10	±0.40	0.18	±0.80	0.30	±1.6	0.55
50<l_n≤75	±0.50	0.06	±0.25	0.12	±0.50	0.18	±1.00	0.35	±2.0	0.55
75<l_n≤100	±0.60	0.07	±0.30	0.12	±0.60	0.20	±1.20	0.35	±2.5	0.60
100<l_n≤150	±0.80	0.08	±0.40	0.14	±0.80	0.20	±1.60	0.40	±3.0	0.65
150<l_n≤200	±1.00	0.09	±0.50	0.16	±1.00	0.25	±2.00	0.40	±4.0	0.70
200<l_n≤250	±1.20	0.10	±0.60	0.16	±1.20	0.25	±2.40	0.45	±5.0	0.75
250<l_n≤300	±1.40	0.10	±0.70	0.18	±1.40	0.25	±2.80	0.50	±6.0	0.80
300<l_n≤400	±1.80	0.12	±0.90	0.20	±1.80	0.30	±3.6	0.50	±7.0	0.90
400<l_n≤500	±2.20	0.14	±1.10	0.25	±2.20	0.35	±4.4	0.60	±9.0	1.00
500<l_n≤600	±2.60	0.16	±1.30	0.25	±2.60	0.40	±5.0	0.70	±11.0	1.10
600<l_n≤700	±3.00	0.18	±1.50	0.30	±3.00	0.45	±6.0	0.70	±12.0	1.20
700<l_n≤800	±3.40	0.20	±1.70	0.30	±3.40	0.50	±6.5	0.80	±14.0	1.30
800<l_n≤900	±3.80	0.20	±1.90	0.35	±3.80	0.50	±7.5	0.90	±15.0	1.40
900<l_n≤1000	±4.20	0.25	±2.00	0.40	±4.20	0.60	±8.0	1.00	±17.0	1.50

注:距离测量面边缘 0.8 mm 范围内不计。

量块按其检定精度分为1,2,3,4,5,6等。其中1等精度最高,6等精度最低。各等量块长度测量不确定度和长度变动量最大允许值如表2-2所示。

表2-2 各等量块长度测量不确定度和长度变动量最大允许值(摘自JJG 146—2011) μm

标称长度 l_n/mm	1等		2等		3等		4等		5等	
	测量不确定度	长度变动量	测量不确定度	长度变动量	测量不确定度	长度变动量	测量不确定度	长度变动量	测量不确定度	长度变动量
$l_n \leqslant 10$	0.022	0.05	0.06	0.10	0.11	0.16	0.22	0.30	0.6	0.50
$10 < l_n \leqslant 25$	0.025	0.05	0.07	0.10	0.12	0.16	0.25	0.30	0.6	0.50
$25 < l_n \leqslant 50$	0.030	0.06	0.08	0.10	0.15	0.18	0.30	0.30	0.8	0.55
$50 < l_n \leqslant 75$	0.035	0.06	0.09	0.12	0.18	0.18	0.35	0.35	0.9	0.55
$75 < l_n \leqslant 100$	0.040	0.07	0.10	0.12	0.20	0.20	0.40	0.35	1.0	0.60
$100 < l_n \leqslant 150$	0.05	0.08	0.12	0.14	0.25	0.20	0.5	0.40	1.2	0.65
$150 < l_n \leqslant 200$	0.06	0.09	0.15	0.16	0.30	0.25	0.6	0.40	1.5	0.70
$200 < l_n \leqslant 250$	0.07	0.10	0.18	0.16	0.35	0.25	0.7	0.45	1.8	0.75
$250 < l_n \leqslant 300$	0.08	0.10	0.20	0.18	0.40	0.25	0.8	0.50	2.0	0.80
$300 < l_n \leqslant 400$	0.10	0.12	0.25	0.20	0.50	0.30	1.0	0.50	2.5	0.90
$400 < l_n \leqslant 500$	0.12	0.14	0.30	0.25	0.60	0.35	1.2	0.60	3.0	1.00
$500 < l_n \leqslant 600$	0.14	0.16	0.35	0.25	0.7	0.40	1.4	0.70	3.5	1.10
$600 < l_n \leqslant 700$	0.16	0.18	0.40	0.30	0.8	0.45	1.6	0.70	4.0	1.20
$700 < l_n \leqslant 800$	0.18	0.20	0.45	0.30	0.9	0.50	1.8	0.80	4.5	1.30
$800 < l_n \leqslant 900$	0.20	0.20	0.50	0.35	1.0	0.50	2.0	0.90	5.0	1.40
$900 < l_n \leqslant 1000$	0.22	0.25	0.55	0.40	1.1	0.60	2.2	1.00	5.5	1.50

1. 距离测量面边缘0.8 mm范围内不计。
2. 表内测量不确定度置信概率为0.99。

量块按级使用时,应以量块的标称长度为工作尺寸,该尺寸包含了制造时的尺寸误差;量块按等使用时,应以经检定所得到的量块中心长度的实际尺寸为工作尺寸,该尺寸不受制造误差的影响,只包含检定时较小的测量误差。因此,量块按等使用比按级使用时的精度高。例如:按级使用量块时,使用1级、30 mm的量块,标称长度极限偏差为(30±0.0004) mm;按等使用量块时,使用3等量块,该量块检定尺寸为30.0002 mm,其中心长度的测量不确定度的极限偏差为(30.0002±0.00015) mm。

为了能用较小的块数组合成所需要的尺寸,量块按一定的尺寸系列成套生产。GB/T 6093—2001中规定的量块系列有91块、83块、46块、38块、10块等17套,如表2-3所示。

表 2-3　成套量块的尺寸（摘自 GB/T 6093—2001）

套别	总块数	级别	尺寸系列/mm	间隔/mm	块　数
1	91	0,1	0.5	—	1
			1	—	1
			1.001,1.002,…,1.009	0.001	9
			1.01,1.02,…,1.49	0.01	49
			1.5,1.6,…,1.9	0.1	5
			2.0,2.5,…,9.5	0.5	16
			10,20,…,100	10	10
2	83	0,1,2	0.5	—	1
			1	—	1
			1.005	—	1
			1.01,1.02,…,1.49	0.01	49
			1.5,1.6,…,1.9	0.1	5
			2.0,2.5,…,9.5	0.5	16
			10,20,…,100	10	10
3	46	0,1,2	1	—	1
			1.001,1.002,…,1.009	0.001	9
			1.01,1.02,…,1.09	0.01	9
			1.1,1.2,…,1.9	0.1	9
			2,3,…,9	1	8
			10,20,…,100	10	10
4	38	0,1,2	1	—	1
			1.005	—	1
			1.01,1.02,…,1.09	0.01	9
			1.1,1.2,…,1.9	0.1	9
			2,3,…,9	1	8
			10,20,…,100	10	10
…	…	…	…	…	…
17	6	3	201.2,400,581.5,750,901.8,990	—	6

由于量块测量面的平面度误差和表面粗糙度数值均很小，所以当测量面上有一层极薄的油膜时，两个量块的测量面相互接触，在不大的压力下做切向相对滑动，就能使两个量块黏附在一起。于是，就可用不同尺寸的量块在一定尺寸范围内组合成所需要的尺寸。为了减少量块的组合误差，保证测量精度，应尽量减少量块的数目，一般不应超过 4 块，并使各量块的中心长度在同一直线上。实际组合时，应从消去所需尺寸的最小尾数开始，每选一块量块，应至少减少所需尺寸的一位小数。

例如，用 83 块一套的量块，组成尺寸 28.785 mm，其组合方法如下：

量块组的尺寸	28.785	
第一块量块的尺寸	− 1.005	(尺寸 1.005 mm)
剩余尺寸	27.78	
第二块量块的尺寸	− 1.28	(间隔 0.01 mm)
剩余尺寸	26.50	
第三块量块的尺寸	− 6.5	(间隔 0.5 mm)
剩余尺寸(即第四块量块的尺寸)	20	(间隔 10 mm)

2.1.5 计量器具和测量方法的分类

1. 计量器具的分类

计量器具按其测量原理、结构特点和用途可分为以下几类。

1) 基准量具

基准量具是用来调整和校对一些计量器具或作为标准尺寸进行比较测量的器具,又分为定值基准量具(如量块、角度块等)、变值基准量具(如线纹尺等)。

2) 极限量规

极限量规是一种没有刻度的用于检验零件的尺寸和几何误差的专用计量器具,如光滑极限量规、位置和螺纹量规等。它只能用来判断被测几何量是否合格,而不能得到被测几何量的具体数值。

3) 检验夹具

检验夹具也是一种专用计量器具,它与有关计量器具配合使用,可方便、快速地测得零件的多个几何参数。如检验滚动轴承的专用检验夹具可同时测得内、外圈尺寸和径向与端面圆跳动误差等。

4) 通用计量器具

通用计量器具是指能将被测几何量的量值转换成可直接观测的指示值或等效信息的器具,按其工作原理不同又可分为以下几种。

(1) 游标量具,如游标卡尺、游标深度尺和游标量角器等。

(2) 微动螺旋量具,如外径千分尺和内径千分尺等。

(3) 机械比较仪,即用机械传动方法实现信息转换的量仪,如杠杆齿轮比较仪、扭簧比较仪等。

(4) 光学量仪,即用光学方法实现信息转换的量仪,如光学比较仪、工具显微镜、测量投影仪和光波干涉仪等。

(5) 电动量仪,即将原始信息转换成电路参数的量仪,如电感测微仪、电容测微仪和轮廓仪等。

(6) 气动量仪,即通过气动系统的流量或压力的变化来实现原始信息转换的量仪,如游标式气动量仪、薄膜式气动量仪和波纹管式气动量仪等。

5) 微机化量仪

微机化量仪是指在微机系统控制下,可实现数据的自动采集、自动处理、自动显示和打印测量结果的机电一体化量仪,如电脑圆度仪、电脑形位误差测量仪和电脑表面粗糙度测量仪等。

2. 计量器具的技术性能指标

(1) 刻度间距,刻度尺或刻度盘上相邻两刻线中心线间的距离。为便于目测估读一个分度值的小数部分,一般将刻度间距取为 1～2.5 mm。

(2) 分度值,又称刻度值,它是指刻度尺或刻度盘上每一刻度间距所代表的量值。几何量计量器具的常用分度值有 0.1 mm,0.05 mm,0.02 mm,0.01 mm,0.002 mm 和 0.001 mm。

(3) 示值范围,由计量器具所显示或指示的最低值到最高值的范围。例如,某一机械比较仪的示值范围是±0.1 mm。

(4) 测量范围,在允许误差限内计量器具所能测量的最小和最大被测量值的范围。例如,某一千分尺的测量范围是 50～75 mm。

(5) 灵敏度和放大比,计量器具对被测量变化的反应能力。对于一般长度的计量器具,灵敏度又称放大比;对于具有等分刻度的刻度尺或刻度盘的量仪,放大比 K 等于刻度间距 a 与分度值 i 之比,即

$$K=\frac{a}{i} \tag{2-2}$$

(6) 灵敏限,引起计量器具示值可察觉变化的被测量的最小变化值。它表示量仪反映被测量微小变化的能力。

(7) 测量力,在测量过程中,计量器具与被测表面之间的接触力。在接触测量时,测量力可保证接触可靠,但过大的测量力会使量仪和被测零件变形和磨损,而测量力的变化会使示值不稳定,影响测量精度。

(8) 示值误差,计量器具的示值与被测量真值之差。

(9) 示值变动,在测量条件不变的情况下,对同一被测量进行多次重复测量(一般 5～10 次)时,各测得值的最大差值。

(10) 回程误差,在相同条件下,对同一被测量进行往、返两个方向测量时,测量示值的变化范围。

(11) 修正值,为了消除或减少系统误差,用代数法加到未修正测量结果上的数值。修正值等于示值误差的负值。例如,若示值误差为－0.003 mm,则修正值为＋0.003 mm。

(12) 测量不确定度,由于测量误差的影响而使测量结果不能肯定的程度。不确定度用误差极限表示。

3. 测量方法的种类及其特点

测量方法是指测量原理、测量器具、测量条件的总和。在实际工作中,往往从获得测量结果的方式来划分测量方法的种类。

(1) 按计量器具的示值是否是被测量的全值,可分为绝对测量和相对测量。

① 绝对测量,计量器具的示值就是被测量的全值。例如,用游标卡尺、千分尺测量轴、孔的直径就属于绝对测量。

② 相对测量,又称比较测量,计量器具的示值只表示被测量相对于已知标准量的偏差值,而被测量为已知标准量与该偏差值的代数和。例如,用比较仪测量轴的直径尺寸,首先用与被测轴径的公称尺寸相同的量块将比较仪调零,然后换上被测轴,测得被测轴直径相对于量块的偏差,该偏差值与量块尺寸的代数和就是被测轴直径的实际尺寸。

（2）按实测量是否是被测量，可分为直接测量和间接测量。

① 直接测量，无须对被测量与其他实测量进行函数关系的辅助计算，而直接测得被测量值的测量方法。例如，用外径千分尺测量轴的直径就属于直接测量。

② 间接测量，实测量与被测量之间有已知函数关系的其他量，经过计算求得被测量值的方法就是间接测量法。例如，采用“弓高弦长法”间接测量圆弧样板的半径 R，只要测得弓高 h 和弦长 L 的量值，然后按照有关公式进行计算，就可获得样板的半径 R 的量值，这种方法属于间接测量法。

（3）按零件上是否同时测量多个被测量，可分为单项测量和综合测量。

① 单项测量，对被测量分别进行的测量。例如，用工具显微镜分别测量中径、螺距和牙侧角的实际值。

② 综合测量，对零件上一些相关联的几何参数误差的综合结果进行测量。例如齿轮的综合偏差的测量。

（4）按被测工件表面与计量器具的测头之间是否接触，可分为接触测量和非接触测量。

① 接触测量，计量器具的测头与被测表面相接触，并有机械作用的测量力的测量。例如，用比较仪测量轴径。

② 非接触测量，计量器具的测头与被测表面不接触，因而不存在机械作用的测量力的测量。例如，用光切显微镜测量表面粗糙度。

（5）按测量结果对工艺过程所起的作用，可分为被动测量和主动测量。

① 被动测量，对完工零件进行的测量。测量结果仅限于发现并剔除不合格品。

②主动测量，在零件加工过程中所进行的测量。此时，测量结果可直接用来控制加工过程，以防止废品的产生。例如，在磨削滚动轴承内、外圈的外、内滚道过程中，测量头测量磨削直径尺寸，当达到尺寸合格范围时，则停止磨削。

（6）按被测零件在测量中所处的状态，可分为静态测量和动态测量。

① 静态测量，在测量时，被测表面与测头相对静止的测量。例如，用千分尺测量零件的直径。

② 动态测量，在测量时，被测表面与测头之间有相对运动的测量。它能反映被测参数的变化过程。例如，用电动轮廓仪测量表面粗糙度。

主动测量和动态测量是测量技术的主要发展方向，前者能将加工和测量紧密结合起来，从根本上改变测量技术的被动局面，后者能较大地提高测量效率和保证零件的质量。

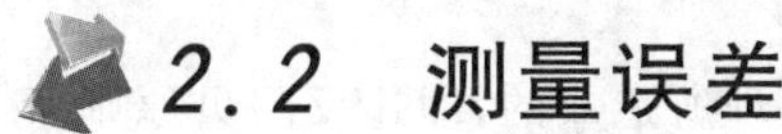

2.2 测量误差

2.2.1 测量误差及其表示

1. 测量误差

测量误差是指测量结果（测得值）与被测量真值的差值。若用 δ 表示测量误差（本章中也简称误差），x 表示测得值，x_0 表示被测量的真值，则

$$\delta = x - x_0 \tag{2-3}$$

在实际测量工作中，由于被测量的真值无法确定，因此实际上是用约定真值（比测得值更接近真值的量值，如多次测量结果的算术平均值、高精度量块的量值等）近似确定测量误

差。此外，测量误差是代数差，可能为正、负、零。

2. 测量误差的表示

测量误差有绝对误差和相对误差两种表示方法。

绝对误差就是定义所指的测量误差，其大小可以在一定程度上反映测量精度的高低。但当比较大小不同的被测量的测量精度时，用测量的绝对误差就显得不太合理，此时应把被测量大小的因素考虑进去，从而有了相对误差的概念。相对误差定义为绝对误差与被测量真值的比值(通常用比值绝对值的百分数)，用 ε 表示。由于真值是未知的，因此通常用测得值 x 代替真值来近似计算相对误差，即

$$\varepsilon=\left|\frac{\delta}{x_0}\right|\times100\%\approx\left|\frac{\delta}{x}\right|\times100\% \tag{2-4}$$

根据相对误差，可以对多个大小不同的被测量的测量精度的高低进行比较。测量的相对误差越小，表明测量精度越高。例如，两被测量的大小分别为 $x_1=30$ mm 和 $x_2=50$ mm，对这两个被测量进行测量的绝对误差分别为 $\delta_1=+0.03$ mm 和 $\delta_2=-0.04$ mm。由于被测量的大小不同，因此不能用绝对误差而应该用相对误差来比较测量精度的高低。本例中，相对误差 $\varepsilon_1=0.1\%$，$\varepsilon_2=0.08\%$，故后者的测量精度比前者的高。

2.2.2 测量误差的来源

在几何量的测量过程中，引起测量误差的因素有很多。为提高测量精度，有时要分析测量误差产生的原因，计算各误差因素对测量结果的影响程度，并设法减小这些影响。测量误差的来源主要有以下几个方面。

一、测量器具误差

测量器具误差是指测量器具本身在设计、制造和使用过程中所引起的误差，包括以下几部分。

1. 原理误差

为简化设计，相当一部分测量器具所采用的测量变换原理都是近似的，由此产生的测量误差称为原理误差。例如，杠杆齿轮比较仪中测杆的直线位移与指针的角位移不是线性关系，但表盘却采用了等分刻度所产生的误差；电动量仪中忽略放大、整流、滤波等电路的非线性或非线性补偿不完全等所产生的误差，都属于原理误差。

还有一类原理误差是由测量器具在结构布置上的不合理所造成的，即违反阿贝原则所引起的阿贝误差。阿贝原则说的是被测量轴线只有与标准量的测量轴线重合或在其延长线上时，测量才会得到精确的结果。由此可见，千分尺、内径千分尺等测量器具符合该原则，游标卡尺不符合。

2. 基准件误差

测量器具中用来体现标准量(测量单位)的基准件(如量块、线纹尺、光波波长等)的各种误差，也将以一定的关系反映到测量结果中。

3. 制造、装配、调整误差

测量器具组成零部件的制造、装配、调整误差也会产生测量误差，如游标卡尺刻线的刻画误差、指示表盘刻线分布圆心与指针的回转轴线有安装偏心等。

4. 使用误差

测量器具在使用一段时间后，其组成零部件的变形、磨损，电子元件参数的改变等，也会产生测量误差。

二、测量方法误差

测量方法误差指的是由于测量方法不完善而引起的测量误差。

1. 安装、定位误差

例如图 2-3(a)中的被测直径未能正确放置在测头下，所测得的长度不是被测件的直径；在图 2-3(b)中，安装时测量线方向相对于被测件的直径发生了倾斜，所测得的长度也不是被测件的直径。

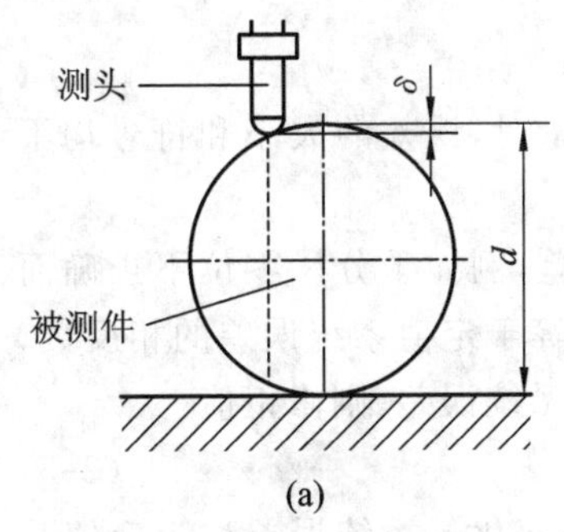

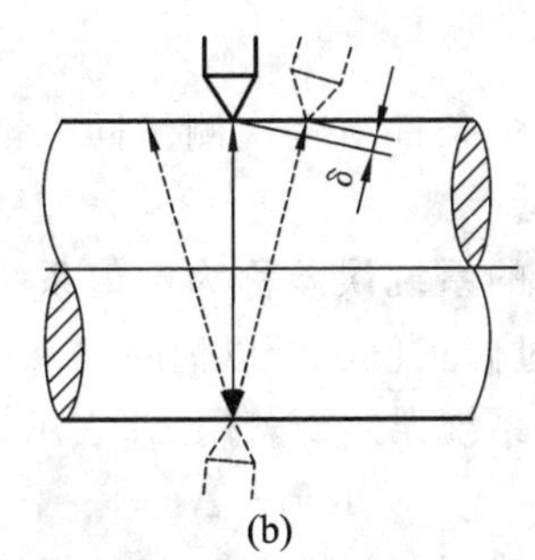

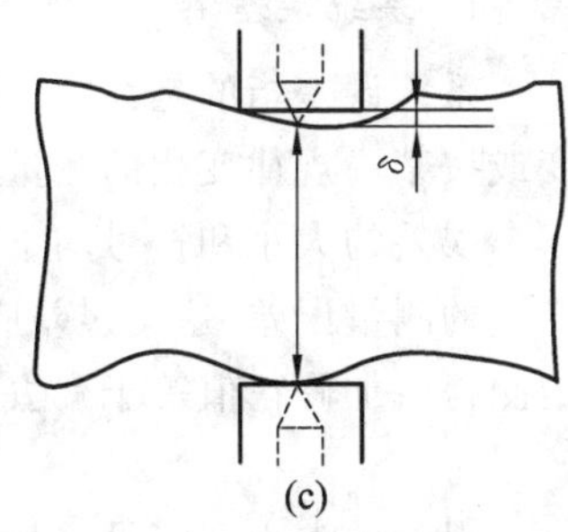

图 2-3　测量方法误差

2. 测头形式不合理

在图 2-3(c)中，欲测局部尺寸，合理的方法是采用两点式测头。若采用平端面圆柱测头，则必然产生测量误差。

3. 基准不统一

基准统一原则是测量的基本原则之一，测量时应根据测量的目的选择测量基准。对于中间(工艺)测量，应选工艺基准为测量基准；对于终结(验收)测量，应选设计基准为测量基准。测量基准不满足上述条件将会造成测量误差。

4. 采用近似的计算公式

例如测量大圆柱直径 D 时，先测量周长 L，再按照 $D=L/\pi$ 计算求得 D。由于 π 是无理数，若计算时取 $\pi=3.1416$，则 D 的结果会因 π 取近似值而产生误差。

5. 测量力误差

在接触测量中，测量力会引起测头及工件材料的变形而产生测量误差。当对测量误差有比较严格的要求时，要通过计算对测量力误差进行修正。

三、测量环境误差

测量环境误差指的是由测量时的环境条件不符合标准条件所引起的测量误差。环境条件是指温度、湿度、振动、气压、灰尘等，其中以温度对测量结果的影响最大。根据国家标准的规定，测量的标准温度为 20 ℃。若测量环境使被测件的温度及计量器具的温度偏离了标准温度，则会引起测量误差。

四、人员误差

人员误差指的是由操作者主观上的因素(情绪、疲劳、技术熟练程度、眼睛的分辨能力、瞄准习惯等)所产生的测量误差。

2.2.3 测量误差的分类与测量精度的表述方法

一、测量误差的分类

根据特点和性质，测量误差可分为以下三类。

1. 系统误差

系统误差指的是在一定的测量条件下多次测量同一被测量时，误差的大小和符号均不变或按某一规律变化的测量误差。

误差的大小和符号均不变化的系统误差称为定值系统误差，例如千分尺零位不正确而产生的测量误差，这类误差应通过修正值法予以消除。修正值等于定值系统误差的相反数，给测得值加修正值等于减去定值系统误差。若用 $\Delta_{定}$ 表示定值系统误差，则修正值

$$K=-\Delta_{定} \tag{2-5}$$

误差的大小和符号按某一规律(如线性规律、正弦规律等)变化的系统误差称为变值系统误差，例如环境温度引起的不同温度下的测量误差。对这类误差的处理原则是确定变化的规律后，根据误差的变化规律通过适当的技术手段予以修正。

另外，根据对误差的大小、符号或变化规律的掌握情况，系统误差还可分为已定系统误差和未定系统误差两类。已定系统误差指的是大小、符号或变化规律已被测量者掌握的系统误差，未定系统误差则正好相反。对已定系统误差的处理原则同前所述；对未定系统误差的处理原则是估计出误差的范围，然后将其按随机误差处理。

2. 随机误差

随机误差指的是在一定的条件下多次测量同一被测量时，误差的大小和符号均以不可预测的方式出现的一类测量误差。所谓不可预测，指的是无法预见下一次测量时所出现的测量误差的大小和符号。虽然某一次测量的随机误差的大小和符号不可预测，但若把相同条件下多次测量的测量随机误差看成是一个总体，那么这一总体中测量随机误差的大小、符号却是按一定的分布规律(如正态分布、均匀分布、t 分布等)分布的。

随机误差无法避免，在理论上也无法完全消除。对随机误差的处理原则是：用概率论和数理统计的方法减小其影响，估计出在一定置信概率下误差可能出现的范围(极限误差)。

3. 粗大误差

粗大误差指的是超出预计的一类测量误差，可以理解为明显歪曲测量结果的误差。这类误差往往是由测量者主观上的操作过失(读数错误、瞄准错误或被测件安装出现较大误差等)或客观上测量条件的意外变化(突发振动、电脉冲干扰等)导致的。

粗大误差的存在会明显歪曲测量结果，所以含有粗大误差的测量结果是不能用的。对这类误差的处理原则是：按一定的判别准则找出含有粗大误差的测得值，然后从测得值序列(测量列)中将它们剔除。

二、测量精度的表述方法

人们经常提到的关于测量精度的术语主要有测量的正(准)确度、精密度、精确度、不确定度等,下面逐个介绍。

1. 正(准)确度

正(准)确度反映的是测量结果中所含系统误差的大小,系统误差越小,正(准)确度越高。

2. 精密度

精密度反映的是测量结果中所含随机误差的大小,随机误差越小,精密度越高。

3. 精确度

精确度(简称精度)是正(准)确度和精密度的综合,是对测量结果中所含系统误差与随机误差的综合反映。只有当正(准)确度、精密度二者都高时,测量的精确度才高。图 2-4 所示的打靶结果示意图说明了上述三个术语的意义及其相互之间的关系。

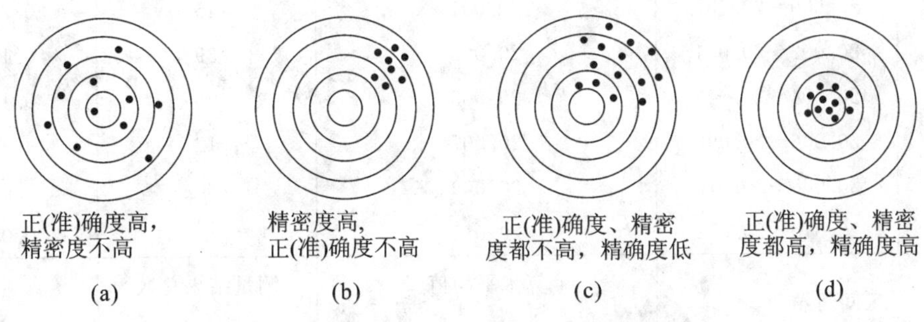

图 2-4 正(准)确度、精密度、精确度及其关系

4. 不确定度

在修正掉已定系统误差、剔除掉粗大误差后,测量结果中还含有随机误差和未定系统误差。这两类误差是估计被测量真值存在范围(真值对测量结果的分散性)的基本依据。

测量不确定度是与测量结果相联系的参数,表征可被合理地赋予被测量的量值的分散特性。以标准偏差表示的测量不确定度称为标准不确定度,它可按 A 类评定标准评定(对测量列进行统计分析,评定不确定度),也可以按 B 类标准评定(根据以前的测量数据、计量器具的产品说明书、检定证书、技术手册等有关资料评定不确定度)。与一定的置信水平相对应,用标准偏差的若干倍(通常为 2～3 倍)来确定测量结果的存在区间,称为扩展不确定度。

2.2.4 随机误差的处理

一、随机误差的分布规律

随机误差是由测量过程中一些不稳定的、随机变化的因素所导致的,如温度的波动、计量器具中传动间隙的变化、示值变动、测量力不稳定等。尽管某一次测量的随机误差的大小和符号是无法预测的,但若用同样的方法在同样的条件下对同一被测量进行多次重复测量,则这些测量结果(测得值)所对应的随机误差在总体上却是按一定的分布规律分布的(注:本书中如无特指,均认为测量的随机误差服从正态分布)。

表 2-4 所示为在相同的测量条件下对某轴销的同一部位进行 200 次测量后所得到的 200 个测量结果的统计表。测量结果已消除了系统误差和粗大误差的影响,差异是由随机误差引起的。测得值的最大值为 20.012 mm,最小值为 19.990 mm。把这一分布区间再细分为 11 个小区间,即对测得值按大小进行分组统计,得到测得值落在分布区间内的具体情况(统计学中的直方图)。

表 2-4　测量结果统计表

组序号 i	分组区间/mm	区间中值/mm	频数 n_i	频率 n_i/N
1	19.990～19.992	19.991	2	0.01
2	19.992～19.994	19.993	4	0.02
3	19.994～19.996	19.995	10	0.05
4	19.996～19.998	19.997	24	0.12
5	19.998～20.000	19.999	37	0.185
6	20.000～20.002	20.001	45	0.225
7	20.002～20.004	20.003	39	0.195
8	20.004～20.006	20.005	23	0.115
9	20.006～20.008	20.007	12	0.06
10	20.008～20.010	20.009	3	0.015
11	20.010～20.012	20.011	1	0.005
区间间隔 $\Delta x=0.002$ mm		算术平均值 $\bar{x}=\frac{1}{N}\sum_{i=1}^{N}x_i=20.001$ mm	测量结果总数 $N=\sum_{i=1}^{11}n_i=200$	$\sum_{i=1}^{11}(n_i/N)=1$

以测得值 x 为横坐标、测得值出现在某一区间内的频率 n_i/N 为纵坐标作图,可以得到如图 2-5 所示的统计直方图,各区间中点连成的折线称为实际分布曲线。如果测量次数 $N\to\infty$,分组区间的间隔 $\Delta x\to 0$,则可得到如图 2-6 所示的光滑分布曲线。实验表明,除少数情况外,测量的随机误差大多服从正态分布。图 2-6 中的分布曲线称为正态分布曲线(高斯曲线),其纵坐标 p 称为概率密度。

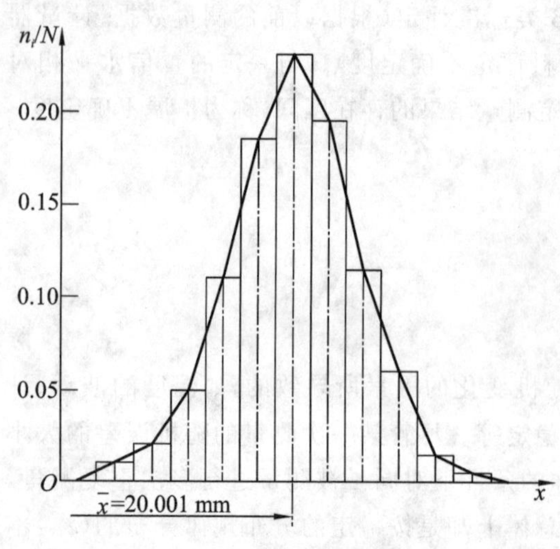

图 2-5　测得值的实际分布

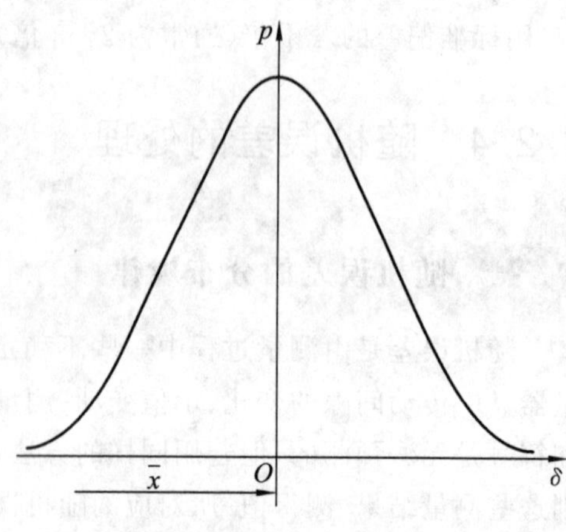

图 2-6　正态分布曲线

由概率论可知，正态分布的概率密度函数为

$$p=\frac{1}{\sigma\sqrt{2\pi}}e^{-\frac{\delta^2}{2\sigma^2}} \tag{2-6}$$

式中，p 称为概率密度，σ 称为标准偏差。由于确定随机误差 $\delta=x-x_0$ 时被测量真值 x_0 是无法确定的，通常的做法是用约定真值$\bar{x}$（算术平均值）替代真值 x_0，此时的概率密度函数变成

$$p=\frac{1}{\sigma\sqrt{2\pi}}e^{-\frac{(x-\bar{x})^2}{2\sigma^2}} \tag{2-7}$$

作为一种随机变量，含有随机误差的测得值也有两个表征其分布特性的数值参数——算术平均值 $\bar{x}$（数学期望）和标准偏差 σ（方差的平方根）。

二、随机误差的特性

服从正态分布的随机误差具有以下几个特性。

（1）单峰性，绝对值小的随机误差比绝对值大的随机误差出现的概率大。从分布曲线及概率密度函数中也可以看出，在 $\delta=0$ 处存在一个峰值，表明绝对值为零的随机误差出现的概率最大。

（2）对称性，绝对值相等、符号相反的随机误差出现的概率相等。

（3）抵偿性，在相同的测量条件下，对同一被测量进行多次重复测量，所有随机误差的代数和等于零。

（4）有界性，在一定的测量条件下，随机误差的分布范围是有限的，即随机误差的绝对值不会超过一定的界限。

利用上述特性，可以用数理统计的方法分析、处理测量的随机误差，尽可能减小随机误差对测量结果的影响。

三、算术平均值

对于一定的测量方法，所对应的随机误差体现在各测得值中。也就是说，任何一次测量的结果都可能含有随机误差。那么如何获得最可信赖即随机误差最小的测量结果呢？如果可以对被测量进行多次重复测量，得到一系列测得值 $x_i=x_0+\delta_i(i=1,2,\cdots,n)$，那么算术平均值

$$\bar{x}=\frac{1}{n}\sum_{i=1}^{n}x_i=\frac{1}{n}\sum_{i=1}^{n}(x_0+\delta_i)=\frac{1}{n}\sum_{i=1}^{n}x_0+\frac{1}{n}\sum_{i=1}^{n}\delta_i=x_0+\frac{1}{n}\sum_{i=1}^{n}\delta_i$$

由于随机误差具有抵偿性，当测量次数 $n\to\infty$ 时，$\sum\limits_{i=1}^{n}\delta_i\to 0$，因此$\bar{x}\to x_0$。

尽管实际测量中重复测量的次数 n 都是有限的（通常为几次至几十次），但由于在取算术平均值的过程中仍可抵消掉一部分随机误差，所以在多次重复测量时，通常以测得值的算术平均值作为测量结果，称为算术平均值原理。算术平均值也称为最可信赖值。

四、标准偏差

概率密度函数反映了不同大小的随机误差出现的概率密度。对于某一种测量方法，正态分布概率密度函数中的标准偏差 σ 是唯一影响正态分布曲线形状（测得值分散性）的指标。图 2-7 给出了三个不同大小的标准偏差的正态分布曲线。从图中可以看出，σ 越小，曲

线越陡且峰值越大，表明测得值和随机误差越集中，分散性越小，测量的精密度越高；σ 越大，曲线越平坦且峰值越小，表明测得值和随机误差越分散，测量的精密度越低。因此，用标准偏差可以表征测得值和随机误差的分散性。

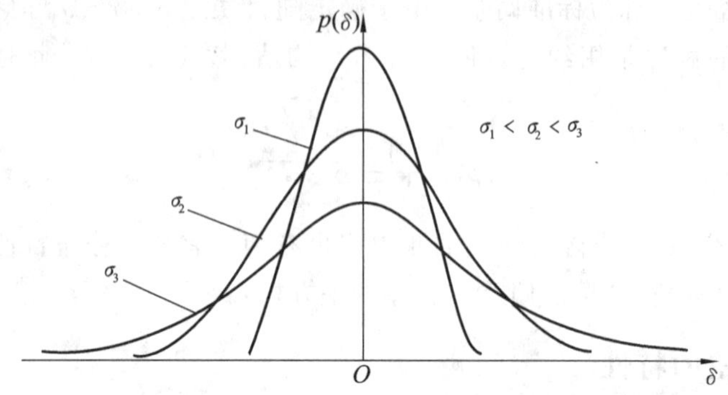

图 2-7　标准偏差对测得值分散性的影响

正态分布曲线的分布中心对应于测得值的算术平均值（或真值），而标准偏差可以用来描述测得值之间及测得值对算术平均值（或真值）的分散性。

标准偏差是确定测量不确定度（极限误差）的基本依据。某种测量方法的标准偏差既可按 B 类评定标准评定，也可按 A 类评定标准评定。实际中，更多的是按 A 类评定标准评定的，即对测量列进行统计分析来确定标准偏差，称为实验估计法。

标准偏差的实验估计所用的公式为

$$\sigma = \sqrt{\frac{\nu_1^2 + \nu_2^2 + \cdots + \nu_n^2}{n-1}} = \sqrt{\frac{\sum_{i=1}^{n}\nu_i^2}{n-1}} \tag{2-8}$$

该式也称为贝塞尔（Bessel）公式。式中

$$\nu_i = x_i - \bar{x} \tag{2-9}$$

ν_i 称为残余误差或剩余误差（简称残差）。它是在真值不能确定的情况下，为体现误差的特性，用算术平均值作为被测量 x 的约定真值而引入的参数。残余误差有以下两个性质。

(1) 所有残差的代数和等于零，即 $\sum_{i=1}^{n}\nu_i = 0$。

(2) 所有残差的平方和为最小，即 $\sum_{i=1}^{n}\nu_i^2$ 最小。

残余误差的第一个性质可以用来检验算术平均值和残余误差计算的正确性。残余误差的第二个性质表明，以算术平均值作为测量结果比用任一个测得值作为测量结果更为合理。

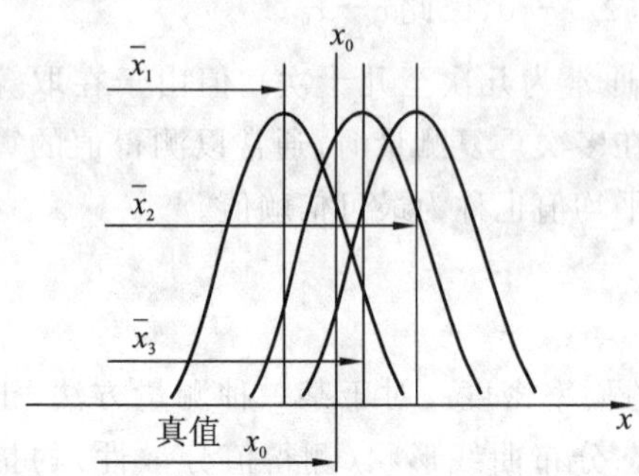

图 2-8　算术平均值的分散性

单次测量的测得值是随机变量，其分散性用单次测得值的标准偏差（即前面的标准偏差 σ）表征；而由多个单次测得值计算得到的算术平均值也是一个随机变量，其本身对真值也有随机误差，只不过分散性比单次测得值的要小。如果在相同的条件下对同一被测量进行若干组“n 次重复测量”，则可以发现各组测得值的算术平均值也不尽相同，表明各算术平均值对真值、各算术平均值之间也有一定的分散性（见图 2-8）。通过重复测量还可以发

现，重复测量的次数 n 越多，算术平均值的分散性越小，算术平均值越接近真值。

算术平均值的随机误差(分散性)是用算术平均值的标准偏差(通常用 $\sigma_{\bar{x}}$ 表示)表征的。由概率论可知，算术平均值的标准偏差不仅与单次测得值的标准偏差 σ 有关，还与取平均的测得值的个数 n 有关，它们之间的关系是

$$\sigma_{\bar{x}} = \frac{\sigma}{\sqrt{n}} \tag{2-10}$$

由式(2-10)可以看出，增加取平均的重复测量次数 n，可以减小算术平均值的标准偏差(随机误差)。但在实际测量工作中，n 不宜过大，一方面当 n 大到一定程度后对 $\sigma_{\bar{x}}$ 的影响就变得不太明显；另一方面，过多的测量次数将会带来更多、更大的测量误差。通常 n 取几次至十几次为宜。

五、极限误差

测量的极限误差指的是测量误差不可能超过的极限。由概率密度函数的定义可知，测量误差落在任意区间$[\delta_1,\delta_2]$内的概率 $p[\delta_1,\delta_2]$(图 2-9 中阴影部分的面积)为

$$p[\delta_1,\delta_2] = \int_{\delta_1}^{\delta_2} p(\delta)\mathrm{d}\delta = \frac{1}{\sigma\sqrt{2\pi}}\int_{\delta_1}^{\delta_2} \mathrm{e}^{-\frac{\delta^2}{2\sigma^2}}\mathrm{d}\delta \tag{2-11}$$

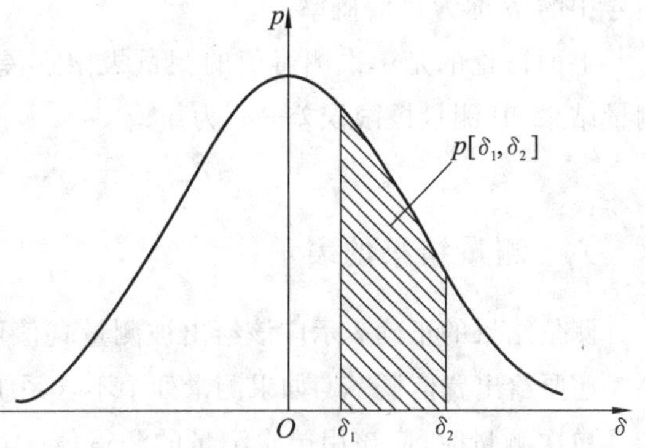

图 2-9　随机误差落在$[\delta_1,\delta_2]$内的概率

令 $z=\delta/\sigma$ 表示误差对标准偏差的比值(倍数)，则上式变成

$$p[z_1,z_2] = \frac{1}{\sqrt{2\pi}}\int_{z_1}^{z_2} \mathrm{e}^{-\frac{z^2}{2}}\mathrm{d}z \tag{2-12}$$

若$[z_1,z_2]$取为单向区间$[0,z]$，如图 2-10(a) 所示，则

$$p[0,z] = \Phi(z) = \frac{1}{\sqrt{2\pi}}\int_{0}^{z} \mathrm{e}^{-\frac{z^2}{2}}\mathrm{d}z \tag{2-13}$$

若$[z_1,z_2]$取为对称区间$[-z,z]$，如图 2-10(b) 所示，则

$$p[-z,z] = 2\Phi(z) = \frac{2}{\sqrt{2\pi}}\int_{0}^{z} \mathrm{e}^{-\frac{z^2}{2}}\mathrm{d}z \tag{2-14}$$

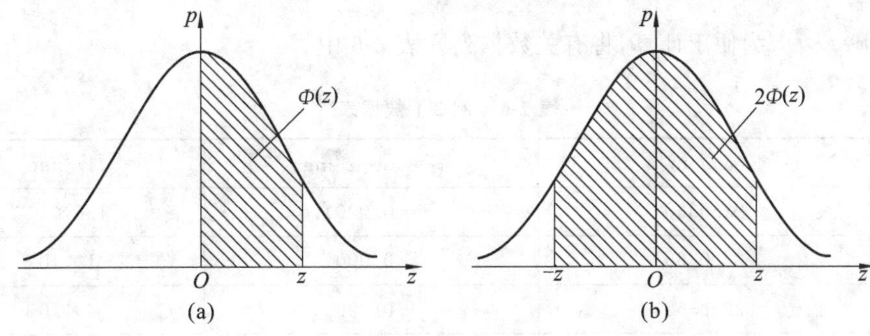

图 2-10　概率积分函数

$\Phi(z)$ 称为概率积分函数或拉普拉斯(Laplace) 函数，其值只与 z 有关。部分 $\Phi(z)$ 及 $2\Phi(z)$ 的值列于表 2-5 中。

表 2-5　概率积分函数 $\Phi(z)$ 的值

z	$\Phi(z)$	$2\Phi(z)$	z	$\Phi(z)$	$2\Phi(z)$	z	$\Phi(z)$	$2\Phi(z)$
0	0.0000	0.0000	1.96	0.4750	0.9500	3	0.4986	0.9973
1	0.3413	0.6827	2	0.4772	0.9544	4	0.5000	1.0000

由上表可以看出，测量误差落在$[-3\sigma,+3\sigma]$内的概率为 0.9973，这相当于测量 370 次才可能有一次（概率为 0.27%）测量误差超出此误差界限，而实际测量中的测量次数通常为几十次，因此把$[-3\sigma,+3\sigma]$（或表示成$\pm 3\sigma$）作为测量极限误差，并用 δ_{lim} 表示，即

$$\delta_{\text{lim}} = \pm 3\sigma \quad (p=0.9973) \tag{2-15}$$

极限误差所对应的误差范围$\pm 3\sigma$ 称为置信限（注：实际工作中也有采用其他置信限的），括号中的 p 称为置信概率。

上面讨论的是单次测得值的测量极限误差。如果是多次测量，应该用算术平均值表示测量结果，其测量极限误差 $\delta_{\text{lim}\bar{x}}$ 为

$$\delta_{\text{lim}\bar{x}} = \pm 3\sigma_{\bar{x}} \quad (p=0.9973) \tag{2-16}$$

六、测量结果的表示

测量结果的正确表示应该给出被测量真值可能存在的范围（而不是一个具体的量值），必要时还要给出置信概率。如果测量列中不含系统误差及粗大误差，则测量结果应如下表示。

单次测量时，应该用单次测量的测得值 x 表示测量结果，即

$$x_0 = x \pm 3\sigma \quad (p=0.9973) \tag{2-17}$$

它所表示的含义是：被测量的真值有 0.9973 的概率在$[x-3\sigma, x+3\sigma]$的范围内。

多次重复测量时，应该用多个测得值的算术平均值$\bar{x}$表示测量结果，即

$$x_0 = \bar{x} \pm 3\sigma_{\bar{x}} \quad (p=0.9973) \tag{2-18}$$

它所表示的含义是：被测量的真值有 0.9973 的概率在$[\bar{x}-3\sigma_{\bar{x}}, \bar{x}+3\sigma_{\bar{x}}]$的范围内。

例 2-1　用立式光学比较仪对某零件的直径进行了 10 次重复测量，10 个测得值如下（单位：mm）：22.0360、22.0365、22.0362、22.0364、22.0367、22.0363、22.0366、22.0363、22.0366、22.0364。假设测得值中已不存在系统误差和粗大误差，试给出该直径的测量结果。

解　为便于计算，将有关数据列入表 2-6 中。

表 2-6　例 2-1 数据表

i	x_i/mm	$\nu_i = x_i - \bar{x}$/mm	ν_i^2/mm^2
1	22.0360	-0.0004	1.6×10^{-7}
2	22.0365	$+0.0001$	1×10^{-8}
3	22.0362	-0.0002	4×10^{-8}
4	22.0364	0	0
5	22.0367	$+0.0003$	9×10^{-8}
6	22.0363	-0.0001	1×10^{-8}

续表

i	x_i/mm	$\nu_i = x_i - \bar{x}$/mm	ν_i^2/mm²
7	22.0366	+0.0002	4×10^{-8}
8	22.0363	−0.0001	1×10^{-8}
9	22.0366	+0.0002	4×10^{-8}
10	22.0364	0	0
$n=10$	$\sum_{i=1}^{10} x_i = 220.364$ $\bar{x} = 22.0364$	$\sum_{i=1}^{10} \nu_i = 0$	$\sum_{i=1}^{10} \nu_i^2 = 4\times10^{-7}$

(1) 计算测得值的算术平均值。

$$\bar{x} = \frac{1}{n}\sum_{i=1}^{n} x_i = \frac{1}{10}\sum_{i=1}^{10} x_i = 22.0364 \text{ mm}$$

(2) 估计单次测得值的标准偏差,并计算算术平均值的标准偏差。

$$\sigma = \sqrt{\frac{\sum_{i=1}^{n}\nu_i^2}{n-1}} = \sqrt{\frac{\sum_{i=1}^{10}\nu_i^2}{10-1}} = \sqrt{\frac{4\times10^{-7}}{9}} \text{ mm} \approx 0.000\ 21 \text{ mm}$$

$$\sigma_{\bar{x}} = \frac{\sigma}{\sqrt{n}} = \frac{0.000\ 21}{\sqrt{10}} \text{ mm} \approx 0.000\ 07 \text{ mm}$$

(3) 计算算术平均值的极限误差。

$$\delta_{\lim\bar{x}} = \pm 3\sigma_{\bar{x}} = \pm 3\times 0.000\ 07 \text{ mm} \approx \pm 0.0002 \text{ mm } (p = 0.9973)$$

(4) 写出被测直径的测量结果。

$$x_0 = \bar{x} \pm \delta_{\lim\bar{x}} = \bar{x} \pm 3\sigma_{\bar{x}} = (22.0364 \pm 0.0002) \text{ mm } (p = 0.9973)$$

2.2.5 系统误差的处理

系统误差以一定的规律对测量结果产生较显著的影响。分析处理系统误差的关键在于发现系统误差,进而设法消除或减小系统误差,以便有效地提高测量精度。

一、系统误差的发现

1. 定值系统误差的发现

定值系统误差可以用实验对比的方法发现,即通过改变测量条件进行不等精度测量来揭示定值系统误差。例如,量块按标称长度使用时,由于量块的尺寸偏差,使得测量结果中存在着定值系统误差。此时可用高精度仪器对量块的实际尺寸进行测量,或用另外的高一级以上的量块进行对比测量来发现量块标称长度所引起的定值系统误差。

2. 变值系统误差的发现

变值系统误差可以通过对测得值序列的处理和分析观察来发现。常用的方法是残差观察法,即将测量列(测得值序列)按测量顺序排列或作图,观察各残差的变化规律。若各残差大体上正负相间,无明显的变化规律,表示不存在变值系统误差,如图 2-11(a)所示;若各残差按近似的线性规律递增或递减,则可判断存在线性系统误差,如图 2-11(b)所示;若各残差按近似的某一周期规律变化，则可判断存在周期性系统误差，如图 2-11(c)所示。显然，在应用残差观察法时，必须进行足够多次的重复测量，各次测量的时间间隔要均匀，测得值要按测量的顺序组织，否则不能正确地判断、发现测量列中的变值系统误差。

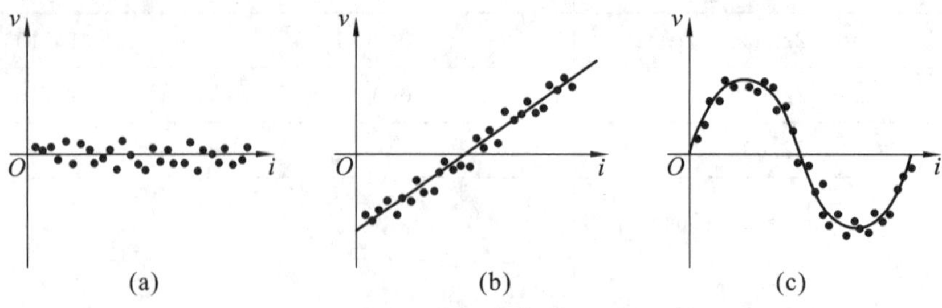

图 2-11 发现变值系统误差的残差观察法

二、系统误差的消除

系统误差从理论上是可以完全消除的，但由于许多因素的影响，实际上只能将其减小到一定程度而不能完全消除。常用的消除系统误差的方法有以下几种。

1. 从产生误差的根源上消除

这是消除系统误差最根本的方法。在测量前，应对测量过程中可能产生系统误差的环节进行仔细分析，将误差从根源上加以消除。例如，测量前要仔细调整仪器的工作台，调准零位，测量器具和被测件应处于标准温度状态，测量者要正对指针进行读数等。

2. 用加修正值的方法消除

这种方法需要预先检定出测量器具的定值系统误差，取相反数作为修正值，用代数法加到实际测得值上，即可将定值系统误差从测量结果中消除掉。例如，量块的实际尺寸不等于标称长度，若按标称长度使用，就要产生系统误差，而按检定测量后的实际尺寸使用，就可避免此项误差的产生。

3. 用两次读数法消除

如果可以测得两个含有大小相等、符号相反的系统误差的测得值，那么可以通过将这两个测得值取平均值的方法来消除系统误差。例如，在工具显微镜上测量螺纹的螺距时，如图 2-12 所示，若安装后螺纹的中心线与仪器工作台纵向移动方向不一致，则会使测得的左、右螺距不等于螺距的真值，一个产生正误差(偏大)，一个产生负误差(偏小)，而误差的大小是相同的。这种情况下，可分别测出左、右螺距，取二者的平均值作为螺距的测量结果，即可消除因安装方向误差所带来的系统误差。

4. 用对称测量法消除

对于线性系统误差，可采用对称测量法消除。例如，在进行比较测量时，若温度随时间线性变化，则产生随时间线性变化的系统误差，此时可采取下面的等时间间隔测量步骤：①测被测件；②测标准件；③测标准件；④测被测件。测量结束后，取①、④读数的平均值与②、③读数的平均值之差作为被测件尺寸相对于标准件尺寸的实际偏差，即可消除温度变化所产生的线性系统误差。

5. 用半周期法消除

对于某些周期性变化的系统误差，特别是按正弦规律变化的系统误差，因相隔半个周期

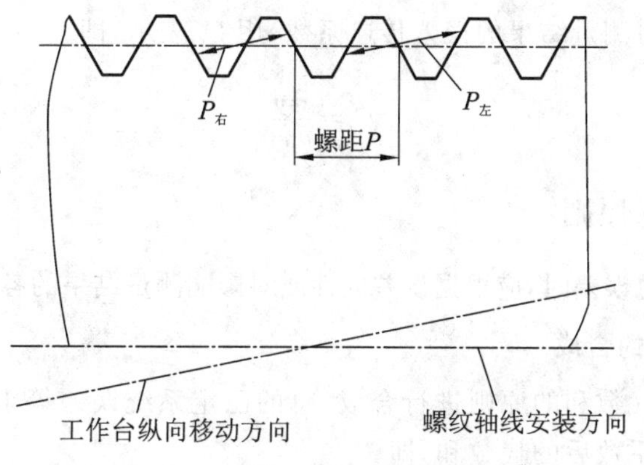

图 2-12　螺距测量系统误差的消除

的测得值所含有的系统误差大小相等、符号相反，因此可以取这样两个测得值的平均值作为测量结果来消除此类系统误差。

2.2.6　粗大误差的处理

粗大误差的特点是误差的绝对值比较大，对测量结果产生了明显的歪曲，因此必须从测量列中将含有粗大误差的测得值剔除掉。剔除时不能靠主观臆断哪个测得值含有粗大误差，而应根据误差的特点用判别准则加以判断。按照不同的测量特点，粗大误差的判别准则有莱依达准则、肖维纳准则、狄克松准则、格拉布斯准则等，其中最简单、常用的是莱依达准则。

莱依达准则也称为 3σ 准则。考虑到大部分测量的随机误差都是服从正态分布规律的，而服从正态分布的随机误差的绝对值超过 3σ 的概率只有 0.27%，因此可以认为不会有绝对值超过 3σ 的随机误差出现。如果测量列中已没有系统误差，则可认为凡是残余误差的绝对值超过 3σ 所对应的测得值都含有粗大误差，应把这样的测得值从测量列中剔除。3σ 准则的判断式为

$$|\nu_i|>3\sigma \tag{2-19}$$

2.2.7　测量误差的合成

在具体的某项测量工作中，影响测量结果的因素可能会有许多。这些因素按其性质、来源以不同的方式和程度影响着测量结果。将各种因素的误差按一定的原则或规律综合成为测量结果的总误差，称为误差的合成。

一、误差传递的规律

设某项测量的测量结果 $y=f(x_1,x_2,\cdots,x_n)$，其中 $x_1,x_2,\cdots,x_n$ 是影响测量结果的因素，则它们之间的误差关系为

$$\mathrm{d}y=\frac{\partial y}{\partial x_1}\mathrm{d}x_1+\frac{\partial y}{\partial x_2}\mathrm{d}x_2+\cdots+\frac{\partial y}{\partial x_n}\mathrm{d}x_n \tag{2-20}$$

用微分的方式表示则为

$$\Delta y\approx\frac{\partial y}{\partial x_1}\Delta x_1+\frac{\partial y}{\partial x_2}\Delta x_2+\cdots+\frac{\partial y}{\partial x_n}\Delta x_n \tag{2-21}$$

由此可见，y 的变化（误差）Δy 除了与 $x_i(i=1,2,\cdots,n)$ 的变化（误差）有关外，还与 $\frac{\partial y}{\partial x_i}$ 有

关。$\frac{\partial y}{\partial x_i}$称为因素 x_i 对测量结果的误差传递系数,用 C_i 表示,即

$$C_i=\frac{\partial y}{\partial x_i} \tag{2-22}$$

二、误差合成的原则

分析测量结果的总误差时,应根据误差的性质对影响测量结果的各因素的误差进行合成。

1. 已定系统误差的合成

已定系统误差按代数和的原则进行合成,总的已定系统误差等于各影响因素的已定系统误差乘以误差传递系数后的代数和,即

$$\begin{aligned}\Delta_{已y} &= \frac{\partial f}{\partial x_1}\Delta_{已x_1}+\frac{\partial f}{\partial x_2}\Delta_{已x_2}+\cdots+\frac{\partial f}{\partial x_n}\Delta_{已x_n}\\ &= C_{x_1}\Delta_{已x_1}+C_{x_2}\Delta_{已x_2}+\cdots+C_{x_n}\Delta_{已x_n}\\ &= \sum_{i=1}^{n}(C_{x_i}\Delta_{已x_i})\end{aligned} \tag{2-23}$$

对于直接测量,取 $C_{x_i}=1$。

2. 随机误差的合成

随机误差按先取平方和再开平方的原则进行合成,总的随机误差等于各影响因素的随机误差乘以误差传递系数后的平方和再开平方,即

$$\begin{aligned}\delta_{\lim y} &= \pm\sqrt{(C_{x_1}\delta_{\lim x_1})^2+(C_{x_2}\delta_{\lim x_2})^2+\cdots+(C_{x_n}\delta_{\lim x_n})^2}\\ &= \pm\sqrt{\sum_{i=1}^{n}(C_{x_i}\delta_{\lim x_i})^2}\end{aligned} \tag{2-24}$$

在进行随机误差的合成时,各随机误差的置信概率必须相同(例如均为 0.9973)。对于直接测量,取 $C_{x_i}=1$。

3. 未定系统误差的合成

对于未定系统误差,虽然它们影响测量结果的大小和符号都是确定的,但测量者是不知道的,测量者通常只能估计出这些误差的极限范围,因此一般把它们视为随机误差来处理,将这些未定系统误差的极限值乘以误差传递系数后先取平方和再开平方,即

$$\begin{aligned}\Delta_{未y} &= \pm\sqrt{(C_{x_1}\Delta_{未x_1})^2+(C_{x_2}\Delta_{未x_2})^2+\cdots+(C_{x_n}\Delta_{未x_n})^2}\\ &= \sqrt{\sum_{i=1}^{n}(C_{x_i}\Delta_{未x_i})^2}\end{aligned} \tag{2-25}$$

对于直接测量,取 $C_{x_i}=1$。若同时存在随机误差和未定系统误差,则可在置信概率相同的条件下把它们一概当成随机误差处理,合成为一个总的随机误差。

例 2-2 用千分尺测量黄铜零件的直径。已知测得值为 60.125 mm,车间(测量)温度为 23 ℃±5 ℃,等温后零件和千分尺的温差不超过 1 ℃,千分尺零点不对,有+0.01 mm 的误差。试估算总的测量误差,写出测量结果。

解 (1) 估算各误差因素的误差。

① 测量器具(千分尺)的误差。

已定系统误差:

$$\Delta_{已x_1}=+0.01\ \text{mm}$$

随机误差(来源于千分尺的不确定度,查有关资料获得):

$$\delta_{\lim x_1}=\pm0.005\ \text{mm}$$

② 方法误差。

已定系统误差:

$$\Delta_{已x_2}=0$$

随机误差(根据经验,用千分尺、游标卡尺等普通量具测量零件时,此项误差约为不确定度的 1/3):

$$\delta_{\lim x_2}=\pm\left(\frac{1}{3}\times0.005\right)\text{mm}=\pm0.0017\ \text{mm}$$

③ 温度误差。

已定系统误差(因测量温度偏离标准温度 20 ℃而产生):

$$\begin{aligned}\Delta_{已x_3}&=L[(\alpha_2-\alpha_1)(t_2-20)+\alpha_1(t_2-t_1)]\\&=60.125\times[(18-11.5)\times10^{-6}\times(23-20)+0]\ \text{mm}\\&\approx+0.001\ \text{mm}\end{aligned}$$

未定系统误差(因测量温度波动 $\Delta t\neq0$ 以及被测件与千分尺不等温 $t_2-t_1\neq0$ 而产生):

$$\begin{aligned}\Delta_{未x_3}&=\pm L\sqrt{(\alpha_2-\alpha_1)^2(\Delta t)^2+\alpha_1^2(t_2-t_1)^2}\\&=\pm60.125\times\sqrt{(18-11.5)^2\times5^2+11.5^2\times1^2}\times10^{-6}\ \text{mm}\\&\approx\pm0.002\ \text{mm}\end{aligned}$$

(2) 进行误差合成。

总的已定系统误差:

$$\begin{aligned}\Delta_{已y}&=\Delta_{已x_1}+\Delta_{已x_2}+\Delta_{已x_3}\\&=[(+0.01)+0+(+0.001)]\ \text{mm}=+0.011\ \text{mm}\end{aligned}$$

$$K=-\Delta_{已y}=-0.011\ \text{mm}$$

修正值总的随机误差和未定系统误差(极限误差):

$$\begin{aligned}\delta_{\lim y}&=\pm\sqrt{\delta_{\lim x_1}^2+\delta_{\lim x_2}^2+\Delta_{未x_3}^2}\\&=\pm\sqrt{0.005^2+0.0017^2+0.002^2}\ \text{mm}\approx\pm0.006\ \text{mm}\end{aligned}$$

(3) 写出测量结果。

$$\begin{aligned}y&=60.125+K\pm\delta_{\lim y}\\&=[60.125+(-0.011)\pm0.006]\ \text{mm}=60.114\ \text{mm}\pm0.006\ \text{mm}\end{aligned}$$

例 2-3 在万能工具显微镜上用弓高弦长法间接测量不完整圆弧样板的半径,如图 2-13 所示,测得弦长 $l=40$ mm,对应的弓高 $h=4$ mm。已知测量弦长、弓高的系统误差和随机误差分别为 $\Delta l=-0.002$ mm,$\delta_{\lim l}=\pm0.002$ mm 和 $\Delta h=+0.0008$ mm,$\delta_{\lim h}=\pm0.0015$ mm,试确定半径 R 的测量结果。

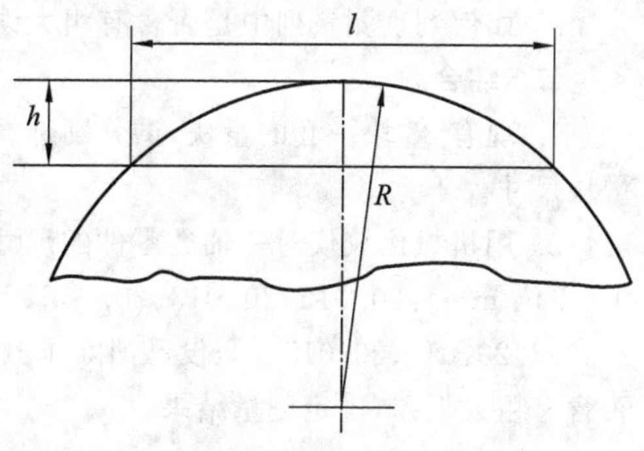

图 2-13 例 2-3 图

解 $R=\dfrac{l^2}{8h}+\dfrac{h}{2}$

将 $l=40$ mm 和 $h=4$ mm 代入上式,得

$$R=\left(\frac{40^2}{8\times4}+\frac{4}{2}\right)\text{ mm}=52\text{ mm}$$

误差传递系数

$$C_l=\frac{\partial R}{\partial l}=\frac{l}{4h}=\frac{40}{4\times4}=2.5$$

$$C_h=\frac{\partial R}{\partial h}=-\frac{l^2}{8h^2}+\frac{1}{2}=-\frac{40^2}{8\times4^2}+\frac{1}{2}=-12$$

已知 $\Delta l=-0.002$ mm，$\Delta h=+0.0008$ mm，$\delta_{\lim l}=\pm0.002$ mm，$\delta_{\lim h}=\pm0.0015$ mm，则

$\Delta R=C_l\Delta l+C_h\Delta h=[2.5\times(-0.002)+(-12)\times(+0.0008)]\text{ mm}=-0.0146\text{ mm}$

$$\delta_{\lim R}=\pm\sqrt{(C_l\delta_{\lim l})^2+(C_h\delta_{\lim h})^2}=\pm\sqrt{(2.5\times0.002)^2+[(-12)\times0.0015]^2}\text{ mm}\approx\pm0.0187\text{ mm}$$

修正值

$$K=-\Delta R=+0.0146\text{ mm}$$

半径 R 的测量结果为

$$R+K\pm\delta_{\lim R}=[52+(+0.0146)\pm0.0187]\text{ mm}=52.0146\text{ mm}\pm0.0187\text{ mm}$$

由本例可以看出，虽然测量 l、h 的误差都不是很大，但由于它们的误差传递系数 C_l、C_h 比较大，所以它们对测量结果 R 的误差影响比较大，导致 ΔR、$\delta_{\lim R}$ 都比较大。因此，在间接测量中要特别注意选择有利的测量条件，使误差传递系数尽可能地小，这样才能提高测量结果的精度。

习　　题

一、简答题

1. 测量的实质是什么？一个完整的测量过程包括哪几个要素？

2. 为什么要定义长度基准？现行的长度基准是如何定义的？

3. 量块的主要技术参数有哪些？量块的级和等的划分依据是什么？按级、等使用量块时分别应以什么尺寸作为其工作尺寸？工作尺寸的误差应如何确定？

4. 试说明绝对测量和相对测量、直接测量和间接测量的特点。

5. 测量器具的主要特性指标有哪几个？测量范围与示值范围有何异同？分度值与测量器具的精度的关系是怎样的？

6. 什么是测量误差？按性质可将测量误差分为哪几类？

7. 随机误差有哪几个特性？

8. 如何表示测量结果？仅给出一个量值的测量结果有意义吗？

9. 如何判别测量列中是否含有粗大误差？

二、综合题

1. 现有 83 块一套的量块，试分别选择组合 9.26 mm、16.73 mm、26.875 mm 量块组的量块尺寸。

2. 用机械比较仪对一轴类零件的尺寸进行相对比较测量，共重复测量 12 次，测得值如下(单位 mm)：20.015、20.013、20.016、20.013、20.015、20.014、20.017、20.018、20.014、20.016、20.014、20.015。假设已消除了其中所含的系统误差，试用莱依达准则判断其中是否含有粗大误差，确定测量结果。

第3章 极限与配合

3.1 基本术语和定义

零件要具备互换性，必须在尺寸上具有一致性，它意味着每一个单独零件的尺寸必须在一个合理范围内，这就是“极限”，并且两个相互接合的零件之间必须满足一定的关系，这就是“配合”。极限与配合研究的是如何进行尺寸精度的设计，如何控制零件的尺寸误差。极限与配合的标准化有助于机器的设计、制造、使用和维修，也有利于刀具、量具、机床等工艺设备的标准化，是互换性的重要内容。

相关的国家标准如下：

GB/T 1800.1—2009《产品几何技术规范(GPS)　极限与配合　第1部分：公差、偏差和配合的基础》；

GB/T 1800.2—2009《产品几何技术规范(GPS)　极限与配合　第2部分：标准公差等级和孔、轴极限偏差表》；

GB/T 1801—2009《产品几何技术规范(GPS)　极限与配合　公差带和配合的选择》；

GB/T 1803—2003《极限与配合　尺寸至18 mm孔、轴公差带》；

GB/T 1804—2000《一般公差　未注公差的线性和角度尺寸的公差》。

随着科技的进步，国家标准更新很快，本章以上述国家标准为依据，介绍极限与配合的知识。

3.1.1 孔和轴的定义

机械零件的接合中，结构最简单、最典型，应用最广泛的就是光滑圆柱体的接合，其他结构的学习和研究都是建立在此基础上的，故涉及如下两个重要定义。

孔：通常指工件的圆柱形内尺寸要素，也包括非圆柱形的内尺寸要素(由两平行平面或切面形成的包容面)。孔的内部没有材料，从装配关系上看，孔是包容面。

轴：通常指工件的圆柱形外尺寸要素，也包括非圆柱形的外尺寸要素(由两平行平面或切面形成的被包容面)。轴的内部有材料，从装配关系上看，轴是被包容面。

在图3-1中，标注的 D_1、D_2、D_3、D_4、D_5 都是孔，d_1、d_2、d_3、d_4 都是轴，而 L_1、L_2、L_3 并不是单个要素，所以既不是孔也不是轴。

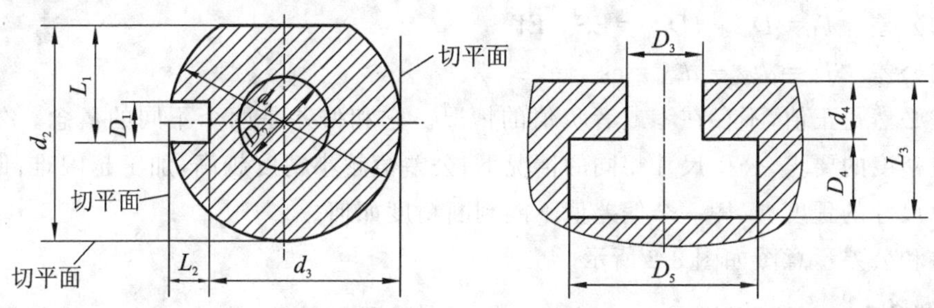

图3-1　孔和轴

在加工的过程中，随着余量的切除，轴的尺寸会越来越小，孔的尺寸会越来越大，据此判断也非常方便。

3.1.2 偏差、公差和公差带

一、偏差

某一尺寸减去公称尺寸所得的代数差。因为是代数差，所以它有可能是正值，也有可能是负值，必须标出正负号。

(1) 极限偏差：用极限尺寸减去公称尺寸所得的代数差。极限尺寸和公称尺寸都是设计值，所以极限偏差也是设计者给定的。

其中，上极限尺寸减去公称尺寸所得的代数差叫作上极限偏差，对于孔和轴分别用 ES 和 es 表示；下极限尺寸减去公称尺寸所得的代数差叫作下极限偏差，对于孔和轴分别用 EI 和 ei 表示。即

$$ES=D_{max}-D,\quad EI=D_{min}-D$$

$$es=d_{max}-d,\quad ei=d_{min}-d$$

零件标注尺寸时，通常用标注极限偏差的方式给出极限尺寸，将其上极限偏差标注在公称尺寸的右上方，下极限偏差标注在公称尺寸的右下方，如果上、下极限偏差的绝对值相同，则用“±”一并标出。例如：

$$\phi30^{+0.008}_{-0.005}\ \text{mm},\quad \phi25^{+0.021}_{0}\ \text{mm},\quad \phi100\pm0.01\ \text{mm}$$

注意：上极限尺寸一定大于下极限尺寸，因此上极限偏差一定大于下极限偏差。

(2) 实际偏差：用提取组成要素的局部尺寸减去公称尺寸所得的代数差，这是实际测量得到的值。

对于实际加工出的一批零件，可以测出每一个零件的提取组成要素的局部尺寸，然后计算出实际偏差，从而确定其误差分布。

二、尺寸公差

上极限尺寸减下极限尺寸之差，或上极限偏差减下极限偏差之差，它是尺寸的允许变动量，简称公差。

孔的公差 $T_D=D_{max}-D_{min}=ES-EI$

轴的公差 $T_d=d_{max}-d_{min}=es-ei$

公差必然是正值，不存在零或者负值的情况。它和偏差是两个不同的概念。公差体现的是制造精度的要求，公称尺寸相同的情况下，公差值越小精度越高，加工越困难；偏差表示偏离公称尺寸的程度，仅凭一个偏差值不能判断精度如何。

偏差和公差示意图如图 3-2 所示。

例 3-1 某轴的公称尺寸为 30 mm，上极限尺寸为 30.008 mm，下极限尺寸为 29.995 mm，试计算其极限偏差和公差。

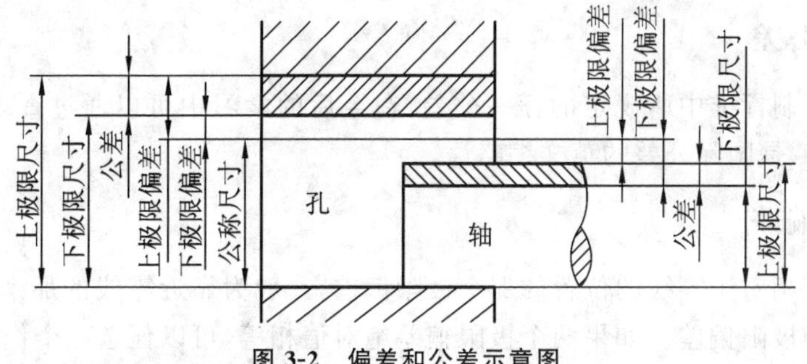

图 3-2 偏差和公差示意图

解 上极限偏差

$$es = d_{max} - d = (30.008 - 30)\ \text{mm} = +0.008\ \text{mm}$$

下极限偏差

$$ei = d_{min} - d = (29.995 - 30)\ \text{mm} = -0.005\ \text{mm}$$

公差

$$T_d = d_{max} - d_{min} = (30.008 - 29.995)\ \text{mm} = 0.013\ \text{mm}$$

或

$$T_d = es - ei = [+0.008 - (-0.005)]\ \text{mm} = 0.013\ \text{mm}$$

三、公差带图

由于公差与偏差的数值和公称尺寸相比，差距非常大，不方便用同样的比例绘制，为了表示清楚并且绘制简便，通常省略掉孔和轴的机构，只画出放大的公差区域，这种图形称为公差带图。

公差带图包括以下两部分。

(1) 零线：表示公称尺寸的一条直线。零线是确定偏差和公差的基准，沿水平方向绘制，正偏差画在上方，负偏差画在下方。

零线下方绘制一箭头，指到零线上，在其左侧标出公称尺寸。公差带图的默认单位通常为微米(μm)，公称尺寸的单位通常为毫米(mm)，故需在公称尺寸后写出单位 mm。

零线左侧写"0"，表示这条线上的偏差值为 0。0 上方写"+"，下方写"−"。

(2) 公差带：由代表上极限偏差和下极限偏差或上极限尺寸和下极限尺寸的两条直线所限定的一个区域。

公差带右上角标注上极限偏差，右下角标注下极限偏差，必须带正负号。由于左侧已经标出零线，如果极限偏差值为 0，即公差带贴在零线上，则不必再次标注。极限偏差的单位通常为微米(μm)，不需要标出。

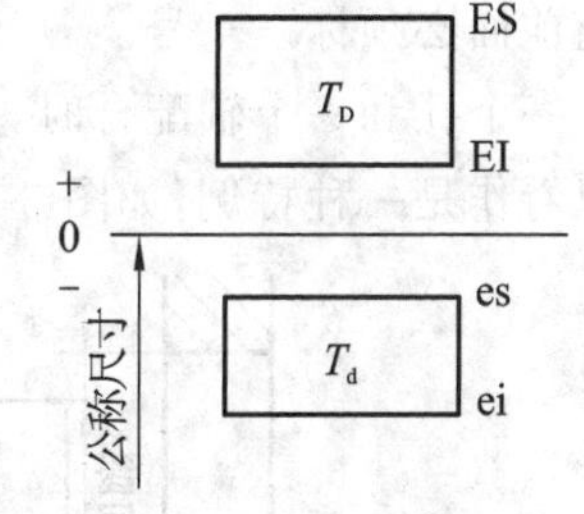

图 3-3 公差带示意图

孔和轴的公差带必须区分开，如图 3-3 所示，孔的公差带可以用 T_D 表示，轴的公差带用 T_d 表示。公差带的纵向位置和大小应该按比例绘制，横向位置和大小没有意义，清楚美观即可。

公差带有两个基本参数，即公差带的大小和公差带的位置。

公差带的大小由公差值决定，公差值已标准化，称为标准公差。

公差带的位置由基本偏差确定。

四、标准公差

极限与配合制标准中所规定的任一公差，在今后的学习中可以通过查表得到。标准公差用 IT 表示，IT 是国际公差的英文缩略语。

五、基本偏差

确定公差带相对于零线的位置的那个极限偏差，一般为靠近零线的那个极限偏差，也就是绝对值较小的极限偏差。如果两个极限偏差绝对值相等，可以任选一个作为基本偏差。

例 3-2 $\phi 50^{+0.039}_{0}$ mm 的孔与 $\phi 50^{+0.034}_{+0.009}$ mm 的轴配合，画出其公差带图，并指出基本偏差。

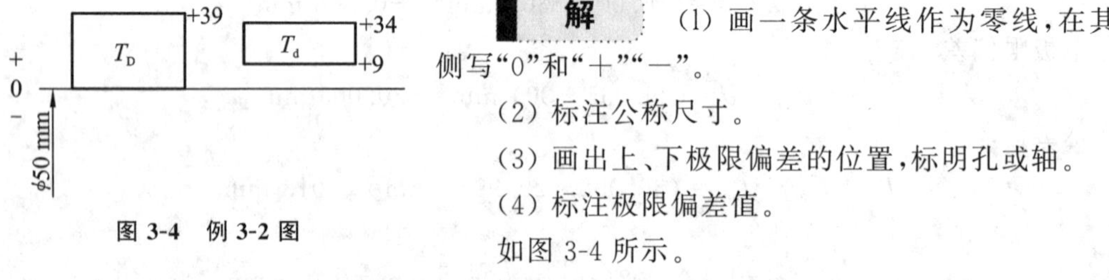

图 3-4 例 3-2 图

解 (1) 画一条水平线作为零线，在其左侧写“0”和“＋”“－”。

(2) 标注公称尺寸。

(3) 画出上、下极限偏差的位置，标明孔或轴。

(4) 标注极限偏差值。

如图 3-4 所示。

由图可知，孔的基本偏差为 0，轴的基本偏差为＋0.009 mm。

3.1.3 有关配合的术语和定义

一、配合

公称尺寸相同并且相互接合的孔和轴公差带之间的关系。

配合和公差带一样，是设计者根据使用要求确定的。它表示孔和轴公差带之间的相对位置，也就是孔和轴接合时的松紧程度。

二、间隙

孔的尺寸减去相接合的轴的尺寸之差为正时，称为间隙。间隙用大写字母“X”表示。

三、过盈

孔的尺寸减去相接合的轴的尺寸之差为负时，称为过盈。过盈用大写字母“Y”表示，过盈值前面必须标“－”号。

一个孔和一个轴配合时，无非有两种情况，要么是间隙，要么是过盈。零间隙或零过盈可以看作是一种特例，如图 3-5 所示。

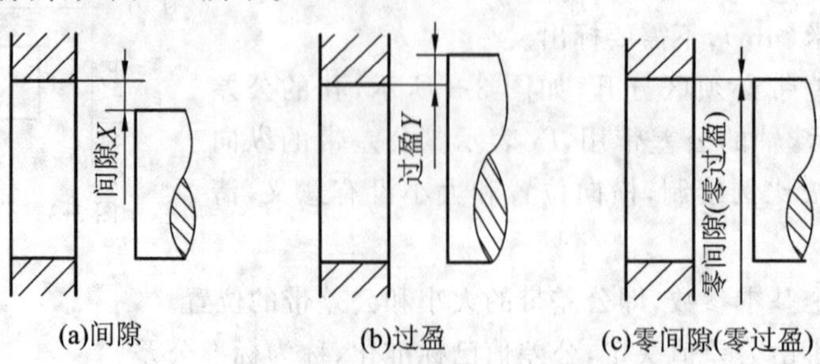

图 3-5 间隙和过盈

四、间隙配合

具有间隙(包括间隙为零)的配合称为间隙配合。当配合为间隙配合时,孔的公差带在轴的公差带上方,如图 3-6 所示。绝对值符号表示对应间隙量的大小。间隙配合的性质可用以下参数表示。

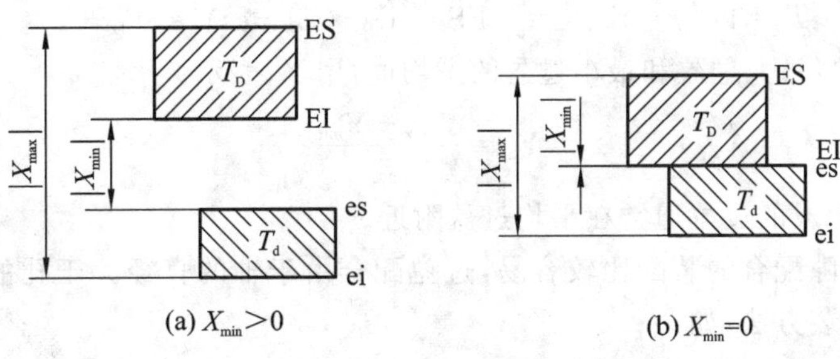

图 3-6　间隙配合

(1) 最大间隙:孔的上极限尺寸与轴的下极限尺寸之差。这是间隙配合处于最松状态时的间隙,用 X_{max} 表示。

$$X_{max}=D_{max}-d_{min}=ES-ei$$

(2) 最小间隙:孔的下极限尺寸与轴的上极限尺寸之差。这是间隙配合处于最紧状态时的间隙,用 X_{min} 表示。

$$X_{min}=D_{min}-d_{max}=EI-es$$

最大间隙和最小间隙统称为极限间隙。间隙的允许变动量为

$$T_f=|X_{max}-X_{min}|=|(ES-ei)-(EI-es)|=T_D+T_d$$

(3) 平均间隙:最大间隙和最小间隙的平均值,用 X_{av} 表示。

$$X_{av}=\frac{X_{max}+X_{min}}{2}$$

实际生产中形成的间隙通常在平均间隙附近。

五、过盈配合

具有过盈(包括过盈为零)的配合称为过盈配合。当配合为过盈配合时,孔的公差带在轴的公差带下方,如图 3-7 所示。绝对值符号表示对应过盈量的大小。过盈配合的性质可用以下参数表示。

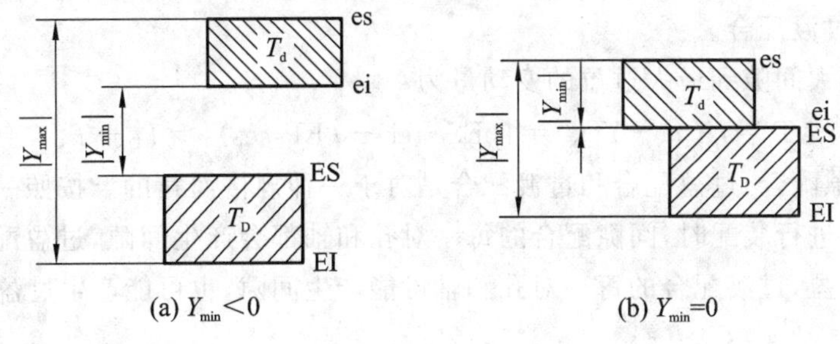

图 3-7　过盈配合

(1) 最大过盈:孔的下极限尺寸与轴的上极限尺寸之差。这是过盈配合处于最紧状态时的过盈,用 Y_{max} 表示。

$$Y_{max}=D_{min}-d_{max}=EI-es$$

(2) 最小过盈:孔的上极限尺寸与轴的下极限尺寸之差。这是过盈配合处于最松状态时的过盈,用 Y_{min} 表示。

$$Y_{min}=D_{max}-d_{min}=ES-ei$$

最大过盈和最小过盈统称为极限过盈。过盈的允许变动量为

$$T_f=|Y_{min}-Y_{max}|=|(ES-ei)-(EI-es)|=T_D+T_d$$

(3) 平均过盈:最大过盈和最小过盈的平均值,用 Y_{av} 表示。

$$Y_{av}=\frac{Y_{max}+Y_{min}}{2}$$

实际生产中形成的过盈通常在平均过盈附近。

通常来说,间隙配合的装配比较容易,过盈配合由于轴的直径大于孔的直径,不能直接插入,需要一些安装方法,如:

(1) 过盈较小时,可用木槌或铜锤打入;

(2) 大批量可以用油压机压入;

(3) 利用热胀冷缩原理,如加热孔,来实现装配。

六、过渡配合

可能具有间隙或过盈的配合称为过渡配合。此时孔的公差带与轴的公差带相互交叠,如图 3-8 所示。绝对值符号表示对应间隙量及过盈量的大小。

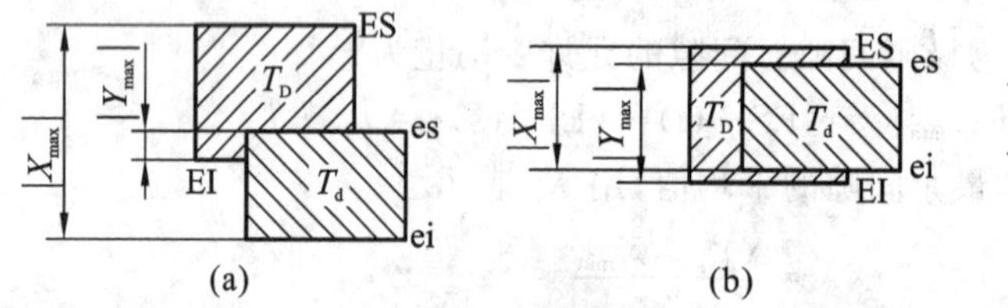

图 3-8 过渡配合

最大间隙表示过渡配合中最松的状态,最大过盈表示过渡配合中最紧的状态。由于最大过盈等于负的最小间隙,最小过盈等于负的最大间隙,平均来看,则有

$$X_{av}(\text{或 } Y_{av})=\frac{X_{max}+Y_{max}}{2}$$

按上式计算,所得值为正时是平均间隙,表示偏松的过渡配合;所得值为负时是平均过盈,表示偏紧的过渡配合。

允许的从最大间隙到最大过盈的变动量为

$$T_f=|X_{max}-Y_{max}|=|(ES-ei)-(EI-es)|=T_D+T_d$$

请注意,间隙配合、过盈配合和过渡配合是对于一种规格而言的。按照一定规格生产的一批孔和一批轴进行装配时,间隙配合的每一对孔和轴都会产生间隙,过盈配合的每一对孔和轴都会产生过盈,过渡配合的每一对孔和轴可能产生间隙,也可能产生过盈。

七、配合公差

组成配合的孔与轴的公差之和。它是间隙或过盈的允许变动量,用 T_f 表示。由前述三种配合都可以看出

$$T_f = T_D + T_d$$

配合种类反映配合性质，配合公差反映配合精度。配合公差越大，配合后产生的松紧程度差别越大，即配合精度越低。配合精度的高低由相互配合的孔和轴的精度高低决定，反映孔、轴接合的使用性能，配合精度越高，孔和轴加工越难，成本越高。

例 3-3 求 $\phi28^{+0.021}_{0}$ mm 的孔与下列三种轴配合的公称尺寸、极限偏差、极限尺寸、公差、极限间隙或过盈、平均间隙或过盈、配合种类、配合公差，并画出公差带图。(1) 轴 $\phi28^{-0.020}_{-0.033}$ mm；(2) 轴 $\phi28^{+0.041}_{+0.028}$ mm；(3) 轴 $\phi28^{+0.015}_{+0.002}$ mm。

解 根据题目要求，求得各项参数如表 3-1 所示，公差带图如图 3-9 所示。计算过程省略。

表 3-1 例 3-3 表 mm

所求项目	孔	(1)轴	(2)轴	(3)轴
公称尺寸	28	28	28	28
上极限偏差	+0.021	−0.020	+0.041	+0.015
下极限偏差	0	−0.033	+0.028	+0.002
上极限尺寸	28.021	27.98	28.041	28.015
下极限尺寸	28	27.967	28.028	28.002
公差	0.021	0.013	0.013	0.013
最大间隙	—	+0.054	—	+0.019
最小间隙	—	+0.020	—	—
最大过盈	—	—	−0.041	−0.015
最小过盈	—	—	−0.007	—
平均间隙	—	+0.037	—	+0.002
平均过盈	—	—	−0.024	—
配合种类	—	间隙配合	过盈配合	过渡配合
配合公差	—	0.034	0.034	0.034
公差带图	—	图 3-9(a)	图 3-9(b)	图 3-9(c)

3.2 极限与配合国家标准的构成

极限与配合国家标准的主要内容是公差带的标准化，即标准公差和基本偏差系列。

3.2.1 标准公差系列

标准公差系列是国家标准制定的一系列由不同的公称尺寸和不同的公差等级组成的标

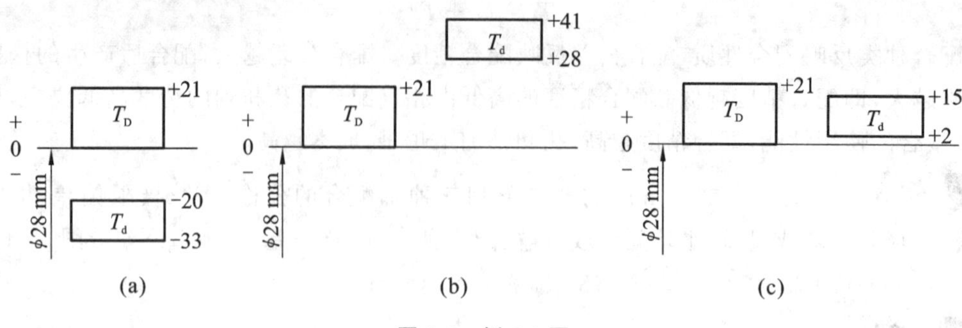

图 3-9　例 3-3 图

准公差值。它用来确定任一标准的公差值的大小，也就是公差带的宽度。标准公差用 IT 表示，在公称尺寸 0～500 mm 范围内规定了 IT01，IT0，IT1，IT2，…，IT18，共 20 个等级，IT01 精度最高，IT18 精度最低。同一公差等级（如 IT7）对所有公称尺寸来说，具有同样的精度。对于同一公称尺寸，公差等级逐渐降低，相应的公差值逐渐增大。

为了简化标准公差数值表，国家标准将公称尺寸分成若干段，每一段中公称尺寸数值接近，故其同一公差等级的标准公差值相同，如表 3-2 所示。

表 3-2　标准公差数值表

公称尺寸 /mm		标准公差等级															
		IT1	IT2	IT3	IT4	IT5	IT6	IT7	IT8	IT9	IT10	IT11	IT12	IT13	IT14	IT15	IT16
大于	至	/μm											/mm				
—	3	0.8	1.2	2	3	4	6	10	14	25	40	60	0.10	0.14	0.25	0.40	0.60
3	6	1	1.5	2.5	4	5	8	12	18	30	48	75	0.12	0.18	0.30	0.48	0.75
6	10	1	1.5	2.5	4	6	9	15	22	36	58	90	0.15	0.22	0.36	0.58	0.90
10	18	1.2	2	3	5	8	11	18	27	43	70	110	0.18	0.27	0.43	0.70	1.10
18	30	1.5	2.5	4	6	9	13	21	33	52	84	130	0.21	0.33	0.52	0.84	1.30
30	50	1.5	2.5	4	7	11	16	25	39	62	100	160	0.25	0.39	0.62	1.00	1.60
50	80	2	3	5	8	13	19	30	46	74	120	190	0.30	0.46	0.74	1.20	1.90
80	120	2.5	4	6	10	15	22	35	54	87	140	220	0.35	0.54	0.87	1.40	2.20
120	180	3.5	5	8	12	18	25	40	63	100	160	250	0.40	0.63	1.00	1.60	2.50
180	250	4.5	7	10	14	20	29	46	72	115	185	290	0.46	0.72	1.15	1.85	2.90
250	315	6	8	12	16	23	32	52	81	130	210	320	0.52	0.81	1.30	2.10	3.20
315	400	7	9	13	18	25	36	57	89	140	230	360	0.57	0.89	1.40	2.30	3.60
400	500	8	10	15	20	27	40	63	97	155	250	400	0.63	0.97	1.55	2.50	4.00

注：公称尺寸小于或等于 1 mm 时，无 IT14～IT18。

3.2.2　配合制

从例 3-3 的尺寸公差带图中可以看出，孔、轴公差带相对位置的改变可以组成不同性质、不同松紧程度的配合。为了实行标准化，可以选择孔或轴中的一个作为基准件，公差带位置不变，通过改变另一个零件的公差带位置来形成各种配合，以满足不同的使用要求，这就是配合制。国家标准规定了两种配合制，即基孔制和基轴制。

1. 基孔制

基孔制是指基本偏差为一定的孔的公差带与不同基本偏差的轴的公差带形成各种配合的一种制度，此时孔为基准孔，下极限偏差固定为 0，公差带代号为 H。改变轴的公差带位置，可以得到松紧程度不同的各种配合，如图 3-10(a)所示。

2. 基轴制

基轴制是指基本偏差为一定的轴的公差带与不同基本偏差的孔的公差带形成各种配合的一种制度，此时轴为基准轴，上极限偏差固定为 0，公差带代号为 h。改变孔的公差带位置，可以得到松紧程度不同的各种配合，如图 3-10(b)所示。

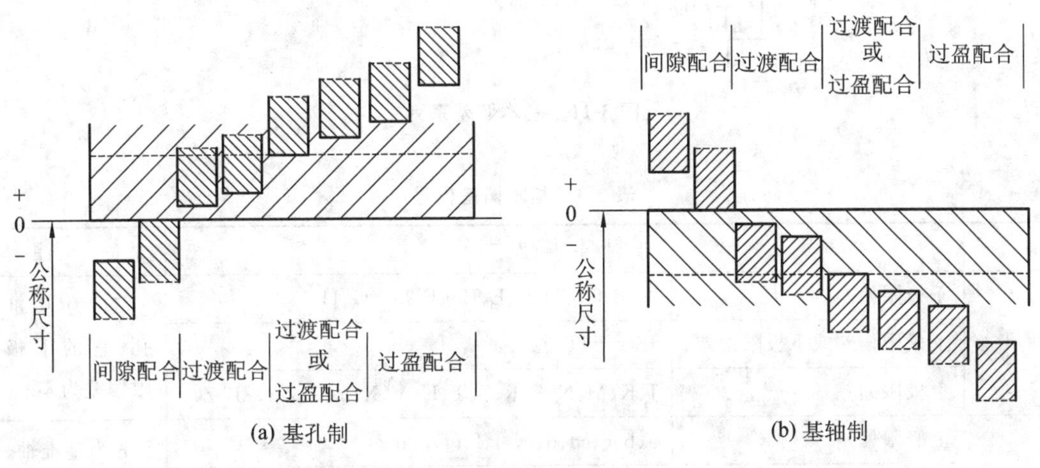

图 3-10　配合制

3.2.3　基本偏差系列

基本偏差指的是两个极限偏差当中靠近零线或位于零线的那个偏差，它是用来确定公差带位置的参数。为了满足各种不同配合的需要，国家标准对孔和轴分别规定了 28 种基本偏差(见图 3-11)，它们用拉丁字母表示，其中孔用大写拉丁字母表示，轴用小写拉丁字母表示。在 26 个字母中除去 5 个容易和其他参数混淆的字母“I(i)、L(l)、O(o)、Q(q)、W (w)”，其余 21 个字母再加上 7 个双写字母“CD(cd)、EF(ef)、FG(fg)、JS(js)、ZA (za)、ZB(zb)、ZC(zc)”，共有 28 种基本偏差的代号。

基本偏差代号如表 3-3 所示。在 28 个基本偏差代号中有两个特例：H 和 h 的基本偏差为 0，在配合制中作为基准孔和基准轴；JS 和 js 的公差带是关于零线对称的，并且逐渐代替近对称的基本偏差 J 和 j，它的基本偏差和公差等级有关，而其他基本偏差和公差等级没有关系。

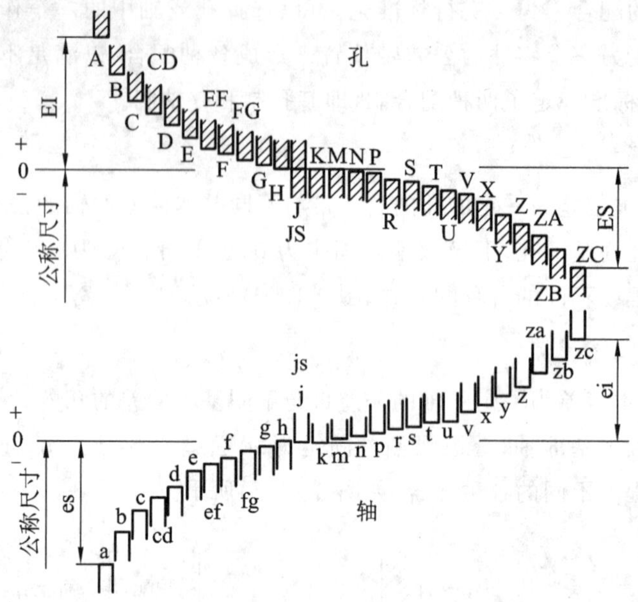

图 3-11　基本偏差系列

表 3-3　基本偏差代号

项　目		基本偏差	备　注
孔	下极限偏差	A、B、C、CD、D、E、EF、F、FG、G、H	H 为基准孔，它的下极限偏差为零
	上极限偏差或下极限偏差	JS=±IT/2	
	上极限偏差	J、K、M、N、P、R、S、T、U、V、X、Y、Z、ZA、ZB、ZC	
轴	上极限偏差	a、b、c、cd、d、e、ef、f、fg、g、h	h 为基准轴，它的上极限偏差为零
	上极限偏差或下极限偏差	js=±IT/2	
	下极限偏差	j、k、m、n、p、r、s、t、u、v、x、y、z、za、zb、zc	

把基本偏差代号和公差等级结合起来，省略公差等级中的 IT 字样，就组成了公差带代号，如 ϕ40G7 表示公称尺寸为 ϕ40 mm、基本偏差代号为 G、公差等级为 IT7 的孔公差带，ϕ40h6 表示公称尺寸为 ϕ40 mm、基本偏差代号为 h、公差等级为 IT6 的轴公差带。

将相配合的孔与轴的公差带代号写成分数形式，分子为孔公差带，分母为轴公差带，也就是配合代号，如上述孔和轴配合，表示为 ϕ40G7/h6。

轴的基本偏差是在基孔制的基础上计算出来的，孔的基本偏差是根据轴的基本偏差换算得出的。换算原则是：使用常用配合时，如果基轴制配合中孔的基本偏差代号与基孔制配合中轴的基本偏差代号相当（例如 ϕ40G7/h6 中孔的基本偏差 G 和 ϕ40H7/g6 中轴的基本偏差 g），应该保证基轴制和基孔制的配合性质相同，即极限间隙或极限过盈相同。

除了 H 和 h、JS 和 js 这两种特殊基本偏差外，其他基本偏差代号只需要记住它们的相对位置和变化趋势即可。在工程应用中，给定公差带代号后，可以通过查表的方式得知某公称尺寸对应的基本偏差，如表 3-4 和表 3-5 所示，再由表 3-2 查出公差等级对应的公差值，然后就可以很容易地计算出另一个极限偏差了。

表 3-4 尺寸至 500 mm 轴的基本偏差数值(摘自 GB/T 1800.2—2009) μm

公称尺寸/mm		上极限偏差 es												下极限偏差 ei				
		所有的标准公差等级												IT5和IT6	IT7	IT8	IT4至IT7	≤IT3 >IT7
大于	至	a	b	c	cd	d	e	ef	f	fg	g	h	js	j			k	
—	3	−270	−140	−60	−34	−20	−14	−10	−6	−4	−2	0	偏差等于$\pm IT_n/2$,式中IT_n是IT数值	−2	−4	−6	0	0
3	6	−270	−140	−70	−46	−30	−20	−14	−10	−6	−4	0		−2	−4		+1	0
6	10	−280	−150	−80	−50	−40	−25	−18	−13	−8	−5	0		−2	−5		+1	0
10	14	−290	−150	−95		−50	−32		−16		−6	0		−3	−6		+1	0
14	18																	
18	24	−300	−160	−110		−65	−40		−20		−7	0		−4	−8		+2	0
24	30																	
30	40	−310	−170	−120		−80	−50		−25		−9	0		−5	−10		+2	0
40	50	−320	−180	−130														
50	65	−340	−190	−140		−100	−60		−30		−10	0		−7	−12		+2	0
65	80	−360	−200	−150														
80	100	−380	−220	−170		−120	−72		−36		−12	0		−9	−15		+3	0
100	120	−410	−240	−180														
120	140	−460	−260	−200		−145	−85		−43		−14	0		−11	−18		+3	0
140	160	−520	−280	−210														
160	180	−580	−310	−230														
180	200	−660	−340	−240		−170	−100		−50		−15	0		−13	−21		+4	0
200	225	−740	−380	−260														
225	250	−820	−420	−280														
250	280	−920	−480	−300		−190	−110		−56		−17	0		−16	−26		+4	0
280	315	−1050	−540	−330														
315	355	−1200	−600	−360		−210	−125		−62		−18	0		−18	−28		+4	0
355	400	−1350	−680	−400														
400	450	−1500	−760	−440		−230	−130		−68		−20	0		−20	−32		+5	0
450	500	−1650	−840	−480														

续表

公称尺寸/mm		下极限偏差 ei													
		所有的标准公差等级													
大于	至	m	n	p	r	s	t	u	v	x	y	z	za	zb	zc
—	3	+2	+4	+6	+10	+14		+18		+20		+26	+32	+40	+60
3	6	+4	+8	+12	+15	+19		+23		+28		+35	+42	+50	+80
6	10	+6	+10	+15	+19	+23		+28		+34		+42	+52	+67	+97
10	14	+7	+12	+18	+23	+28		+33		+40		+50	+64	+90	+130
14	18								+39	+45		+60	+77	+108	+150
18	24	+8	+15	+22	+28	+35		+41	+47	+54	+63	+73	+98	+136	+188
24	30						+41	+48	+55	+64	+75	+88	+118	+160	+218
30	40	+9	+17	+26	+34	+43	+48	+60	+68	+80	+94	+112	+148	+200	+274
40	50						+54	+70	+81	+97	+114	+136	+180	+242	+325
50	65	+11	+20	+32	+41	+53	+66	+87	+102	+122	+144	+172	+226	+300	+405
65	80				+43	+59	+75	+102	+120	+146	+174	+210	+274	+360	+480
80	100	+13	+23	+37	+51	+71	+91	+124	+146	+178	+214	+258	+335	+445	+585
100	120				+54	+79	+104	+144	+172	+210	+254	+310	+400	+525	+690
120	140	+15	+27	+43	+63	+92	+122	+170	+202	+248	+300	+365	+470	+620	+800
140	160				+65	+100	+134	+190	+228	+280	+340	+415	+535	+700	+900
160	180				+68	+108	+146	+210	+252	+310	+380	+465	+600	+780	+1000
180	200	+17	+31	+50	+77	+122	+166	+236	+284	+350	+425	+520	+670	+880	+1150
200	225				+80	+130	+180	+258	+310	+385	+470	+575	+740	+960	+1250
225	250				+84	+140	+196	+284	+340	+425	+520	+640	+820	+1050	+1350
250	280	+20	+34	+56	+92	+158	+218	+315	+385	+475	+580	+710	+920	+1200	+1550
280	315				+98	+170	+240	+350	+425	+525	+650	+790	+1000	+1300	+1700
315	355	+21	+37	+62	+108	+190	+268	+390	+475	+590	+730	+900	+1150	+1500	+1900
355	400				+114	+208	+294	+435	+530	+660	+820	+1000	+1300	+1650	+2100
400	450	+23	+40	+68	+126	+232	+330	+490	+595	+740	+920	+1100	+1450	+1850	+2400
450	500				+132	+252	+360	+540	+650	+820	+1000	+1250	+1600	+2100	+2600

注：1. 公称尺寸小于或等于 1 mm 时，基本偏差 a 和 b 均不采用；

2. 公差带 js7～js11，若 IT_n 的值为奇数，则取偏差＝±$(IT_n-1)/2$。

表 3-5　尺寸至 500 mm 孔的基本偏差数值（摘自 GB/T 1800.2—2009）　　μm

公称尺寸/mm		下极限偏差 EI												上极限偏差 ES						
		所有的标准公差等级												IT6	IT7	IT8	≤IT8	>IT8	≤IT8	>IT8
大于	至	A	B	C	CD	D	E	EF	F	FG	G	H	JS	J			K		M	
—	3	+270	+140	+60	+34	+20	+14	+10	+6	+4	+2	0	偏差等于±$IT_n/2$，式中 IT_n 是 IT 数值	+2	+4	+6	0	0	2	-2
3	6	+270	+140	+70	+46	+30	+20	+14	+10	+6	+4	0		+5	+6	+10	-1+Δ		-4+Δ	-4
6	10	+280	+150	+80	+56	+40	+25	+18	+13	+8	+5	0		+5	+8	+12	-1+Δ		-6+Δ	-6
10	14	+290	+150	+95		+50	+32		+16		+6	0		+6	+10	+15	-1+Δ		-7+Δ	-7
14	18																			
18	24	+300	+160	+110		+65	+40		+20		+7	0		+8	+12	+20	-2+Δ		-8+Δ	-8
24	30																			
30	40	+310	+170	+120		+80	+50		+25		+9	0		+10	+14	+24	-2+Δ		-9+Δ	-9
40	50	+320	+180	+130																
50	65	+340	+190	+140		+100	+60		+30		+10	0		+13	+18	+28	-2+Δ		-11+Δ	-11
65	80	+360	+200	+150																
80	100	+380	+220	+170		+120	+72		+36		+12	0		+16	+22	+34	-3+Δ		-13+Δ	-13
100	120	+410	+240	+180																
120	140	+460	+260	+200		+145	+85		+43		+14	0		+18	+26	+41	-3+Δ		-15+Δ	-15
140	160	+520	+280	+210																
160	180	+580	+310	+230																
180	200	+660	+310	+240		+170	+100		+50		+15	0		+22	+30	+47	-4+Δ		-17+Δ	-17
200	225	+740	+380	+260																
225	250	+880	+420	+280																
250	280	+920	+480	+300		+190	+110		+56		+17	0		+25	+36	+55	-4+Δ		-20+Δ	-20
280	315	+1050	+540	+330																
315	355	+1200	+600	+360		+210	+125		+62		+18	0		+29	+39	+60	-4+Δ		-21+Δ	-21
355	400	+1350	+680	+400																
400	450	+1500	+760	+440		+230	+135		+68		+20	0		+33	+43	+66	-5+Δ		-23+Δ	-23
450	500	+1650	+840	+480																

续表

公称尺寸/mm		上极限偏差 ES															Δ值					
		≤IT8	>IT8	≤IT7	标准公差等级大于 IT7												标准公差等级					
大于	至	N		P至ZC	P	R	S	T	U	V	X	Y	Z	ZA	ZB	ZC	IT3	IT4	IT5	IT6	IT7	IT8
—	3	−4	−4	在大于 IT7 的相应数值上增加一个Δ值	−6	−10	−14		−18		−20		−26	−32	−40	−60	0	0	0	0	0	0
3	6	−8+Δ	0		−12	−15	−19		−23		−28		−35	−42	−50	−80	1	1.5	1	3	4	6
6	10	−10+Δ	0		−15	−19	−23		−28		−34		−42	−52	−67	−97	1	1.5	2	3	6	7
10	14	−12+Δ	0		−18	−23	−28		−33		−40		−50	−64	−90	−130	1	2	3	3	7	9
14	18									−39	−45		−60	−77	−108	−150						
18	24	−15+Δ	0		−22	−28	−35		−41	−47	−54	−63	−73	−98	−136	−188	1.5	2	3	4	8	12
24	30							−41	−48	−55	−64	−75	−88	−118	−160	−218						
30	40	−17+Δ	0		−26	−34	−43	−48	−60	−68	−80	−94	−112	−148	−200	−274	1.5	3	4	5	9	14
40	50							−54	−70	−81	−97	−114	−136	−180	−242	−325						
50	65	−20+Δ	0		−32	−41	−53	−66	−87	−102	−122	−144	−172	−226	−300	−405	2	3	5	6	11	16
65	80					−43	−59	−75	−102	−120	−146	−174	−210	−274	−330	−480						
80	100					−51	−71	−91	−124	−146	−178	−214	−258	−335	−445	−585						
100	120	−23+Δ	0		−37	−54	−79	−104	−144	−172	−210	−254	−310	−400	−525	−690	2	4	5	7	13	19
120	140					−63	−92	−122	−170	−202	−248	−300	−365	−470	−620	−800						
140	160					−65	−100	−134	−190	−228	−280	−340	−415	−535	−700	−900						
160	180	−27+Δ	0		−43	−68	−108	−148	−210	−252	−310	−390	−455	−600	−780	−1000	3	4	6	7	15	23
180	200					−77	−122	−165	−236	−284	−350	−425	−520	−470	−880	−1150						
200	225	−31+Δ	0		−50	−80	−130	−180	−258	−310	−385	−470	−575	−740	−960	−1250	3	4	6	9	17	26
225	250					−84	−140	−196	−284	−340	−425	−520	−640	−820	−1050	−1350						
250	280	−34+Δ	0		−54	−94	−158	−218	−315	−385	−475	−580	−710	−920	−1200	−1550	4	4	7	9	20	29
280	315					−98	−170	−240	−350	−425	−525	−650	−790	−1000	−1300	−1700						
315	355	−37+Δ	0		−62	−108	−190	−268	−390	−475	−590	−730	−900	−1150	−1500	−1900	4	5	7	11	21	32
355	400					−114	−208	−294	−435	−530	−660	−820	−1000	−1300	−1650	−2100						
400	450	−40+Δ	0		−68	−125	−232	−330	−490	−595	−740	−920	−1100	−1450	−1850	−2400	5	5	7	13	23	34
450	500					−132	−252	−350	−540	−660	−820	−1000	−1250	−1600	−2100	−2600						

注：1. 公称尺寸小于或等于 1 mm 时，基本偏差 A 和 B 及大于 IT8 的 N 均不采用；

2. 公差带 JS7～JS11，对 IT7 至 IT11，若 IT_n的数值为奇数，则取偏差＝±(IT_n－1)/2；

3. 对于小于或等于 IT8 的 K、M、N 和小于或等于 IT7 的 P 至 ZC，所需Δ值从表内右侧选取，例如 18～30 mm 段的 K7，Δ＝8 μm，所以 ES＝(－2＋8) μm＝6 μm；18～30 mm 段的 S6，Δ＝4 μm，所以 ES＝(－35＋4) μm＝－31 μm。

4. 特殊情况：250～315 mm 段的 M6，ES＝－9 μm(代替－11 μm)。

例 3-4 查表确定 $\phi 40h6$、$\phi 40f6$、$\phi 40m6$、$\phi 40H6$、$\phi 40JS6$、$\phi 40U6$ 的极限偏差。

解 查表 3-2，得知 $\phi 40$ mm 对应的 IT6=16 μm。

(1) 查表 3-4，h 的基本偏差 es=0 μm，则

$$ei=es-IT6=(0-16)\ \mu m=-16\ \mu m$$

(2) 查表 3-4，f 的基本偏差 es=−25 μm，则

$$ei=es-IT6=(-25-16)\ \mu m=-41\ \mu m$$

(3) 查表 3-4，m 的基本偏差 ei=+9 μm，则

$$es=ei+IT6=(+9+16)\ \mu m=+25\ \mu m$$

(4) 查表 3-5，H 的基本偏差 EI=0 μm，则

$$ES=EI+IT6=(0+16)\ \mu m=+16\ \mu m$$

(5) JS6 的极限偏差对称分布，故

$$ES=+8\ \mu m,\quad EI=-8\ \mu m$$

(6) 查表 3-5，U 的基本偏差 ES=−55 μm，则

$$EI=ES-IT6=(-55-16)\ \mu m=-71\ \mu m$$

反过来，已知孔或轴的极限偏差，也能够通过查表的方式得到相应的公差带代号。

例 3-5 查表确定以下孔或轴的公差带代号：(1)轴 $\phi 40^{+0.033}_{+0.017}$ mm；(2)轴 $\phi 120^{-0.036}_{-0.123}$ mm；(3)孔 $\phi 65^{-0.03}_{-0.06}$ mm。

解 (1) $T_d=[+0.033-(+0.017)]\ mm=0.016\ mm$

查表 3-2，得知公差等级为 IT6。

其基本偏差 ei=+17 μm，查表 3-4，得知基本偏差代号为 n，故此轴为 $\phi 40n6$。

(2) $$T_d=[-0.036-(-0.123)]\ mm=0.087\ mm$$

查表 3-2，得知公差等级为 IT9。

其基本偏差 es=−36 μm，查表 3-4，得知基本偏差代号为 f，故此轴为 $\phi 120f9$。

(3) $$T_D=[-0.03-(-0.06)]\ mm=0.03\ mm$$

查表 3-2，得知公差等级为 IT7。

其基本偏差 ES=−30 μm，查表 3-5，得知基本偏差代号为 R，故此孔为 $\phi 65R7$。

3.2.4 极限与配合在图样上的标注

在零件图上，标注尺寸公差的方法有以下三种。

(1) 在公称尺寸后标注公差带代号，如 40H7、60p6、$\phi 75R7$，如图 3-12(a)所示。

(2) 在公称尺寸后标注极限偏差，如 $\phi 40^{+0.033}_{+0.017}$ mm、$\phi 50^{+0.025}_{0}$ mm，如图 3-12(b)所示。

(3) 在公称尺寸后标注公差带代号和极限偏差，如 $\phi 120f9(^{-0.036}_{-0.122})$，如图 3-12(c)所示。

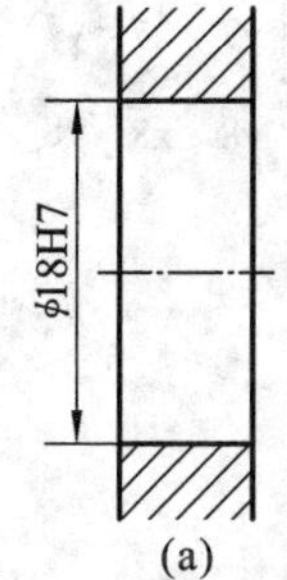

(a)

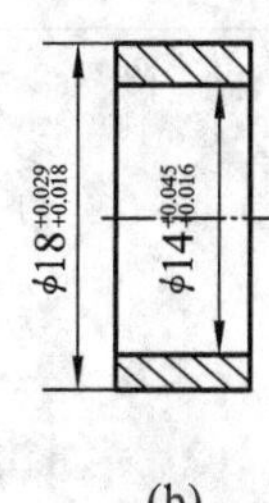

(b)

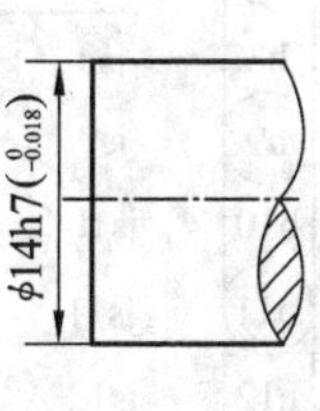

(c)

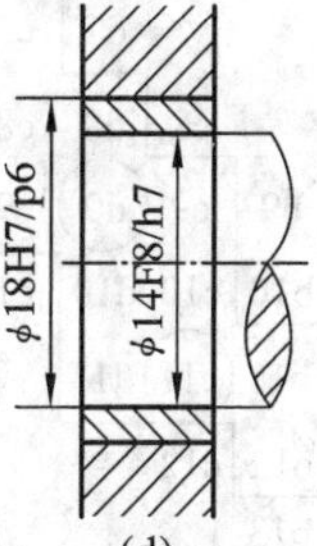

(d)

图 3-12 公差带在图样上的标注

其中,方法(2)最常见。

在装配图上,标注公称尺寸和孔、轴的公差带代号,如 $\phi 50H7/g6$ 或 $\phi 50\ \dfrac{H7}{g6}$,分子表示孔公差带,分母表示轴公差带,如图 3-12(d)所示。

3.2.5 公差带和配合的选择

国家标准提供了 20 种公差等级和 28 种基本偏差代号,可以组成 500 多种孔、轴公差带。为减少定值刀具、量具和设备等的数目,对公差带和配合应该加以限制。

公称尺寸至 500 mm 的孔公差带规定如图 3-13 所示,优先选用圆圈中的公差带,其次选用方框中的公差带,最后选用其他的公差带。

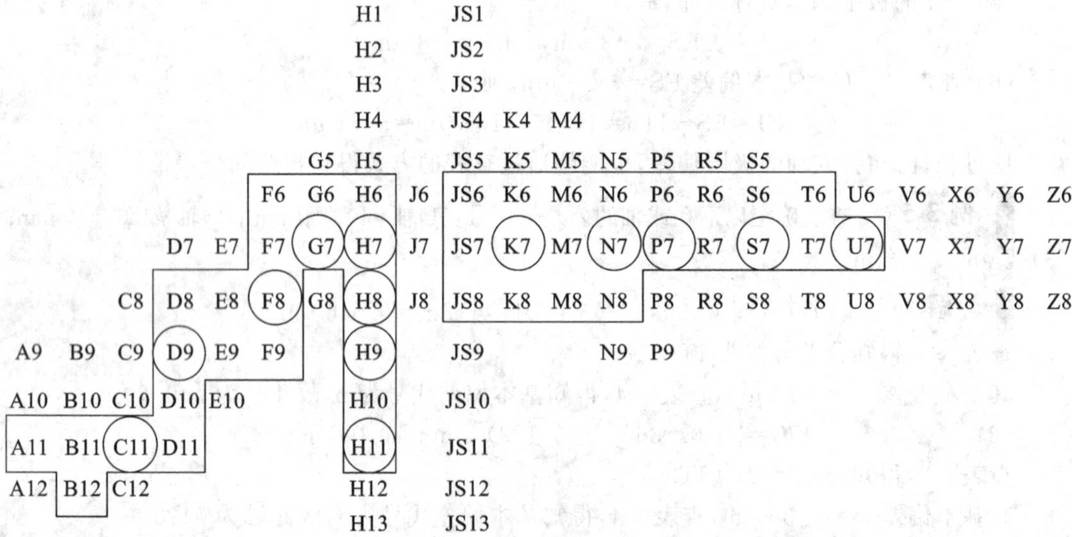

图 3-13 公称尺寸至 500 mm 的孔公差带规定

公称尺寸至 500 mm 的轴公差带规定如图 3-14 所示,优先选用圆圈中的公差带,其次选用方框中的公差带,最后选用其他的公差带。

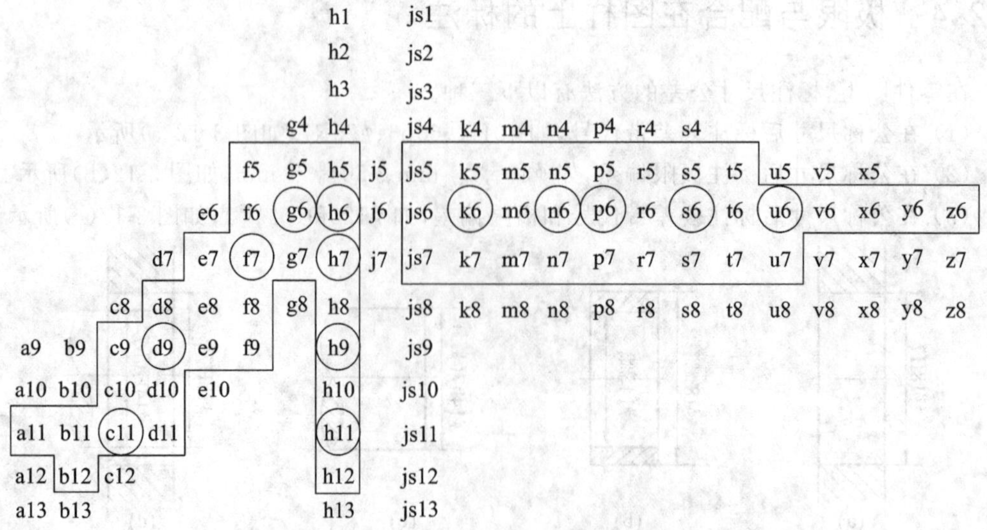

图 3-14 公称尺寸至 500 mm 的轴公差带规定

国家标准在推荐了孔、轴公差带的基础上，还推荐了孔、轴公差带的配合，如表 3-6 和表 3-7 所示。对于基孔制，规定了 59 个常用配合，在常用配合中又规定了 13 个优先配合(表 3-6 中左上角有黑三角的配合)；对于基轴制，规定了 47 个常用配合，在常用配合中又规定了 13 个优先配合(表 3-7 中左上角有黑三角的配合)。很容易看出：在表 3-6 中，当轴的公差小于或等于 IT7 时，是与低一级的基准孔配合，其余是与同级的基准孔配合；在表 3-7 中，当孔的公差小于或等于 IT8 时，是与高一级的基准轴配合，其余是与同级的基准轴配合。表中不同的配合种类用粗实线分隔开，只有 H6/n5、H7/p6 在公称尺寸小于或等于 3 mm 和 H8/r7 在公称尺寸小于或等于 100 mm 时，为过渡配合。

表 3-6　基孔制优先、常用配合

基准孔	轴																				
	a	b	c	d	e	f	g	h	js	k	m	n	p	r	s	t	u	v	x	y	z
	间隙配合								过渡配合			过盈配合									
H6						H6/f5	H6/g5	H6/h5	H6/js5	H6/k5	H6/m5	H6/n5	H6/p5	H6/r5	H6/s5	H6/t5					
H7						H7/f6	▼H7/g6	▼H7/h6	H7/js6	▼H7/k6	H7/m6	▼H7/n6	▼H7/p6	H7/r6	▼H7/s6	H7/t6	H7/u6	H7/v6	▼H7/x6	H7/y6	H7/z6
H8					H8/e7	▼H8/f7	H8/g7	▼H8/h7	H8/js7	H8/k7	H8/m7	H8/n7	H8/p7	H8/r7	H8/s7	H8/t7	H8/u7				
				H8/d8	H8/e8	H8/f8		H8/h8													
H9			H9/c9	▼H9/d9	H9/e9	H9/f9		▼H9/h9													
H10			H10/c10	H10/d10				H10/h10													
H11	H11/a11	H11/b11	▼H11/c11	H11/d11				▼H11/h11													
H12		H12/b12						H12/h12													

表 3-7　基轴制优先、常用配合

基准轴	孔																				
	A	B	C	D	E	F	G	H	JS	K	M	N	P	R	S	T	U	V	X	Y	Z
	间隙配合								过渡配合			过盈配合									
h5						F6/h5	G6/h5	H6/h5	JS6/h5	K6/h5	M6/h5	N6/h5	P6/h5	R6/h5	S6/h5	T6/h5					
h6						F7/h6	▼G7/h6	▼H7/h6	JS7/h6	▼K7/h6	M7/h6	▼N7/h6	▼P7/h6	R7/h6	▼S7/h6	T7/h6	▼U7/h6				
h7					E8/h7	▼F8/h7		▼H8/h7	JS8/h7	K8/h7	M8/h7	N8/h7									
h8				D8/h8	E8/h8	F8/h8		H8/h8													
h9				▼D9/h9	E9/h9	F9/h9		▼H9/h9													
h10				D10/h10				H10/h10													
h11	A11/h11	B11/h11	▼C11/h11	D11/h11				▼H11/h11													
h12		B12/h12						H12/h12													

例 3-6 试比较以下每组中两对配合的极限间隙或极限过盈:(1) ϕ40H7/g6 与 ϕ40G7/h6;(2) ϕ40H7/k6 与 ϕ40K7/h6;(3) ϕ40H7/s6 与 ϕ40S7/h6。

解 查表 3-2、表 3-4、表 3-5,通过计算可得表 3-8。

表 3-8 例 3-6 表

mm

配　合	配合制	配合类型	极限偏差	极限间隙或极限过盈
ϕ40H7/g6	基孔制	间隙配合	ϕ40H7($^{+0.025}_{0}$)	$X_{max}=0.05$
			ϕ40g6($^{-0.009}_{-0.025}$)	$X_{min}=0.009$
ϕ40G7/h6	基轴制	间隙配合	ϕ40G7($^{+0.034}_{+0.009}$)	$X_{max}=0.05$
			ϕ40h6($^{0}_{-0.016}$)	$X_{min}=0.009$
ϕ40H7/k6	基孔制	过渡配合	ϕ40H7($^{+0.025}_{0}$)	$X_{max}=0.023$
			ϕ40k6($^{+0.018}_{+0.002}$)	$Y_{min}=-0.018$
ϕ40K7/h6	基轴制	过渡配合	ϕ40K7($^{+0.007}_{-0.018}$)	$X_{max}=-0.023$
			ϕ40h6($^{0}_{-0.016}$)	$Y_{min}=-0.018$
ϕ40H7/s6	基孔制	过盈配合	ϕ40H7($^{+0.025}_{0}$)	$Y_{max}=-0.059$
			ϕ40s6($^{+0.059}_{+0.043}$)	$Y_{min}=-0.018$
ϕ40S7/h6	基轴制	过盈配合	ϕ40S7($^{-0.034}_{-0.059}$)	$Y_{max}=-0.059$
			ϕ40h6($^{0}_{-0.016}$)	$Y_{min}=-0.018$

从表 3-8 中可以看出,代号相当的两个常用配合,其配合性质相同,使用起来效果是一致的。

3.2.6 一般公差

一般公差是指在车间通常加工条件下可保证的公差。采用一般公差的尺寸,不需要标注出极限偏差数值。一般公差分为精密 f、中等 m、粗糙 c 和最粗 v 共 4 个公差等级,相当于 IT12、IT14、IT16 和 IT17。线性尺寸的极限偏差数值如表 3-9 所示,倒圆半径和倒角高度尺寸的极限偏差数值如表 3-10 所示,角度尺寸的极限偏差数值如表 3-11 所示,其值按角度短边长度确定,对圆锥角按圆锥素线长度确定。从上述表中可以看出,一般公差均取对称分布,简单方便。

表 3-9 线性尺寸的极限偏差数值

mm

公差等级	公称尺寸分段							
	0.5～3	3～6	6～30	30～120	120～400	400～1000	1000～2000	2000～4000
精密 f	±0.05	±0.05	±0.1	±0.15	±0.2	±0.3	±0.5	—
中等 m	±0.1	±0.1	±0.2	±0.3	±0.5	±0.8	±1.2	±2
粗糙 c	±0.2	±0.3	±0.5	±0.8	±1.2	±2	±3	±4
最粗 v	—	±0.5	±1	±1.5	±2.5	±4	±6	±8

表 3-10　倒圆半径和倒角高度尺寸的极限偏差数值　　mm

公差等级	公称尺寸分段			
	0.5～3	3～6	6～30	＞30
精密 f	±0.2	±0.5	±1	±2
中等 m				
粗糙 c	±0.4	±1	±2	±4
最粗 v				

注：倒圆半径和倒角高度的含义参见 GB/T 6403.4—2008。

表 3-11　角度尺寸的极限偏差数值

公差等级	长度分段/mm				
	＜10	10～50	50～120	120～400	400
精密 f	±1°	±30′	±20′	±10′	±5′
中等 m					
粗糙 c	±1°30′	±1°	±30′	±15′	±10′
最粗 v	±3°	±2°	±1°	±30′	±20′

若采用一般公差，应在图样标题栏附近或在技术要求、技术文件（如企业标准）中标注出标准号及公差等级代号。例如选取中等等级时，标注为：GB/T 1804-m。

采用一般公差有以下优点：

（1）简化制图，使图样清晰易读；

（2）节省图样设计的时间，设计人员只需要熟悉一般公差的有关规定并加以应用，可不必计算其公差值；

（3）明确了可由一般工艺水平保证的要素，可简化对这些要素的检验要求而有助于质量管理；

（4）突出图样上标注的公差，以便在加工和检验时引起足够的重视。

除另有规定外，超出一般公差的工件如未达到损害其功能，通常不应判定拒收。

3.3　公差与配合的选择与应用

尺寸公差与配合的选用是机械设计和制造的一个很重要的环节，公差与配合选择得是否合适，直接影响到机器的使用性能、寿命、互换性和经济性。公差与配合的选用主要包括配合制的选用、公差等级的选用和配合种类的选用。

3.3.1　配合制的选用

设计时，为了减少定值刀具和量具的规格和种类，应该优先选用基孔制。

虽然基孔制和基轴制可以得到相同的配合性质，使用起来并无区别，但是从工艺角度考虑，用钻头、铰刀等定值刀具加工中等精度的孔时，每一把刀具只能加工出某一尺寸，而同一把车刀或一个砂轮可以加工大小不同的轴，故改变轴的极限尺寸比较容易，采用基孔制更有经济优势。对于尺寸较大、精度较低的孔，虽然一般不使用定值刀具和量具，但为了统一和习惯，也选择基孔制。

然而下列情况应选用基轴制配合。

(1) 在农业机械、纺织机械、建筑机械中经常使用具有一定公差等级的冷拉钢材直接做轴，采用基轴制可避免冷拉钢材的尺寸规格过多。

(2) 加工尺寸小于 1 mm 的精密轴比加工同级孔困难，因此在仪器制造、钟表生产、无线电工程中，常使用经过光轧成形的钢丝直接做轴，采用基轴制更经济。

(3) 在同一轴与公称尺寸相同的几个孔相配合，且配合性质不同的情况下，可考虑基轴制。比如，内燃机中活塞销与活塞孔和连杆套筒的配合，如图 3-15 (a)所示，根据使用要求，活塞销与活塞孔的配合为过渡配合，活塞销与连杆套筒的配合为间隙配合。

如果选用基孔制配合，三处配合分别为 H6/m5、H6/h5 和 H6/m5，公差带如图 3-15(b)所示；如果选用基轴制配合，三处配合分别为 M6/h5、H6/h5 和 M6/h5，公差带如图 3-15(c)所示。选用基孔制时，必须把轴做成台阶形式才能满足各部分的配合要求，而且不利于加工和装配；如果选用基轴制，就可把轴做成光轴，非常方便。

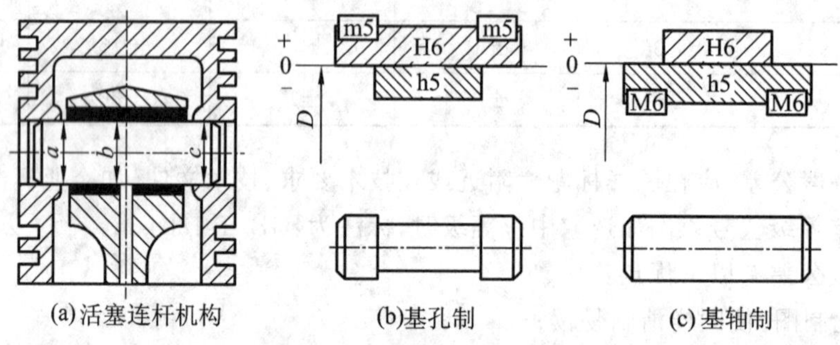

图 3-15　活塞销与活塞连杆机构的配合及孔、轴公差带

(4) 与标准件配合的孔或轴，必须以标准件为基准件来选择配合制。如：滚动轴承内圈和轴颈的配合必须采用基孔制，见图 3-16 中的 ϕ55j6；外圈和壳体的配合必须采用基轴制，见图 3-16 中的 ϕ100J7。

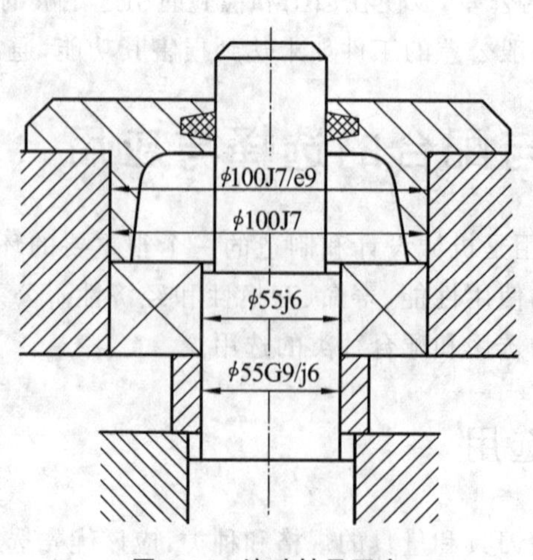

图 3-16　滚动轴承配合

此外，在一些经常拆卸和精度要求不高的特殊场合可以采用非基准制。比如：滚动轴承端盖凸缘与箱体孔的配合，见图 3-16 中的 ϕ100J7/e9；轴上用来轴向定位的隔套与轴的配合，见图 3-16 中的 ϕ55G9/j6，采用的都是非基准制。

3.3.2 公差等级的选用

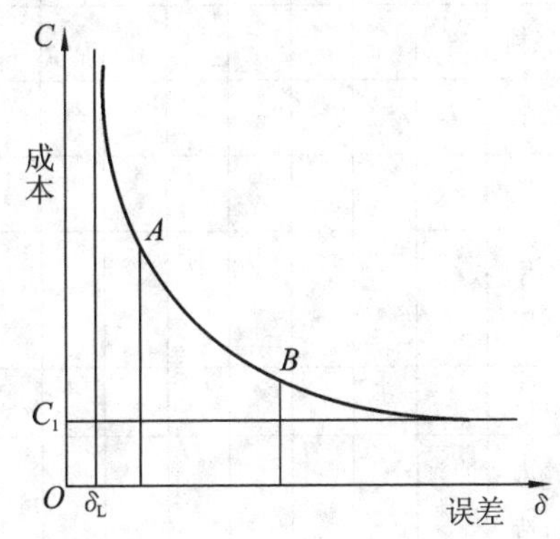

图 3-17　公差等级与成本关系

公差等级的选用有一个基本原则，就是在能够满足使用要求的前提下，尽量选择低的公差等级。精度越高，成本越高。在低精度区，如图 3-17 的 B 点右侧，提高精度增加的成本较少；而在高精度区，如图 3-17 的 A 点左侧，精度稍有提高，成本和废品率就会急剧增加。因此，选用高精度时需要格外谨慎。

公差等级的选用通常使用类比法，除遵循上述原则外，还应考虑以下问题。

(1) 工艺等价性。令孔和轴的加工难度基本相同。公称尺寸≤500 mm 且标准公差≤IT8 的孔比同级的轴加工困难，国家标准推荐与比它高一级的轴配合；而公称尺寸≤500 mm 且标准公差＞IT8 的孔以及公称尺寸＞500 mm 的孔，精度容易保证，国家标准推荐孔、轴采用同级配合；对于小于或等于 3 mm 的公称尺寸，由于工艺多样性，孔的公差等级可能高于、等于或低于轴的公差等级。

(2) 工艺可能性。选用公差等级还要考虑本厂的加工设备、生产条件等情况。各种加工方法可达到的公差等级如表 3-12 所示。

表 3-12　各种加工方法可达到的公差等级

加工方法	公差等级(IT)																			
	IT01	IT0	IT1	IT2	IT3	IT4	IT5	IT6	IT7	IT8	IT9	IT10	IT11	IT12	IT13	IT14	IT15	IT16	IT17	IT18
研磨	√	√	√	√	√	√	√													
珩磨						√	√	√	√											
圆磨							√	√	√	√										
平磨							√	√	√	√										
金刚石车							√	√	√											
金刚石镗							√	√	√											
拉削							√	√	√	√										
铰孔								√	√	√	√	√								
精车、精镗									√	√	√									
粗车												√	√	√						
粗镗												√	√	√						
铣										√	√	√	√							

续表

加工方法	公差等级(IT)																			
	IT01	IT0	IT1	IT2	IT3	IT4	IT5	IT6	IT7	IT8	IT9	IT10	IT11	IT12	IT13	IT14	IT15	IT16	IT17	IT18
刨、插												√	√							
钻削												√	√	√	√					
冲压												√	√	√	√	√				
滚压、挤压												√	√							
铸造																	√	√		
砂型铸造																√	√			
气割																	√	√	√	√

(3) 公差等级的应用范围。具体的公差等级的选择,可参考表 3-13。

表 3-13　常用配合尺寸 IT5～IT13 级的应用

公差等级	适用范围	应用举例
IT5	用于仪表、发动机和机床中特别重要的配合,加工要求较高,一般机械制造中较少用,特点是能保证配合性质的稳定性	航空及航海仪器中特别精密的零件,与特别精密的滚动轴承相配合的机床主轴和外壳孔,高精度齿轮的基准孔和基准轴
IT6	用于机械制造中精度要求很高的重要配合,特点是能得到均匀的配合性质,使用可靠	与 6 级滚动轴承相配合的孔、轴颈,机床丝杠轴颈,矩形花键的定心直径,摇臂钻床的立柱等
IT7	广泛用于机械制造中精度要求较高、较重要的配合	联轴器、带轮、凸轮等孔径,机床卡盘座孔,发动机的连杆孔、活塞孔等
IT8	在机械制造中属于中等精度,用于对配合性质要求不太高的次要场合	轴承座衬套沿宽度方向尺寸,IT9～IT12 级齿轮基准孔,IT11～IT12 级齿轮基准轴
IT9～IT10	属于较低精度,只适用于配合性质要求不太高的次要配合	机械制造中轴套外径与孔、操作件与轴、空轴带轮与轴、单键与花键
IT11～IT13	属于低精度,只适用于基本上没有什么配合要求的场合	非配合尺寸及工序间尺寸、滑块与滑移齿轮、冲压加工的配合件、塑料成型尺寸公差

(4) 配合类型。过渡配合和过盈配合对间隙或过盈的变化比较敏感,公差等级不宜太大,一般孔的小于或等于 IT8,轴的小于或等于 IT7。对于间隙配合,间隙小的公差等级应较小,间隙大的公差等级可较大。

(5) 精度匹配。相配合的零部件精度要匹配。例如,齿轮孔与轴的配合,它们的公差等级决定于相关件齿轮的精度等级,与标准件滚动轴承相配合的外壳孔和轴颈的公差等级决定于相配合件滚动轴承的公差等级。零件要求不高时，可与相配合的零件的公差等级相差 2～3 级。

3.3.3 配合的选择

配合的选择主要是根据使用要求确定配合种类和配合代号。

1. 确定配合种类

当相配合的孔、轴间有相对运动时，选择间隙配合；当相配合的孔、轴间无相对运动，不经常拆卸，而需要传递一定的转矩时，选择过盈配合；当相配合的孔、轴间无相对运动，而需要经常拆卸时，选择过渡配合。

2. 非基准件基本偏差代号的选择

通常有三种方法，分别是计算法、试验法和类比法。计算法是根据一定的理论公式，经过计算得出所需的间隙或过盈，计算结果是近似值，实际中还需要经过试验来确定；试验法用于对产品性能影响很大的配合，要进行大量试验来确定最佳的间隙或过盈，成本比较高；类比法则参照类似的经过生产实践验证的机械，分析零件的工作条件及使用要求，以它们为样本来选择配合种类，是机械设计中最常用的方法。使用类比法设计时，各种基本偏差的选择可参考表 3-14 来进行。

表 3-14 各种基本偏差的特点及应用实例

配合	基本偏差	各种基本偏差的特点及应用实例
间隙配合	a(A) b(B)	可得到特别大的间隙，应用很少，主要用于工作时温度高、热变形大的零件的配合，如发动机中活塞与缸套的配合为 H9/a9
	c(C)	可得到很大的间隙，一般用于工作条件较差(如农业机械)、工作时受力变形大及装配工艺性不好的零件的配合，也适用于高温工作的零件的间隙配合，如内燃机排气阀杆与导管的配合为 H8/c7
	d(D)	与 IT7～IT11 对应，适用于较松的间隙配合(如滑轮、空转的带轮与轴的配合)，以及大尺寸滑动轴承与轴颈的配合(如涡轮机、球磨机等的滑动轴承)，活塞环与活塞槽的配合可用 H9/d9
	e(E)	与 IT6～IT9 对应，具有明显的间隙，用于大跨距及多支撑的转轴与轴承的配合，以及高速、重载的大尺寸轴颈与轴承的配合，如大型发电机、内燃机的主要轴承处的配合为 H8/e7
	f(F)	多与 IT6～IT8 对应，用于一般的转动配合，受温度影响不大，采用普通润滑油的轴颈与滑动轴承的配合，如齿轮箱、小电机、泵等的转轴轴颈与滑动轴承的配合为 H7/f6
	g(G)	多与 IT5～IT7 对应，形成配合的间隙较小，用于轻载精密装置中的转动配合，插销定位配合，滑阀、连杆销等处的配合，钻套导向孔多用 G6
	h(H)	多与 IT4～IT11 对应，广泛用于无相对转动的配合、一般的定位配合。若没有温度变形的影响，也可用于精密滑动轴承的配合，如车床尾座导向孔与滑动套筒的配合为 H6/h5

续表

配　　合	基本偏差	各种基本偏差的特点及应用实例
过渡配合	js(JS)	多用于 IT4～IT7 具有平均间隙的过渡配合。用于略有过盈的定位配合，如联轴器、齿圈与轮毂的配合、滚动轴承外圈与外壳孔的配合多用 JS7，一般用手或木槌装配
	k(K)	多用于 IT4～IT7 平均间隙接近零的过渡配合。用于定位配合，如滚动轴承内、外圈分别与轴颈、外壳孔的配合，用木槌装配
	m(M)	多用于 IT4～IT7 平均过盈较小的配合。用于精密的定位配合，如钢轮的青铜轮缘与轮毂的配合为 H7/m6
	n(N)	多用于 IT4～IT7 平均过盈较大的配合，很少形成间隙。用于加键传递较大转矩的配合，如冲床上齿轮的孔与轴的配合，用木槌装配
过盈配合	p(P)	用于小过盈量配合。与 H6 或 H7 的孔形成过盈配合，而与 H8 的孔形成过渡配合。碳钢和铸铁零件形成的配合为标准压入配合，如卷扬机绳轮的轮毂与齿圈的配合为 H7/p6。合金钢零件的配合需要小过盈量时可用 p 或 P
	r(R)	用于传递大转矩或受冲击负荷而需要加键的配合，如涡轮孔与轴的配合为 H7/r6。需注意，H8/r8 配合在公称尺寸≤100 mm 时，为过渡配合
	s(S)	用于钢和铸铁零件的永久性接合和半永久性接合，可产生相当大的接合力，如套环压在轴、阀座上用 H7/s6 配合
	t(T)	用于钢和铸铁零件的永久性接合，不用键也可传递转矩，需用热套法或冷轴法装配，如联轴器与轴的配合为 H6/t6
	u(U)	用于大过盈量配合，最大过盈需验算，用热套法进行装配，如火车轮毂和轴的配合为 H6/u5
	v(V)、x(X)、y(Y)、z(Z)	用于特大过盈量配合，目前使用的经验和资料很少，须经试验后才能应用，一般不推荐

选用时应首先考虑优先公差带及优先配合，其次考虑常用公差带和常用配合，最后是其他公差带。优先配合的选用说明如表 3-15 所示。

此外，选择配合时还应该考虑工作情况的影响，如表 3-16 所示。

表 3-15　优先配合的选用说明

优先配合		说　　明
基孔制	基轴制	
$\frac{H11}{c11}$	$\frac{C11}{h11}$	间隙非常大，用于很松、转动很慢的动配合，用于装配方便的松配合
$\frac{H9}{d9}$	$\frac{D9}{h9}$	间隙很大的自由配合，用于精度非主要要求，或有大的温度变化，高转速或大的轴颈压力时

续表

优先配合		说明
基孔制	基轴制	
$\frac{H8}{f7}$	$\frac{F8}{h7}$	间隙不大的转动配合，用于中等转速与中等轴颈压力的精确转动，也用于装配较容易的中等定位配合
$\frac{H7}{g6}$	$\frac{G7}{h6}$	间隙很小的滑动配合，用于不希望自由转动，但可自由移动和滑动并精密定位时，也可用于要求明确的定位配合
$\frac{H7}{h6}$，$\frac{H8}{h7}$ $\frac{H9}{h9}$，$\frac{H11}{h11}$		均为间隙定位配合，零件可自由装拆，而工作时，一般相对静止不动，在最大实体条件下的间隙为零，在最小实体条件下的间隙由公差等级决定
$\frac{H7}{k6}$	$\frac{K7}{h6}$	过渡配合，用于精密定位
$\frac{H7}{n6}$	$\frac{N7}{h6}$	过渡配合，用于有较大过盈的更精密定位
$\frac{H7}{p6}$	$\frac{P7}{h6}$	过盈定位配合，即小过盈配合，用于定位精度特别重要时，能以最好的定位精度达到部件的刚性及对中性要求
$\frac{H7}{s6}$	$\frac{S7}{h6}$	中等压入配合，适用于一般钢件或用于薄壁件的冷缩配合，用于铸铁件可得到最紧的配合
$\frac{H7}{u6}$	$\frac{U7}{h6}$	压入配合，适用于可以承受高压入力的零件，或不宜承受大压入力的冷缩配合

表 3-16 工作情况对间隙或过盈的影响

工作状况	间隙应增或减	过盈应增或减
材料许用应力小	—	减
经常拆卸	—	减
有冲击载荷	减	增
工作时孔的温度高于轴的温度(零件材料相同)	减	增
工作时轴的温度高于孔的温度(零件材料相同)	增	减
接合长度较长	增	减
配合表面几何误差大	增	减
零件装配时可能偏斜	增	减
旋转速度较高	增	增
有轴向运动	增	—
润滑油的黏度较大	增	—

续表

工作状况	间隙应增或减	过盈应增或减
表面粗糙	减	增
装配精度较高	减	减
装配精度较低	增	增

例 3-7 已知某配合公称尺寸为 ϕ40 mm，允许其间隙和过盈在+0.024～-0.02 mm范围内变动，试确定孔轴公差带，并画出公差带图。

解 (1) 选择配合制。无特殊要求，选择基孔制，EI=0。

(2) 选择公差等级。配合公差许用值

$$T_f'=|X_{max}'-Y_{max}'|=[+0.024-(-0.02)]\ \text{mm}=0.044\ \text{mm}$$

查表 3-2 可知，IT6=16 μm，IT7=25 μm，由于孔的精度通常低一级，可尝试取孔为IT7，轴为 IT6，此时

$$T_f=\text{IT6}+\text{IT7}=41\ \mu\text{m}$$

满足许用值且最大。

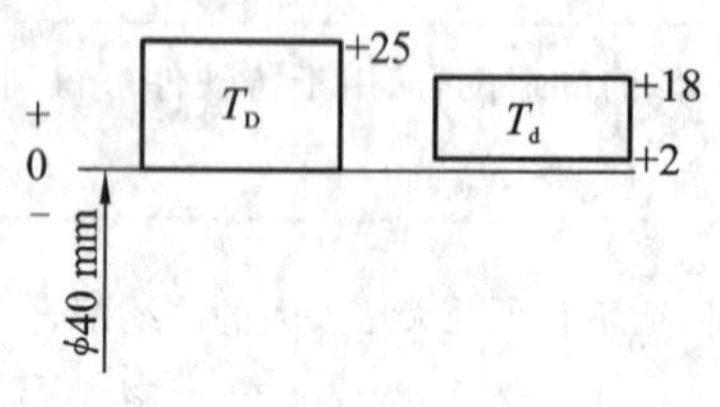

图 3-18 例 3-7 图

(3) 确定孔、轴公差带代号。

综上，孔为 $\phi40\text{H7}(^{+0.025}_{\ 0})$。

最大间隙 $X_{max}=+0.025-ei\leqslant+0.024$ mm，即 $ei\geqslant 1\ \mu$m。

查表 3-4，取轴的基本偏差代号为 k，则其公差带为 $\phi40\text{k6}(^{+0.018}_{+0.002})$。

(4) 验算。

$$X_{max}=ES-ei=(0.025-0.002)\ \text{mm}=0.023\ \text{mm}$$

$$Y_{max}=EI-es=(0-0.018)\ \text{mm}=-0.018\ \text{mm}$$

最大间隙和最大过盈都在给定范围内，设计结果满足要求。公差带图如图 3-18 所示。

习 题

一、简答题

1. 什么是广义的孔和轴？

2. 什么是公差和偏差？它们是不是越小越好？什么是极限尺寸和极限偏差？

3. 提取组成要素的局部尺寸是尺寸的真值吗？它越接近公称尺寸，表示精度越高吗？

4. 尺寸公差带的两个要素是什么？国家标准是怎样实行标准化的？

5. 一批零件提取组成要素的局部尺寸最大值为 20.01 mm，最小值为 19.98 mm，是否能够推断其公称尺寸为 20 mm、上极限偏差为+0.01 mm、下极限偏差为-0.02 mm？

6. 什么是配合？配合分为几种？用于什么场合？各种配合中孔、轴公差带之间的关系是怎样的？

7. 加工精度和配合精度有什么关系？孔、轴的尺寸公差和配合公差有什么关系？

8. 什么是配合制？配合制有几种？分别有什么特点？优先使用哪一种？为什么？

9. 选用公差与配合的原则是什么？

10. 什么是一般公差？分为几个等级？没有标注出公差的尺寸有没有公差要求？

二、综合题

1. 查表确定下列配合中各孔、轴的极限偏差、极限尺寸、基本偏差、公差、极限间隙或极限过盈、平均间隙或平均过盈、配合种类和配合制，并画出公差带图。

(1) ϕ30P7/h6；(2) ϕ50K7/h6；(3) ϕ80H8/f7；(4) ϕ20H7/js6；(5) ϕ75D8/h8。

2. 查出下列公差带的极限偏差。

(1) ϕ16d9；(2) ϕ52U6；(3) ϕ40B11；(4) ϕ60m6；(5) ϕ120JS7；(6) ϕ25z6。

3. 确定下列孔和轴的公差带代号。

(1) 孔：$\phi 30^{+0.021}_{0}$ mm；$\phi 40^{+0.024}_{-0.009}$ mm；$\phi 60^{+0.046}_{0}$ mm。

(2) 轴：$\phi 30^{+0.024}_{+0.016}$ mm；$\phi 40^{0}_{-0.016}$ mm；ϕ60 mm±0.015 mm。

4. 下面 3 根轴哪根精度最高？哪根精度最低？

(1) $\phi 70^{+0.105}_{+0.075}$ mm；(2) $\phi 250^{-0.015}_{-0.044}$ mm；(3) $\phi 12^{0}_{-0.022}$ mm。

5. 已知某轴的公称尺寸为 ϕ30 mm，公差值为 21 μm，上极限偏差为－20 μm，几个不同位置提取组成要素的局部尺寸分别为 29.968 mm、29.959 mm、29.961 mm、29.972 mm、29.978 mm、29.957 mm，画出公差带图，判断其适用性，并说明合格与否的理由。

6. 有一对孔、轴配合，公称尺寸为 ϕ50 mm，要求配合间隙为＋48～＋116 μm，试确定公差等级，并选择合适的配合，画出公差带图。

7. 有一对孔、轴配合，公称尺寸为 ϕ75 mm，要求配合过盈为－38～－74 μm，试确定公差等级，并选择合适的配合，画出公差带图。

8. 有一对孔、轴配合，公称尺寸为 ϕ28 mm，要求配合的间隙与过盈为－18～＋20 μm，试确定公差等级，并按基轴制选择合适的配合，画出公差带图。

9. 查表确定以下配合的极限间隙或极限过盈，判断各组配合的配合性质是否相同。

(1) ϕ80H8/f7 与 ϕ80F8/h7；

(2) ϕ80H8/f8 与 ϕ80F8/h8；

(3) ϕ30H7/m6 与 ϕ30M7/h6；

(4) ϕ30H7/m7 与 ϕ30M7/h7。

10. 已知轴套与孔和轴的配合分别为 ϕ70H7/k6 和 ϕ40H8/f7，请在图 3-19 上标注尺寸，然后绘制其零件图并标注尺寸。

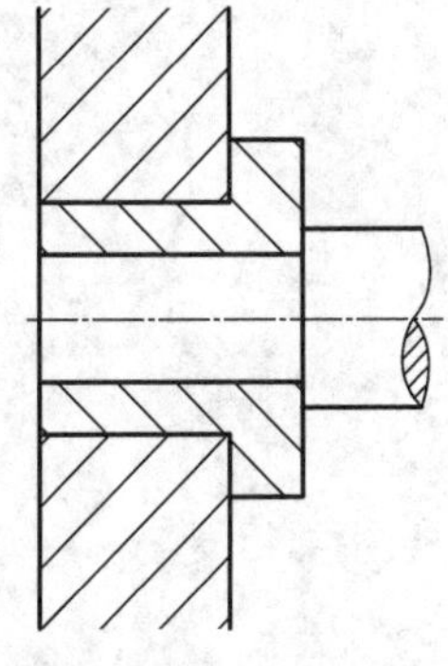

图 3-19　轴套与孔和轴的配合

三、计算题

1. 有一孔、轴配合，基本尺寸为 ϕ60 mm，最大间隙 X_{max}＝＋40 μm，T_D＝30 μm，轴公差 T_d＝20 μm，es＝0。试求 ES，EI，T_f，X_{min}（或 Y_{max}），并按标准规定标注孔、轴的尺寸。

2. 某孔、轴配合的基本尺寸为 ϕ30 mm，最大间隙 X_{max}＝＋23 μm，最大过盈 Y_{max}＝－20 μm，孔的尺寸公差 T_D＝20 μm，轴的上偏差 es＝0，试确定孔、轴的尺寸。

3. 计算表 3-17 空格处的数值，并按规定填写在表中。

表 3-17 填空格数值 mm

基本尺寸	孔			轴			X_{max} 或 Y_{min}	X_{min} 或 Y_{max}	T_f
	ES	EI	T_D	es	ei	T_d			
ϕ50		0				0.039	+0.103		0.078
ϕ25			0.021		−0.013	0.013		−0.048	
ϕ14		0				0.010		−0.012	0.029
ϕ45			0.025	0			−0.009		0.041

4. 本尺寸为 ϕ30 mm 的 N7 孔和 m6 轴相配合，已知 N 和 m 的基本偏差分别为 −7 μm 和 +8 μm，T_D=21 μm，T_d=13 μm，试计算极限间隙（或过盈）、平均间隙（或过盈）及配合公差，并绘制孔、轴配合的公差带图（说明何种配合类型）。

第4章 几何公差与误差检测

4.1 概述

零件在加工过程中由于受各种因素的影响，其几何要素不可避免地会产生形状误差和位置误差，它们对产品的寿命和使用性能有很大的影响。如有形状误差（如圆度误差）的轴和孔的配合，会因间隙不均匀而影响配合性能，并造成局部磨损，使用寿命缩短。几何误差（包括形状误差、方向误差、位置误差和跳动误差）越大，零件的几何参数的精度越差，其质量也越差。为了保证零件的互换性和使用要求，有必要对零件规定几何公差（即形位公差），用以限制几何误差。

为适应经济发展和国际交流的需要，我国根据国际标准 ISO1101 制定了有关几何公差的国家标准，它们是：

(1) GB/T 1182—2008，即《产品几何技术规范（GPS） 几何公差 形状、方向、位置和跳动公差标注》（代替 GB/T 1182—1996）；

(2) GB/T 1184—1996，即《形状和位置公差 未注公差值》（代替 GB/T 1184—1980）；

(3) GB/T 16671—2009，即《产品几何技术规范（GPS） 几何公差 最大实体要求、最小实体要求和可逆要求》（代替 GB/T 16671—1996）；

(4) GB/T 1958—2004，即《产品几何量技术规范（GPS） 形状和位置公差 检测规定》（代替 GB/T 1958—1980）。

此外，作为贯彻上述标准的技术保证，还发布了圆度、直线度、平面度检验标准，以及位置量规标准等。

4.1.1 几何公差的研究对象

几何公差的研究对象是构成零件几何特征的点、线、面。这些点、线、面统称为几何要素。一般在研究形状公差时，涉及的对象有线和面两类要素；在研究位置公差时，涉及的对象有点、线和面三类要素。几何公差就是研究这些要素在形状及其相互间方向或位置方面的精度问题。

几何要素可从不同角度来分类。

1. 按结构特征分类

(1) 组成要素（即轮廓要素） 组成要素是指构成零件外形，为人们直接感觉到的点、线、面。

(2) 导出要素（即中心要素） 导出要素是组成要素对称中心所表示的点、线、面，是不能为人们直接感觉到的，如中心面、中心线、中心点等，如图 4-1 所示。

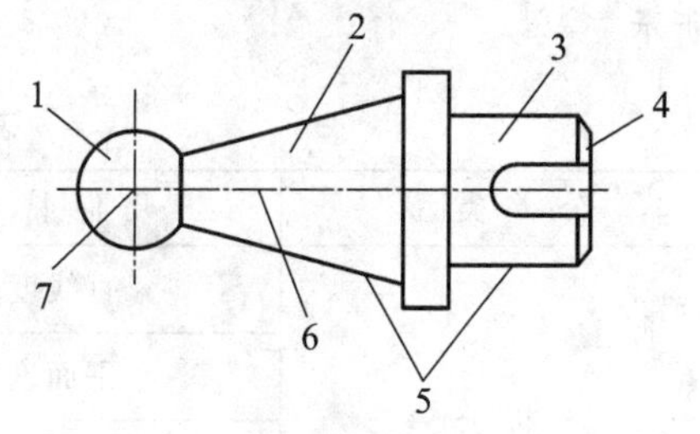

图 4-1 轮廓要素及中心要素

1—球面；2—圆锥面；3—圆柱面；4—平面；5—素线；6—轴线；7—球心

2. 按存在状态分类

(1) 提取(组成)要素　按规定的方法,由实际(组成)要素提取有限数目的点所形成的要素,是实际(组成)要素的近似替代。

(2) 提取导出要素　由一个或几个提取组成要素得到的中心点(提取球心)、中心线(如提取轴线)或中心面(提取中心面)。

(3) 拟合组成要素　按规定的方法,由提取组成要素形成的并具有理想形状的组成要素。

3. 按检测关系分类

(1) 被测要素　被测要素是指图样上给出了几何公差要求的要素,是研究和测量的对象,如图 4-2(a)中 ϕ16H7 的轴线、图 4-2(b)中的上平面。

(2) 基准要素　基准要素是指图样上规定用来确定被测要素方向和位置的要素。基准要素在图样上都标有基准符号或基准代号,如图 4-2(a)中 ϕ30h6 的轴线、图 4-2(b)中的下平面。

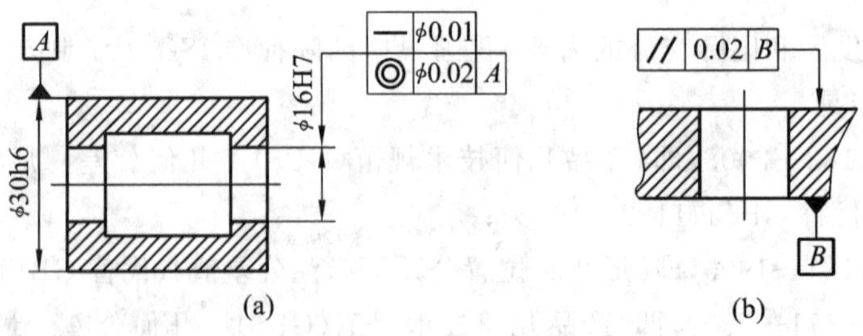

图 4-2　被测要素和基准要素

4. 按功能关系分类

(1) 单一要素　单一要素是指仅对被测要素本身给出形状公差的要素。

(2) 关联要素　关联要素是指相对于基准要素有方向或(和)位置功能要求而给出位置公差要求的被测要素。如图 4-2(a)中 ϕ16H7 孔的轴线,相对于 ϕ30h6 圆柱面轴线有同轴度公差要求,此时 ϕ16H7 的轴线属于关联要素。同理,图 4-2(b)中上平面相对于下平面有平行度要求,故上平面属于关联要素。

4.1.2　几何公差的项目及其符号

几何公差分为形状公差、方向公差、位置公差和跳动公差,相应的几何特征符号如表 4-1 所示。

表 4-1　几何特征符号

公差类型	几何特征	符　号	有无基准
形状公差	直线度	—	无
	平面度	▱	无
	圆度	○	无
	圆柱度	⌭	无

续表

公差类型	几何特征	符号	有无基准
形状公差、方向公差或位置公差	线轮廓度	⌒	有或无
	面轮廓度	⌓	有或无
方向公差	平行度	//	有
	垂直度	⊥	有
	倾斜度	∠	有
位置公差	位置度	⌖	有或无
	同心度（用于中心点）	◎	有
	同轴度（用于轴线）	◎	有
	对称度	⌯	有
跳动公差	圆跳动	↗	有
	全跳动	⌰	有

几何公差是指被测提取要素的允许变动全量。所以，形状公差是指单一提取要素的形状所允许的变动量，位置公差是指关联提取要素的位置对基准所允许的变动量。

几何公差的公差带是空间线或面之间的区域，比尺寸公差带，即数轴上两点之间的区域要复杂。

4.2 几何公差的标注

4.2.1 几何公差代号

1. 公差框格

如图 4-3 所示，公差框格在图样上一般应水平放置，若有必要，也允许竖直放置。对于水平放置的公差框格，应由左往右依次填写公差特征符号、公差值及有关符号、基准字母及有关符号。基准可多至三个，但先后有别，基准字母代号前后排列不同将有不同的含义。对于竖直放置的公差框格，应该由下往上填写有关内容。

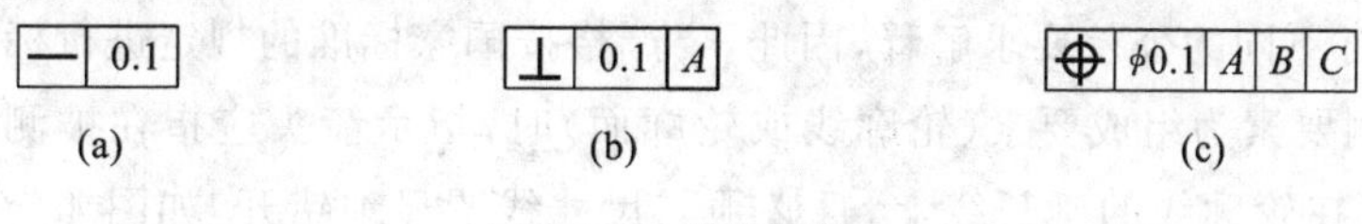

图 4-3 公差框格

2. 指引线

公差框格用指引线与被测要素联系起来。指引线由细实线和箭头构成，它从公差框格的一侧引出，并保持与公差框格端线垂直，引向被测要素时允许弯折，但不得多于两次。

指引线的箭头应指向公差带的宽度方向或径向，如图 4-4 所示。对于圆度，公差带的宽度方向是形成两同心圆的半径方向。

3. 基准

与被测要素相关的基准用一个大写字母表示。字母标注在基准方格内，与一个涂黑的或空白的三角形相连，以表示基准(见图 4-5)；表示基准的字母还应标注在公差框格内。涂黑的和空白的基准三角形含义相同。

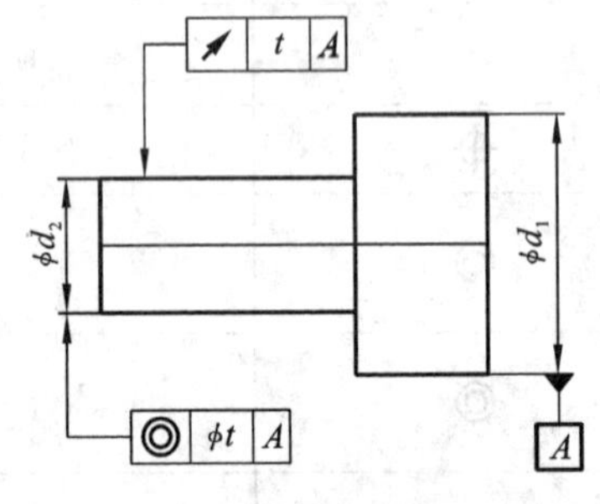

图 4-4　几何公差标注示例

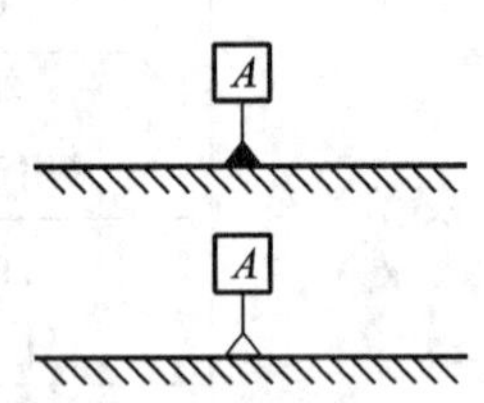

图 4-5　基准符号及代号

单一基准要素的名称用大写拉丁字母 A,B,C,…表示，如图 4-6(a)所示。为不致引起误解，字母 E、F、I、J、M、O、P、R 不得采用。公共基准名称由组成公共基准的两基准名称字母在中间加一横线组成(见图 4-6(b))。在位置度公差中常采用三基面体系来确定要素间的相对位置(见图 4-6(c))，应将三个基准按第一基准、第二基准和第三基准的顺序从左至右分别标注在各小格中，而不一定是按 A,B,C,…字母的顺序排列。三个基准面的先后顺序是根据零件的实际使用情况，按一定的工艺要求确定的。通常第一基准选取最重要的表面，加工或安装时由三点定位，其余依次为第二基准(两点定位)和第三基准(一点定位)，基准的多少取决于对被测要素的功能要求。

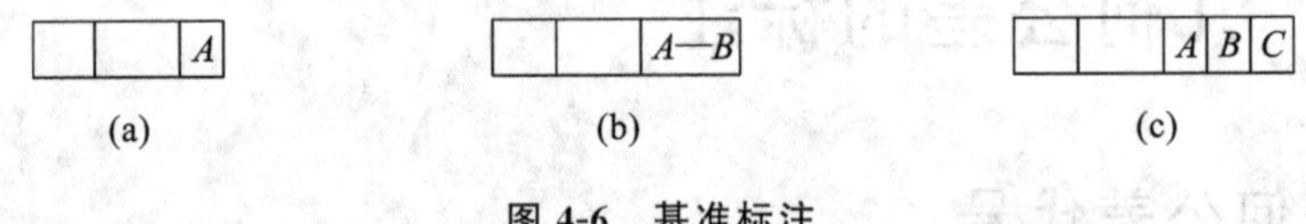

图 4-6　基准标注

4.2.2　几何公差的标注方法

1. 被测要素的标注

标注被测要素时，要特别注意公差框格的指引线箭头所指的位置和方向，箭头的位置和方向的不同将有不同的公差要求解释，因此，要严格按国家标准的规定进行标注。

(1) 当被测要素为组成要素(轮廓线或轮廓面)时，指示箭头应指在被测表面的可见轮廓线上，也可指在轮廓线的延长线上，且必须与尺寸线明显地错开，如图 4-7(a)所示。对于圆度公差，其指引线箭头应垂直指向回转体的轴线。

(2) 如果对视图中的一个面提出几何公差要求，有时可在该面上用一小黑点引出参考线，公差框格的指引线箭头则指在参考线上，如图 4-7(b)所示。

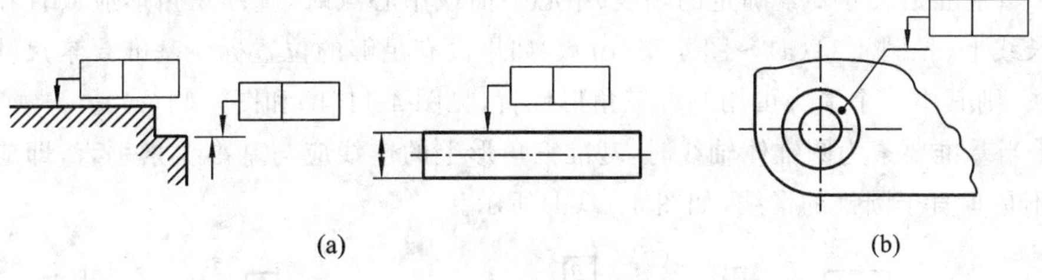

图 4-7　组成要素标注方法

（3）当被测要素为导出要素时，如中心点、圆心、轴线、中心线、中心平面等，指引线的箭头应对准尺寸线，即与尺寸线的延长线相重合。若指引线的箭头与尺寸线的箭头方向一致，则可合并为一个，如图 4-8 所示。

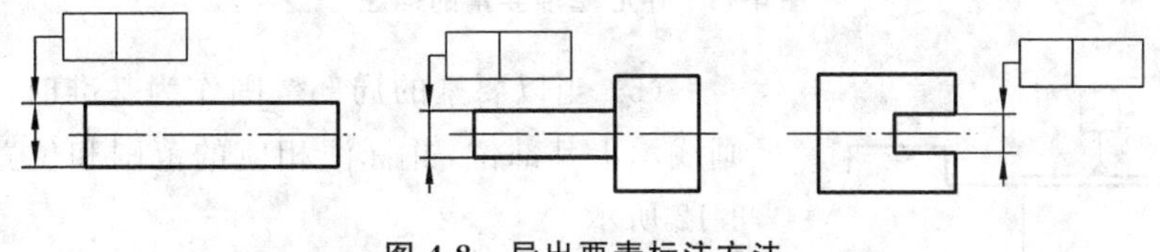

图 4-8　导出要素标注方法

（4）当被测要素是圆锥体轴线时，指引线箭头应与圆锥体的大端或小端的尺寸线对齐，必要时也可在圆锥体上任一部位增加一个空白尺寸线与指引线箭头对齐，如图 4-9(a)所示。

（5）当要限定局部部位作为被测要素时，必须用粗点画线示出其部位并加注大小和位置尺寸，如图 4-9(b)所示。

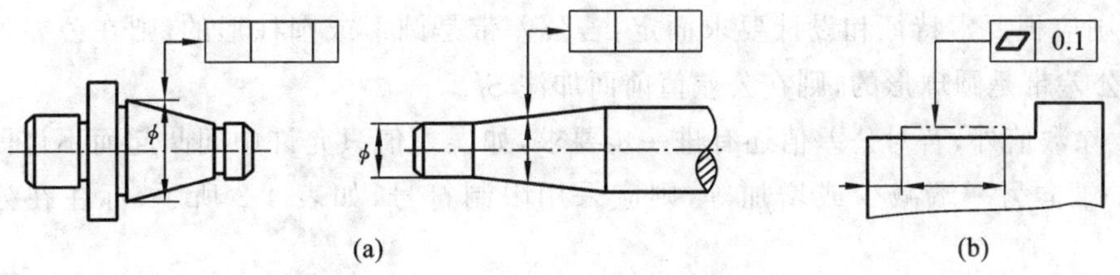

图 4-9　锥体和局部要素标注方法

2. 基准要素的标注

（1）当基准要素是轮廓线或轮廓面时，基准三角形放置在要素的轮廓线或其延长线上（与尺寸线明显错开，见图 4-10(a)）。

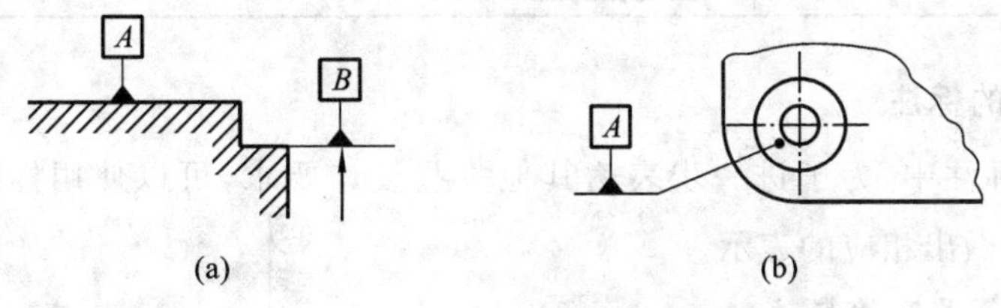

图 4-10　轮廓基准要素的标注

（2）当受到图形限制，基准三角形必须标注在某个面上时，可在面上画出小黑点，由黑点引出轮廓面引出线，基准三角形则置于该轮廓面引出线的水平线上，如图 4-10(b)所示应为环形表面。

(3) 当基准是尺寸要素确定的轴线、中心平面或中心点时，基准三角形应放置在该尺寸线的延长线上(见图 4-11(a)～图 4-11(c))。如果没有足够的位置标注基准要素尺寸的两个尺寸箭头，则其中一个箭头可用基准三角形代替(见图 4-11(b)和图 4-11(c))。

(4) 当基准要素为圆锥体轴线时，基准三角形上的连线应与基准要素垂直，即应垂直于轴线而不是垂直于圆锥的素线，如图 4-11(d)所示。

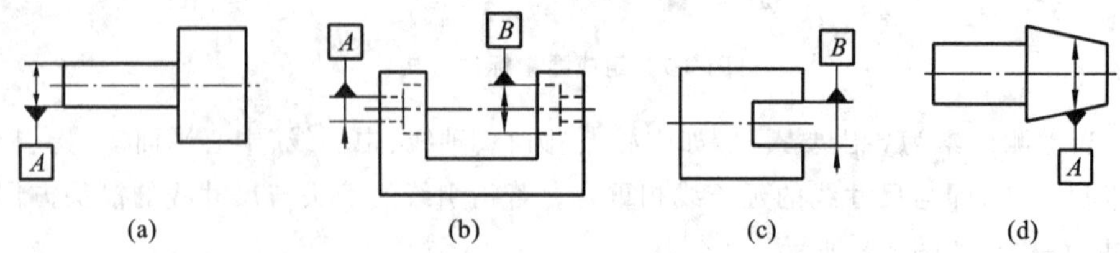

图 4-11　中心基准要素的标注

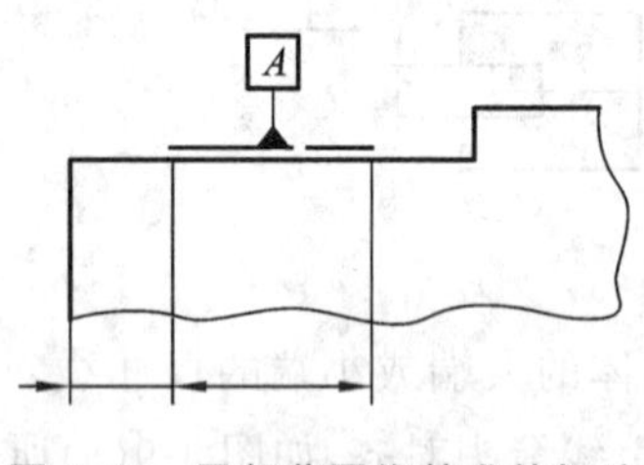

图 4-12　局部范围作基准的标注

(5) 当以要素的局部范围作为基准时，必须用粗点画线示出其部位，并标注相应的范围和位置尺寸，如图 4-12 所示。

3. 公差值的标注

(1) 公差值表示公差带的宽度或直径，是控制误差量的指标。公差值的大小是几何公差精度高低的直接体现。

(2) 公差值标注在公差框格的第 2 格中。如是公差带宽度，只标注公差值 t。如是公差带直径，则应视要素特征和设计要求而定：若公差带是圆形或圆柱形的，则在公差值前面加注 ϕ；若公差带是圆球形的，则在公差值前面加注 $S\phi$。

(3) 除数值外，若对公差值还有进一步要求，如误差值只允许中间凸起而不许凹下或只许从某一端向另一端减少或增加等，则应采用限制符号，如表 4-2 所示，标注在公差值的后面。

表 4-2　限制符号表

含　义	符　号	举　例	含　义	符　号	举　例
只许中间材料内凹下	(－)	— | t(－)	只许从左至右减少	(▷)	⌭ | t(▷)
只许中间材料外凸起	(＋)	▱ | t(＋)	只许从右至左减少	(◁)	⌭ | t(◁)

4. 附加符号的标注

在几何公差标注中，为了进一步表达其他一些设计要求，可以使用标准规定的附加符号，在标注框格中做出相应的表示。

1) 包容要求符号Ⓔ的标注

对于极少数要素需严格保证其配合性质，并要求由尺寸公差控制其形状公差时，应标注包容要求符号，即将其加注在该要素尺寸极限偏差或公差带代号的后面，如图 4-13 所示。

图 4-13　包容要求符号的标注

2）最大实体要求符号Ⓜ、最小实体要求符号Ⓛ的标注

当被测要素采用最大实体要求时，符号Ⓜ应置于公差框格内公差值的后面，如图 4-14(a)所示；当基准要素采用最大实体要求时，符号Ⓜ应置于公差框格内基准名称字母的后面，如图 4-14(b)所示；当被测要素和基准要素都采用最大实体要求时，符号Ⓜ应同时置于公差值和基准名称字母的后面，如图 4-14(c)所示。

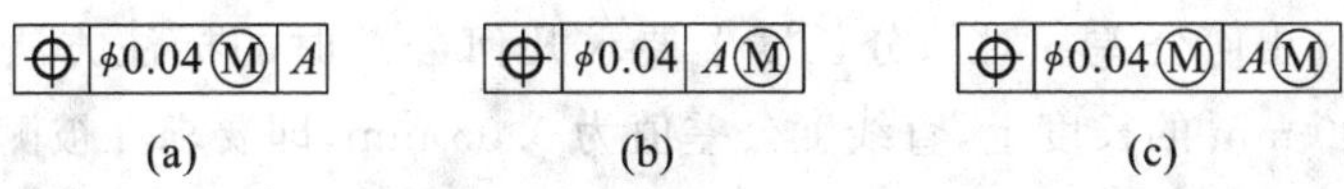

图 4-14　最大实体要求符号的标注

最小实体要求符号的标注方法与最大实体要求符号的相同，如图 4-15 所示。

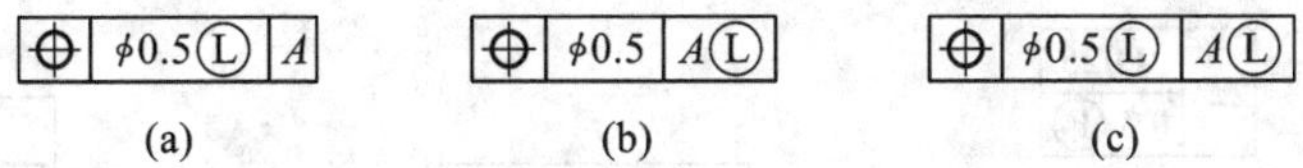

图 4-15　最小实体要求符号的标注

3）可逆要求符号Ⓡ的标注

可逆要求应与最大实体要求或最小实体要求同时使用，其符号Ⓡ标注在Ⓜ或Ⓛ的后面。可逆要求用于最大实体要求时的标注方法如图 4-16(a)所示，用于最小实体要求时的标注方法如图 4-16(b)所示。

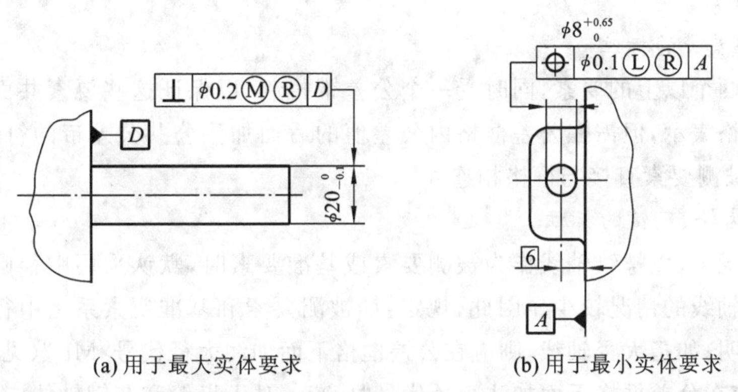

图 4-16　可逆要求符号的标注

4）延伸公差带符号Ⓟ的标注

延伸公差带的含义是将被测要素的公差带延伸到工件实体以外，控制工件外部的公差带，以保证相配零件与该零件配合时能顺利装入。延伸公差带用符号Ⓟ表示，并注出其延伸范围。延伸公差带符号Ⓟ标注在公差框格内的公差值的后面，同时也应加注在图样中延伸公差带长度数值的前面，如图 4-17 所示。

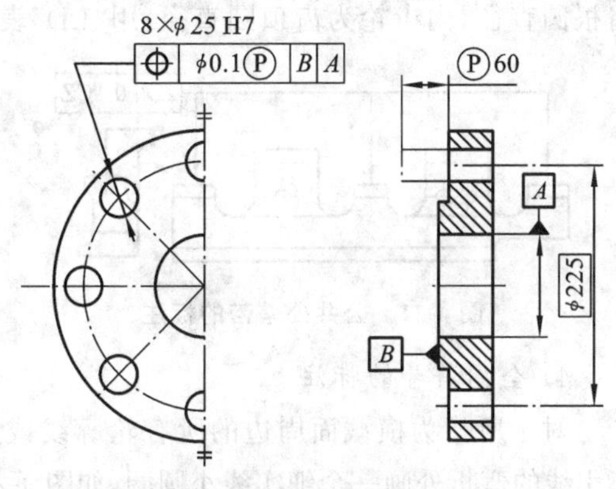

图 4-17　延伸公差带符号的标注

5）自由状态条件符号Ⓕ的标注

对于非刚性被测要素在自由状态时，若允许超出图样上给定的公差值，可在公差框格内

标注出允许的几何公差值,并在公差值后面加注符号Ⓕ,表示被测要素的几何公差是在自由状态条件下的公差值,未加注Ⓕ则表示的是在受约束力情况下的公差值,如图 4-18 所示。

5. 特殊规定

1) 部分长度上的公差值标注

由于功能要求,有时不仅需限制被测要素在整个范围内的几何公差,还需要限制特定长度或特定面积上的几何公差。对部分长度上要求几何公差时的标注方法如图 4-19 所示。图 4-19 表示每 200 mm 的长度上,直线度公差值为 0.05 mm,即要求在被测要素的整个范围内的任一个 200 mm 长度均应满足此要求,属于局部限制。如在部分长度内控制几何公差的同时,还需要控制整个范围内的几何公差值,其表示方法如图 4-20 的上一格标注所示。此时,两个要求应同时满足,属于进一步限制。

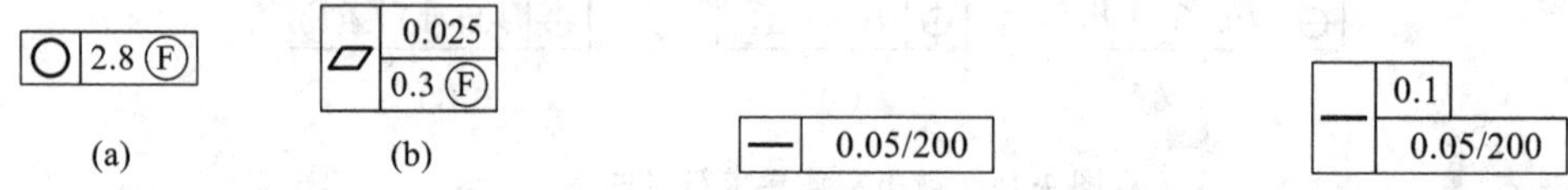

图 4-18 自由状态条件符号的标注　　图 4-19 局部限制标注　　图 4-20 进一步限制标注

也就是说,需要对整个被测要素上任意限定范围标注同样几何特征的公差时,可在公差值的后面加注限定范围的线性尺寸值,并在两者间用斜线隔开(见图 4-19)。如果标注的是两项或两项以上同样几何特征的公差,可直接在整个要素公差框格的下方放置另一个公差框格(见图 4-20)。

2) 公共公差带的标注

当两个或两个以上的要素,同时受一个公差带控制,以保证这些要素共面或共线时,可用一个公差框格表示,但需在公差框格内公差值的后面加注公共公差带的符号 CZ,如图 4-21 所示,此时被测要素直接与框格相连。

3) 螺纹、齿轮、花键的标注

在一般情况下,以螺纹轴线作为被测要素或基准要素时,默认采用中径圆柱的轴线,采用大径或小径轴线的情况较少。因此,规定:如被测要素和基准要素系指中径圆柱的轴线,则不需另加说明;如指大径轴线,则应在公差框格下面加注大径代号“MD”(见图 4-22);如指小径轴线,则应在公差框格下面加注小径代号“LD”。对于齿轮和花键轴线,有:节径轴线用“PD”表示;大径(外齿轮为齿顶圆直径,内齿轮为齿根圆直径)用“MD”表示;小径(外齿轮为齿根圆直径,内齿轮为齿顶圆直径)用“LD”表示。

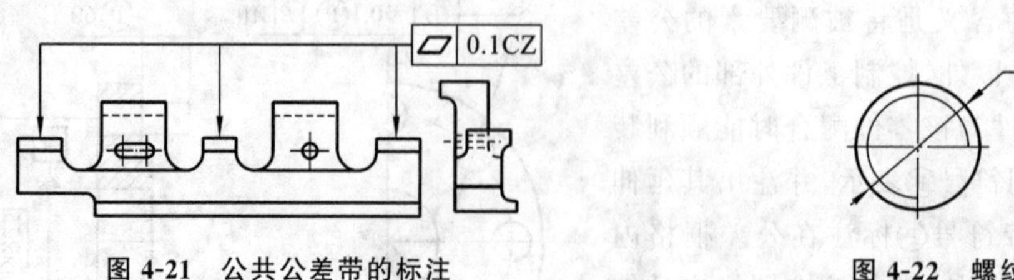

图 4-21 公共公差带的标注　　图 4-22 螺纹特指直径标注

4) 全周符号的标注

对于所指为横截面周边的所有轮廓线或所有轮廓面的几何公差要求时,可在公差框格指引线的弯折处画一个细实线小圆圈,如图 4-23 所示。图 4-23(a)为线轮廓度要求,图 4-23(b)为面轮廓度要求。

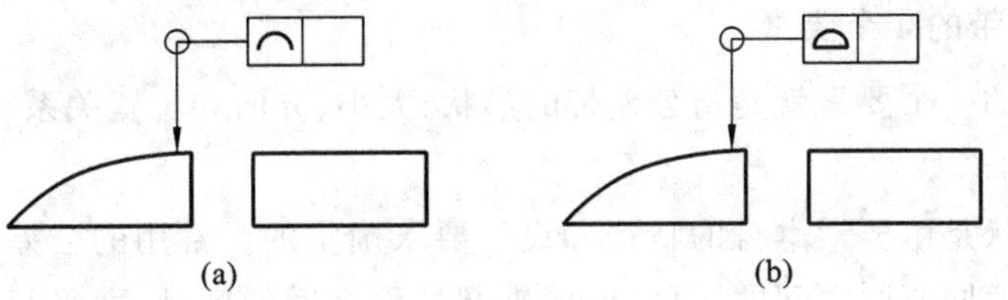

图 4-23 轮廓全周符号标注

5) 理论正确尺寸的表示法

对于要素的位置度、轮廓度或倾斜度，其尺寸由不带公差的理论正确位置、轮廓或角度确定，这种尺寸称为理论正确尺寸(TED)。理论正确尺寸也用于确定基准体系中各基准之间的方向、位置关系。理论正确尺寸没有公差，并标注在一个方框中(见图 4-24)。零件提取组成要素的局部尺寸仅由公差框格中位置度、轮廓度或倾斜度公差限定，如图 4-24 所示。

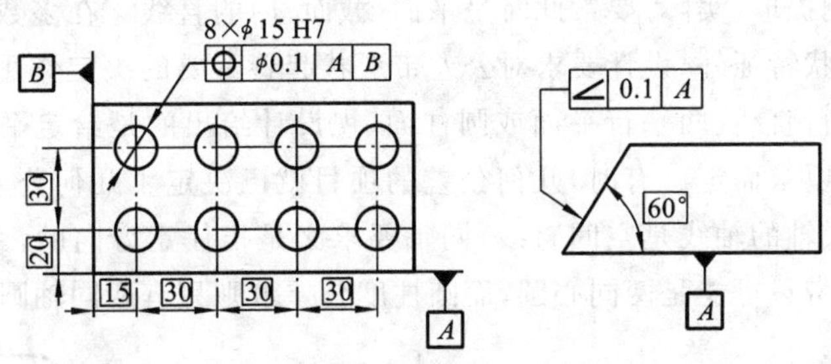

图 4-24 理论正确尺寸的标注

4.3 几何公差

几何公差是用来限制零件本身几何误差的，它是被测提取(实际)要素的允许变动量。几何公差分为形状公差、方向公差、位置公差和跳动公差。

4.3.1 几何公差带

1. 几何公差带基本概念

几何公差标注是图样中对几何要素的形状、位置提出精度要求时做出的表示。一旦有了这一标注，也就明确了被控制的对象(要素)是谁、允许它有何种误差、允许的变动量(即公差值)多大及范围在哪里，提取(实际)要素只要做到在这个范围之内就为合格。在此前提下，被测提取(实际)要素可以具有任意形状，也可以占有任何位置。这使几何要素(点、线、面)在整个被测范围内均受其控制。这一用来限制提取(实际)要素变动的区域就是几何公差带。既然是一个区域，则一定具有形状、大小、方向和位置四个特征要素。

为了讨论方便，可以用图形来描绘允许提取(实际)要素变动的区域，这就是公差带图，它必须表明形状、大小、方向和位置关系。

2. 几何公差带的4个要素

几何公差带的4个要素就是指公差带的形状、大小、方向和位置关系。

1）公差带的形状

公差带的形状是由要素本身的特征和设计要求确定的。常用的公差带有以下11种形状：圆内的区域、两同心圆之间的区域、两同轴圆柱面之间的区域、两平行直线之间的区域、两等距曲线之间的区域、两平行平面之间的区域、两等距曲面之间的区域、圆柱面内的区域、球内的区域、一段圆柱面、一段圆锥面，如图4-25所示。

公差带呈何种形状，取决于被测提取（实际）要素的形状特征、公差项目和设计时表达的要求。在某些情况下，被测提取（实际）要素的形状特征就确定了公差带形状。如：被测提取（实际）要素是平面，则其公差带只能是两平行平面；被测提取（实际）要素是非圆曲面或曲线，其公差带只能是两等距曲面或两等距曲线。必须指出，被测提取（实际）要素要由所检测的公差项目确定，如在平面、圆柱面上要求的是直线度公差项目，则要作一截面，得到被测提取（实际）要素，被测提取（实际）要素此时呈平面（截面）内的直线。在多数情况下，除被测提取（实际）要素的形状特征外，设计要求对公差带形状起着重要的决定作用。如对于轴线，其公差带可以是两平行直线、两平行平面或圆柱面，视设计给出的是给定平面内、给定方向上或是任意方向上的要求而定。有时，几何公差的项目就已决定了几何公差带的形状。如同轴度，由于零件孔或轴的轴线是空间直线，同轴要求必是指任意方向的，其公差带只有圆柱面一种。圆度公差带只可能是两同心圆，而圆柱度公差带则只有两同轴圆柱面一种。

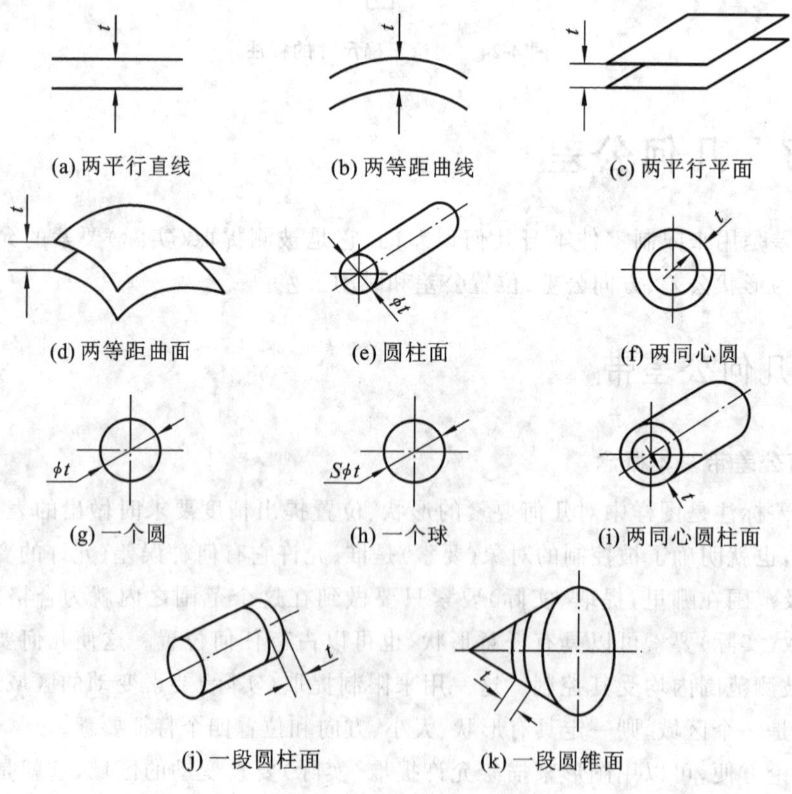

图4-25　几何公差带的形状

2）公差带的大小

公差带的大小是指公差标注中公差值的大小，它是指允许提取（实际）要素变动的全量。它的大小表明形状、位置精度的高低。上述公差带的形状不同，可以是指公差带的宽度或直径，这取决于被测提取（实际）要素的形状和设计的要求，设计时可在公差值前加或不加符号ϕ加以区别。

对于同轴度和任意方向上的轴线直线度、平行度、垂直度、倾斜度和位置度等要求，所给出的公差值应是直径值，公差值前必须加符号ϕ；对于空间点的位置控制，有时要求任意方向控制，则用到球状公差带，符号为$S\phi$。

对于圆度、圆柱度、轮廓度（包括线和面）、平面度、对称度和跳动等公差项目，公差值只可能是宽度值；对于在一个方向上、两个方向上或一个给定平面内的直线度、平行度、垂直度、倾斜度和位置度，所给出的一个或两个互相垂直方向的公差值也均为宽度值。

公差带的宽度值或直径值是控制零件几何精度的重要指标。一般情况下，应根据GB/T 1184—1996来选择标准数值，如有特殊需要，也可另行规定。

3）公差带的方向

在评定几何误差时，形状公差带和位置公差带的放置方向直接影响到误差评定的正确性。

对于形状公差带，其放置方向应符合最小条件。

对于定向位置公差带，由于控制的是正方向，故其放置方向要与基准要素成绝对理想的方向关系，即平行、垂直或理论准确的其他角度关系。

对于定位位置公差带，除点的位置度公差外，其他控制位置的公差带都有方向问题，其放置方向由相对于基准的理论正确尺寸来确定。

4）公差带的位置

形状公差带只是用来限制被测提取（组成）要素的形状误差，本身不作位置要求。如圆度公差带限制被测的截面圆实际轮廓圆度误差，至于该圆轮廓在哪个位置上、直径多大都不属于圆度公差控制之列，它们是由相应的尺寸公差控制的。实际上，只要求形状公差带在尺寸公差带内便可，允许在此范围内任意浮动。

对于定向位置公差带，强调的是相对于基准的方向关系，其对提取（实际）要素的位置是不作控制的，而是由相对于基准的尺寸公差或理论正确尺寸控制。如机床导轨面对床脚底面的平行度要求，它只控制实际导轨面对床脚底面的平行性方向是否合格，至于导轨面离地面的高度，由其对床脚底面的尺寸公差控制，被测导轨面只要位于尺寸公差内，且不超过给定的平行度公差带，就视为合格。因此，依被测提取（组成）要素离基准的距离不同，平行度公差带在尺寸公差带内可以向上或向下浮动变化。如果由理论正确尺寸定位，则几何公差带的位置由理论正确尺寸确定，其位置是固定不变的。

对于定位位置公差带，强调的是相对于基准的位置（其必包含方向）关系，公差带的位置由相对于基准的理论正确尺寸确定，公差带是完全固定位置的。其中同轴度、对称度的公差带位置与基准（或其延伸线）位置重合，即理论正确尺寸为0，而位置度则应在x、y、z坐标上分别给出理论正确尺寸。

4.3.2 形状公差

形状公差是单一提取（实际）要素对其理想要素的允许变动量，形状公差带是单一实际被测要素允许变动的区域。形状公差有直线度、平面度、圆度、圆柱度四个项目。

直线度公差用于限制平面内或空间直线的形状误差。根据零件的功能要求的不同，可分别提出给定平面内、给定方向上和任意方向的直线度要求。

平面度公差用于限制被测实际平面的形状误差。

圆度公差用于限制回转表面（如圆柱面、圆锥面、球面等）的径向截面轮廓的形状误差。

圆柱度公差用于限制被测实际圆柱面的形状误差。

典型的形状公差带如表 4-3 所示。

表 4-3 形状公差带定义、标注和解释

尺寸单位为毫米（mm）

特　征	公差带定义	标注和解释
直线度（符号 —）	公差带为在给定平面内和给定方向上，间距等于公差值 t 的两平行直线所限定的区域。 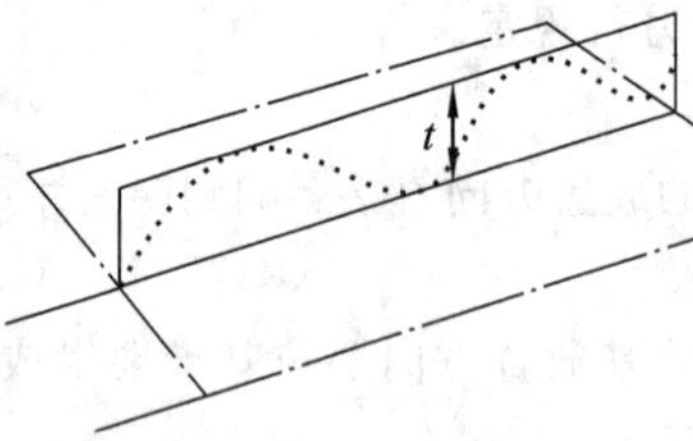	在任一平行于图示投影面的平面内，上平面的提取（实际）线应限定在间距等于 0.1 mm 的两平行直线之间。 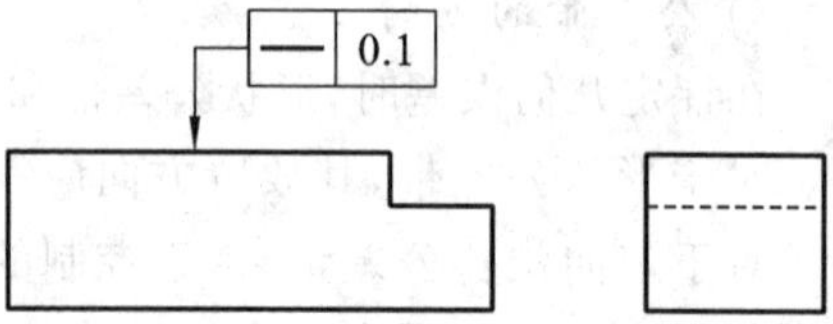 — 0.1
	公差带为间距等于公差值 t 的两平行平面所限定的区域。 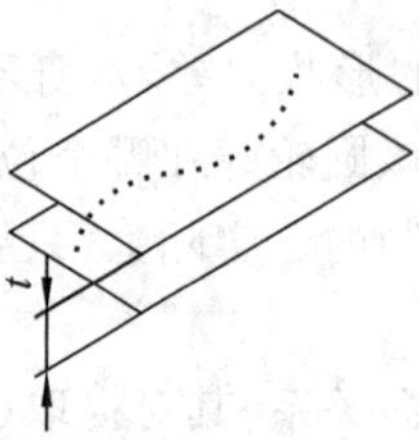	提取（实际）的棱边应限定在间距等于 0.1 mm 的两平行平面之间。 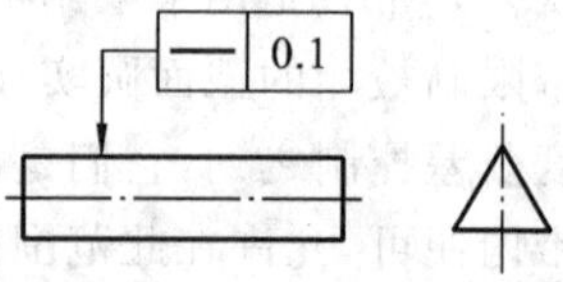 — 0.1
	由于公差值前加注了符号 ϕ，公差带为直径等于公差值 ϕt 的圆柱面所限定的区域。 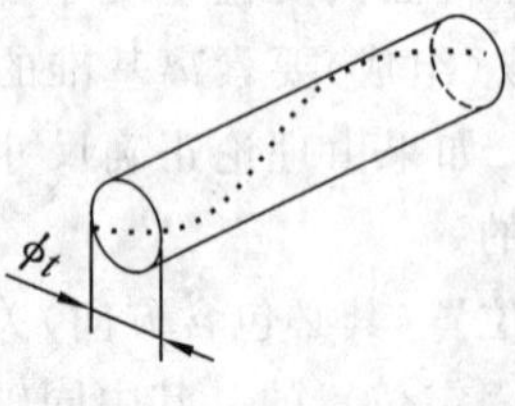	外圆柱面的提取（实际）中心线应限定在直径等于 ϕ0.08 mm 的圆柱面内。 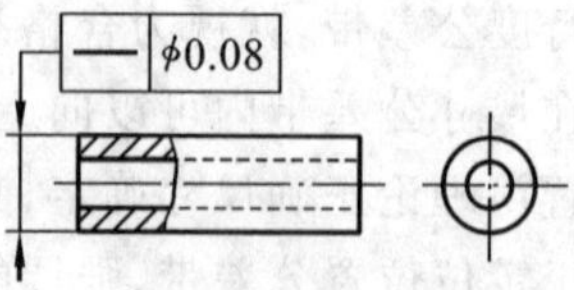 — ϕ0.08
平面度（符号 ▱）	公差带为间距等于公差值 t 的两平行平面所限定的区域。 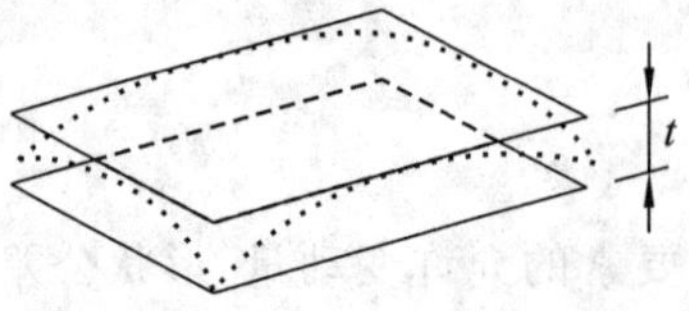	提取（实际）表面应限定在间距等于 0.08 mm 的两平行平面之间。 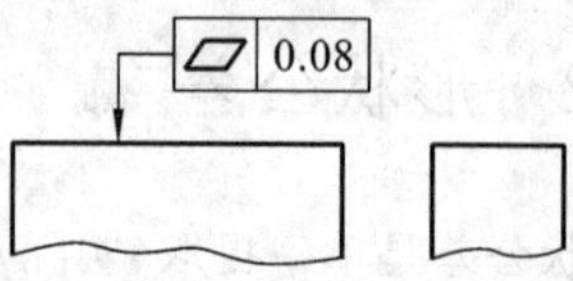 ▱ 0.08

续表

特 征	公差带定义	标注和解释
圆度(符号○)	公差带为在给定横截面内半径差等于公差值 t 的两同心圆所限定的区域。 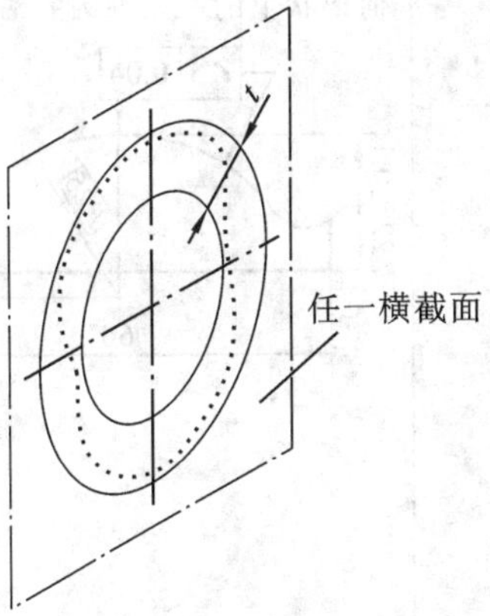 任一横截面	在圆柱面和圆锥面的任意横截面内,提取(实际)圆周应限定在半径差等于 0.03 mm 的两共面同心圆之间。 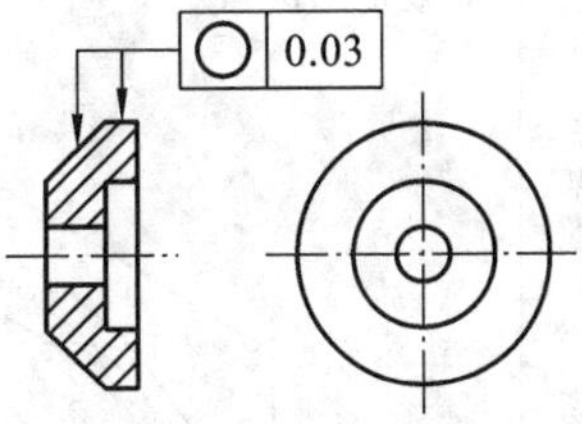 ○ 0.03 在圆锥面的任意横截面内,提取(实际)圆周应限定在半径差等于 0.1 mm 的两同心圆之间。 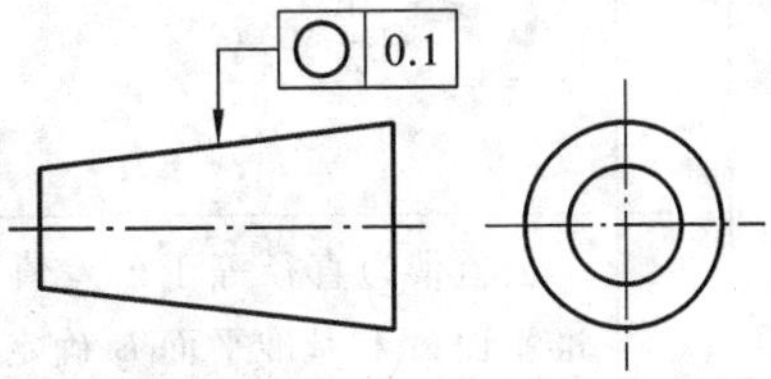 ○ 0.1
圆柱度(符号⌭)	公差带为半径差等于公差值 t 的两同轴圆柱面所限定的区域。 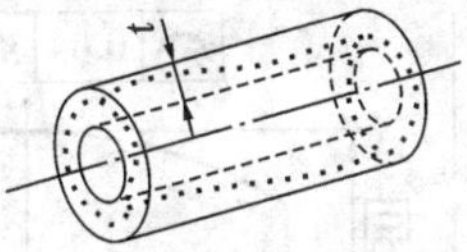	提取(实际)圆柱面应限定在半径差等于 0.1 mm 的两同轴圆柱面之间。 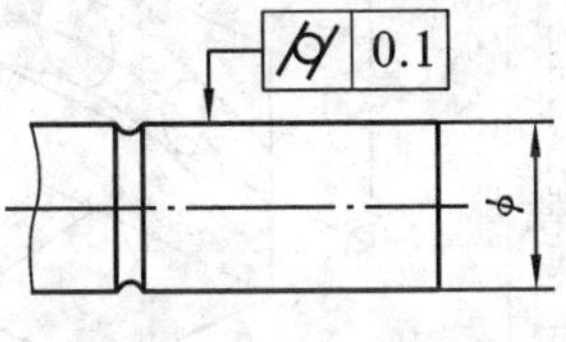 ⌭ 0.1

形状公差带的特点是不涉及基准,其方向和位置随提取(实际)要素不同而浮动。

4.3.3 轮廓度公差与公差带

轮廓度公差分为线轮廓度公差和面轮廓度公差。轮廓度公差无基准要求时为形状公差,有基准要求时为位置公差。

线轮廓度公差用于限制平面曲线(或曲面的截面轮廓)的形状误差。

面轮廓度公差用于限制一般曲面的形状误差。

轮廓度公差带的定义和标注示例如表 4-4 所示。无基准要求时,其公差带的形状只由理论正确尺寸(带方框的尺寸)确定,其位置是浮动的;相对于基准体系(即有基准要求)时,其公差带的形状和位置由理论正确尺寸和基准确定,公差带的位置是固定的。

表 4-4 轮廓度公差带定义、标注和解释

尺寸单位为毫米(mm)

特征		公差带定义	标注和解释
线轮廓度(符号⌒)	无基准的线轮廓度公差	公差带为直径等于公差值 t、圆心位于具有理论正确几何形状上的一系列圆的两包络线所限定的区域。 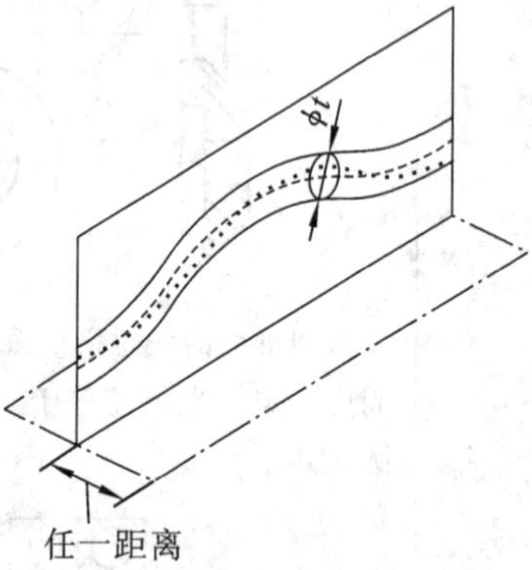 任一距离	在任一平行于图示投影面的截面内，提取（实际）轮廓线应限定在直径等于 0.04 mm、圆心位于被测要素理论正确几何形状上的一系列圆的两包络线之间。 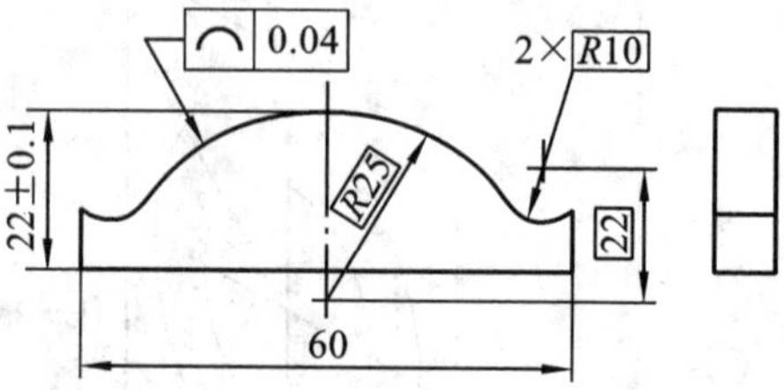 ⌒ 0.04；2×R10；R25；22±0.1；22；60
	相对于基准体系的线轮廓度公差	公差带为直径等于公差值 t、圆心位于由基准平面 A 和基准平面 B 确定的被测要素理论正确几何形状上的一系列圆的两包络线所限定的区域。 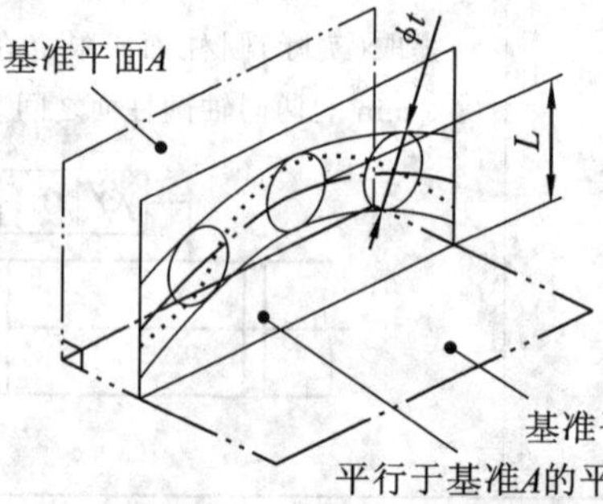 基准平面A；L；ϕt；基准平面B；平行于基准A的平面	在任一平行于图示投影平面的截面内，提取(实际)轮廓线应限定在直径等于 0.04 mm、圆心位于由基准平面 A 和基准平面 B 确定的被测要素理论正确几何形状上的一系列圆的两等距包络线之间。 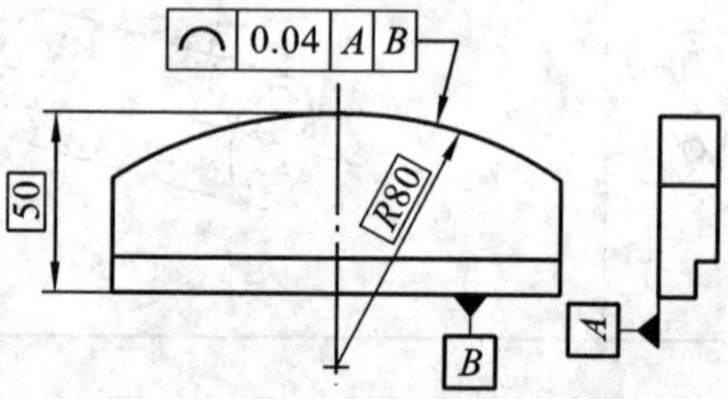 ⌒ 0.04 A B；R80；50；A；B
面轮廓度(符号⌓)	无基准的面轮廓度公差	公差带为直径等于公差值 t、球心位于被测要素理论正确几何形状上的一系列圆球的两包络面所限定的区域。 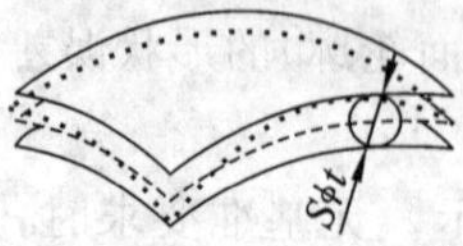 $S\phi t$	提取(实际)轮廓面应限定在直径等于 0.02 mm、球心位于被测要素理论正确几何形状上的一系列圆球的两等距包络面之间。 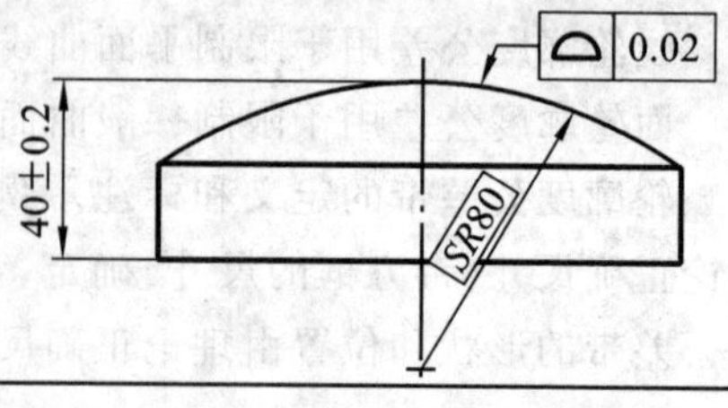 ⌓ 0.02；SR80；40±0.2

续表

特征		公差带定义	标注和解释
面轮廓度(符号⌓)	相对于基准体系的面轮廓度公差	公差带为直径等于公差值 t、球心位于由基准平面 A 确定的被测要素理论正确几何形状上的一系列圆球的两包络面所限定的区域。 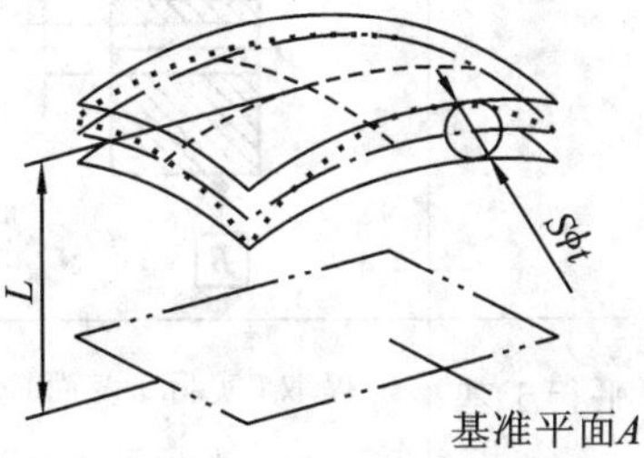	提取(实际)轮廓面应限定在直径等于 0.1 mm、球心位于由基准平面 A 确定的被测要素理论正确几何形状上的一系列圆球的两等距包络面之间。 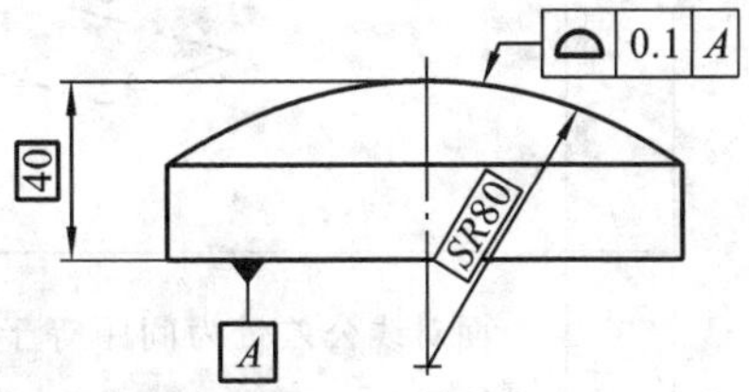

4.3.4 位置公差

1. 定向公差

定向公差是关联提取(实际)要素对其具有确定方向的拟合(理想)要素的允许变动量。理想要素的方向由基准及理论正确尺寸(角度)确定。当理论正确角度为 0°时,称为平行度公差;为 90°时,称为垂直度公差;为其他任意角度时,称为倾斜度公差。这三项公差都有面对面、线对线、面对线和线对面几种情况。表 4-5 列出了部分定向公差的公差带定义、标注和解释示例。

表 4-5 定向公差带定义、标注和解释

特征		公差带定义	标注和解释
平行度(符号//)	面对面	公差带是间距等于公差值 t、平行于基准平面的两平行平面之间的区域。 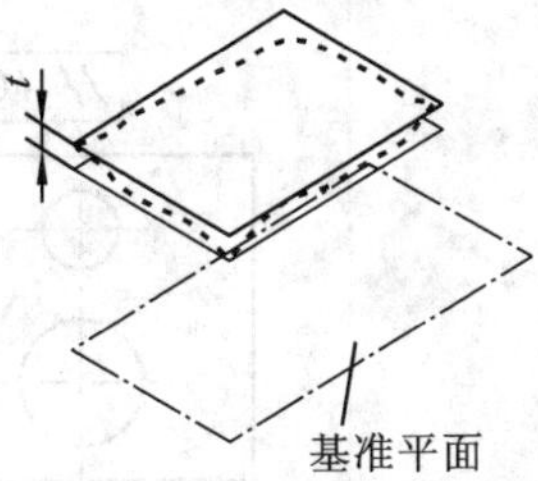	被测表面必须位于距离为公差值 0.05 mm,且平行于基准表面 A(基准平面)的两平行平面之间。 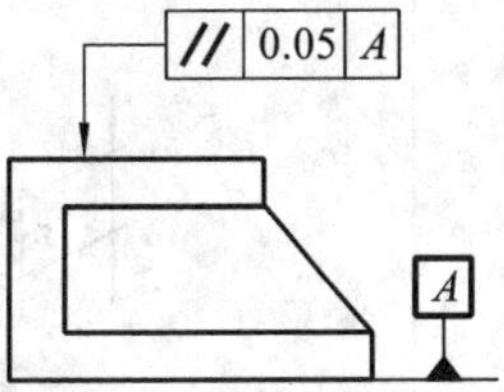

续表

特征		公差带定义	标注和解释
平行度（符号//）	线对面	公差带为平行于基准平面、间距等于公差值 t 的两平行平面所限定的区域。 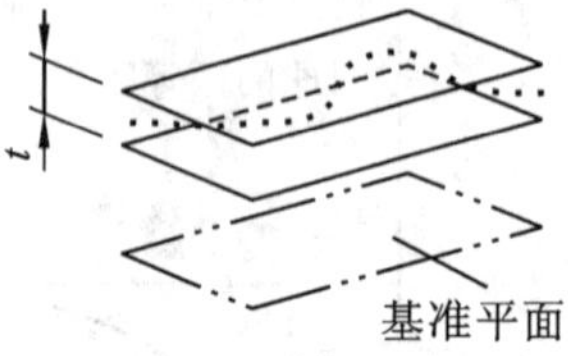 t 基准平面	提取（实际）中心线应限定在平行于基准平面 B、间距等于 0.01 mm 的两平行平面之间。 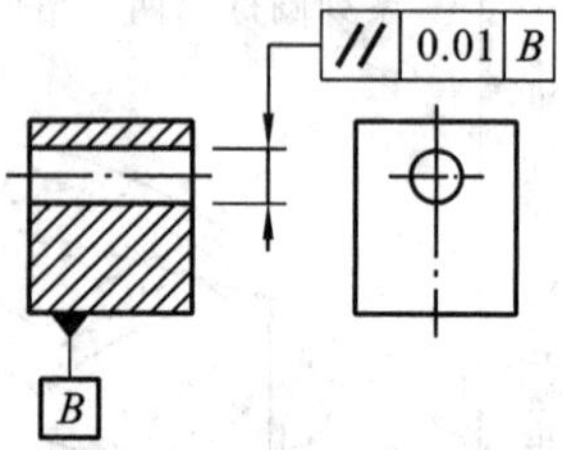 // 0.01 B　B
	面对线	面对线公差带为间距等于公差值 t、平行于基准轴线的两平行平面所限定的区域。 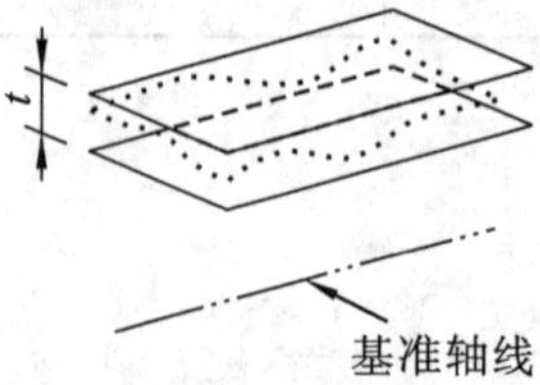 t 基准轴线	提取（实际）表面应限定在间距等于 0.1 mm、平行于基准轴线 C 的两平行平面之间。 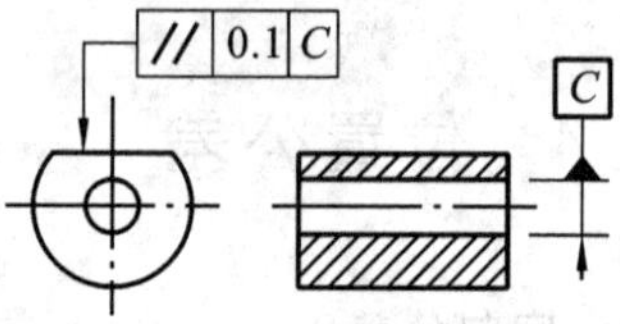 // 0.1 C　C
	线对线	公差带是间距等于公差值 t、平行于基准轴线，并位于给定方向上的两平行平面之间的区域。 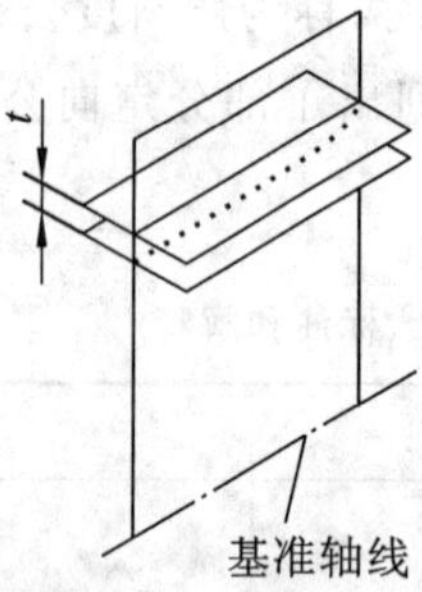 t 基准轴线	被测轴线必须位于距离为公差值 0.1 mm，且在给定方向上平行于基准轴线的两平行平面之间。 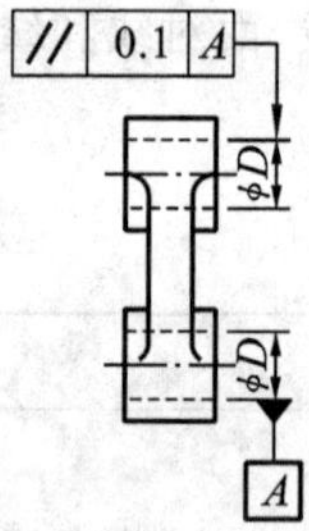 // 0.1 A　ϕD　ϕD　A
		若公差值前加注了符号 ϕ，公差带为平行于基准轴线、直径等于公差值 ϕt 的圆柱面所限定的区域。 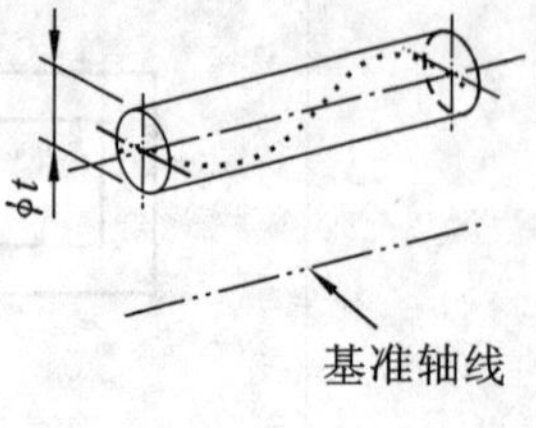 ϕt 基准轴线	提取（实际）中心线应限定在平行于基准轴线 A、直径等于 ϕ0.03 mm 的圆柱面内。 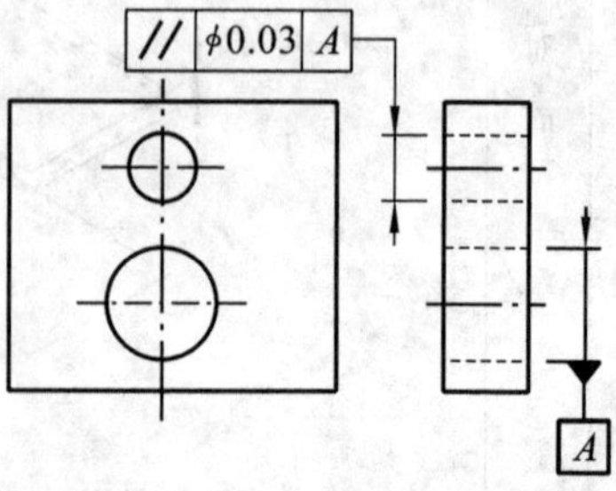 // ϕ0.03 A　A

续表

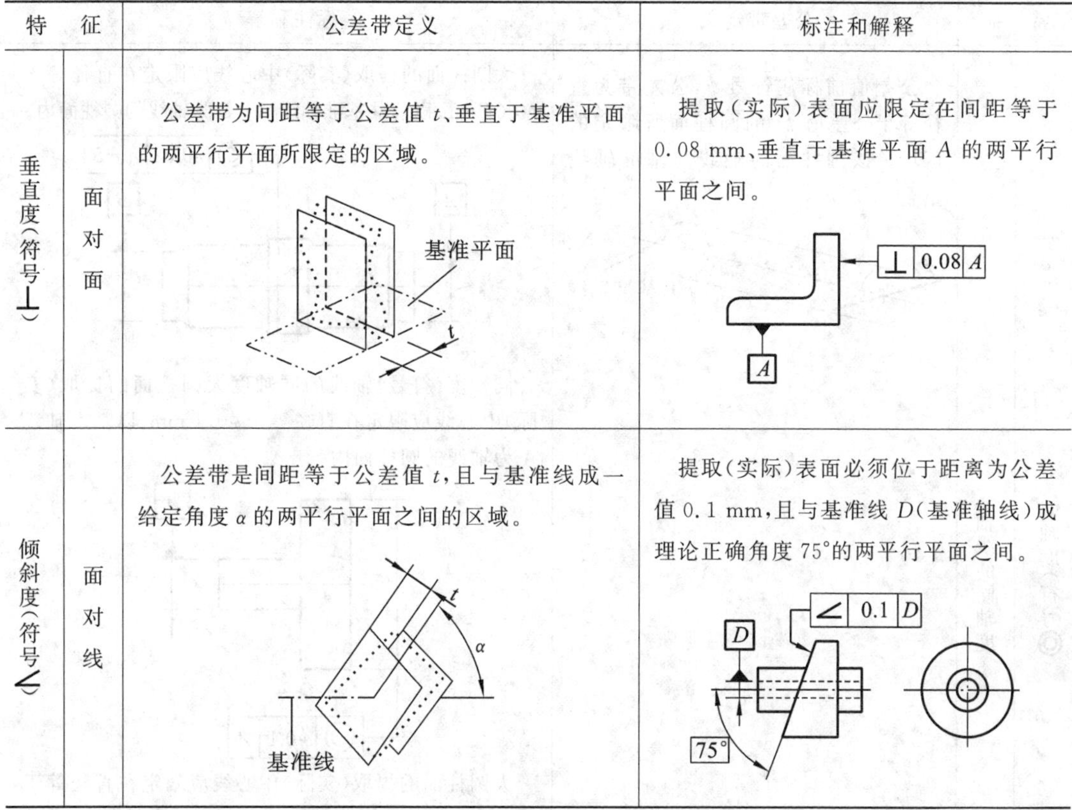

特征		公差带定义	标注和解释
垂直度（符号⊥）	面对面	公差带为间距等于公差值 t、垂直于基准平面的两平行平面所限定的区域。 （图：基准平面；t）	提取（实际）表面应限定在间距等于 0.08 mm、垂直于基准平面 A 的两平行平面之间。 （图：⊥ 0.08 A；A）
倾斜度（符号∠）	面对线	公差带是间距等于公差值 t，且与基准线成一给定角度 α 的两平行平面之间的区域。 （图：t；α；基准线）	提取（实际）表面必须位于距离为公差值 0.1 mm，且与基准线 D（基准轴线）成理论正确角度 75°的两平行平面之间。 （图：∠ 0.1 D；D；75°）

定向公差带具有如下特点。

(1) 定向公差带相对于基准有确定的方向，而其位置往往是浮动的。

(2) 定向公差带具有综合控制被测要素的方向和形状的功能。在保证使用要求的前提下，对被测要素给出定向公差后，通常不再对该要素提出形状公差要求。需要对被测要素的形状有进一步的要求时，可再给出形状公差，且形状公差值应小于定向公差值。

2. 定位公差

定位公差是关联提取（实际）要素对其具有确定位置的理想要素的允许变动量。理想要素的位置由基准及理论正确尺寸（长度或角度）确定。当理论正确尺寸为零，且基准要素和被测要素均为轴线时，称为同轴度公差（当基准要素和被测要素的轴线足够短或均为中心点时，称为同心度公差）；当理论正确尺寸为零，基准要素或（和）被测要素为其他导出（中心）要素（如中心平面）时，称为对称度公差；在其他情况下均称为位置度公差。表 4-6 列出了部分定位公差的公差带定义、标注和解释示例。

定位公差带具有如下特点。

(1) 定位公差带相对于基准具有确定的位置，其中，位置度公差带的位置由理论正确尺寸确定，同轴度和对称度的理论正确尺寸为零，图上可省略不注。

(2) 定位公差带具有综合控制被测要素位置、方向和形状的功能。在满足使用要求的前提下，对被测要素给出定位公差后，通常对该要素不再给出定向公差和形状公差。如果需要对方向和形状有进一步要求，则可另行给出定向公差或（和）形状公差，但其数值应小于定位公差值。

表 4-6 定位公差带定义、标注和解释

特征		公差带定义	标注和解释
同轴度(符号◎)	轴线的同轴度	公差值前标注符号 ϕ，公差带为直径等于公差值 ϕt 的圆柱面所限定的区域。该圆柱面的轴线与基准轴线重合。 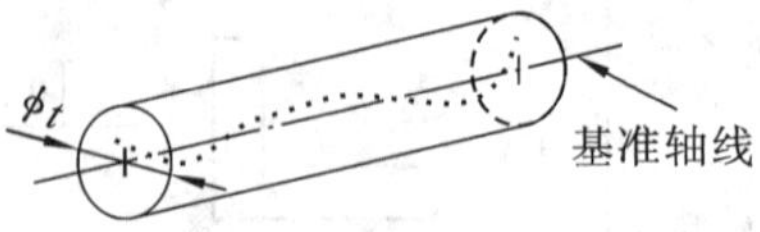 ϕt 基准轴线	大圆柱面的提取(实际)中心线应限定在直径等于 ϕ0.08 mm、以公共基准轴线 $A—B$ 为轴线的圆柱面内。 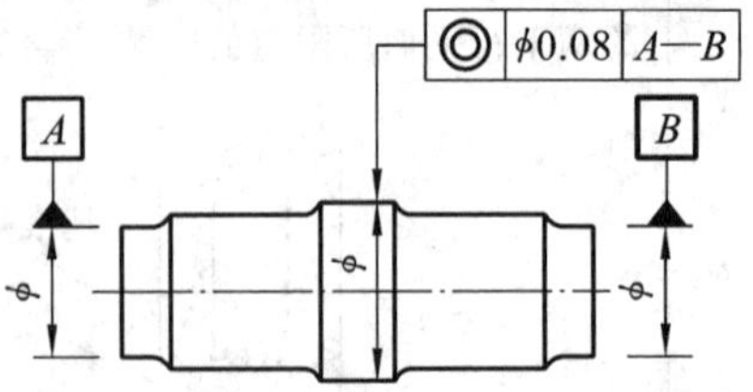 ◎ ϕ0.08 $A—B$; A ; B 同轴度(符号)轴线的同轴度大圆柱面的提取(实际)中心线应限定在直径等于 ϕ0.1 mm、以基准轴线 A 为轴线的圆柱面内。 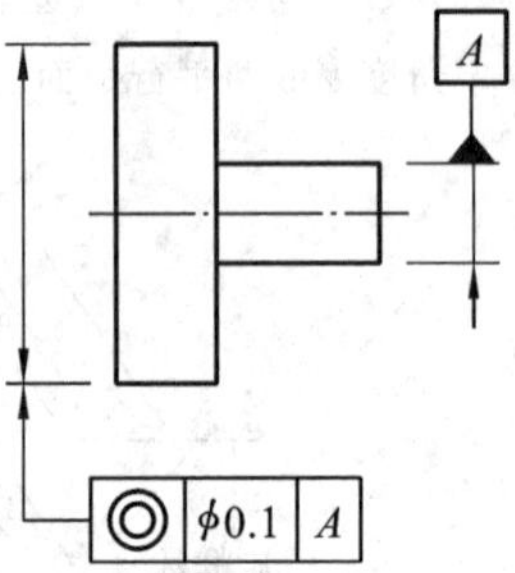 A ; ◎ ϕ0.1 A 大圆柱面的提取(实际)中心线应限定在直径等于 ϕ0.1 mm、以垂直于基准平面 A 的基准轴线 B 为轴线的圆柱面内。 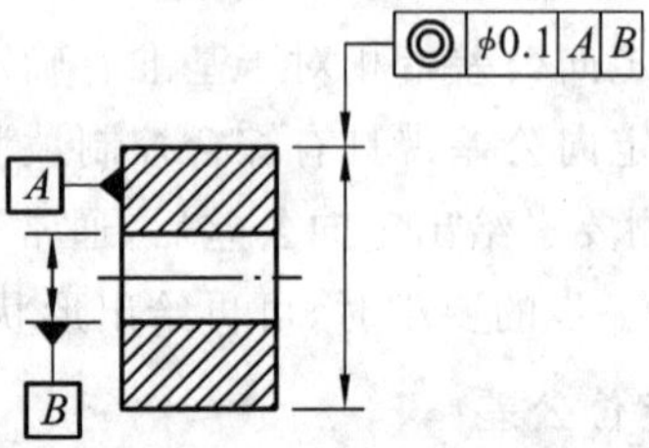 ◎ ϕ0.1 A B ; A ; B
对称度(符号⌯)	中心平面的对称度	公差带为间距等于公差值 t，对称于基准中心平面的两平行平面所限定的区域。 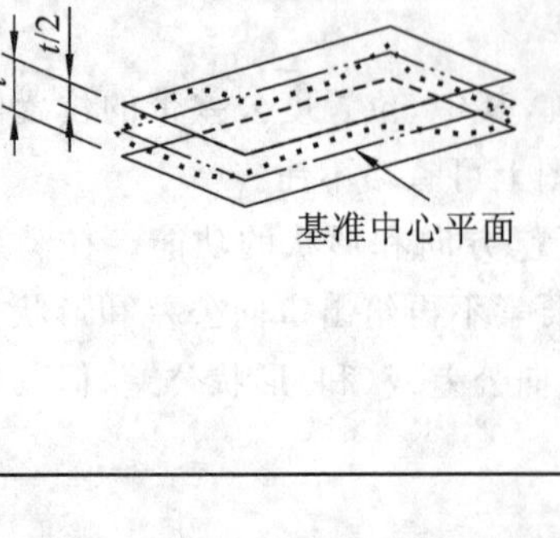 t ; $t/2$; 基准中心平面	提取(实际)中心面应限定在间距等于 0.08 mm、对称于基准中心平面 A 的两平行平面之间。 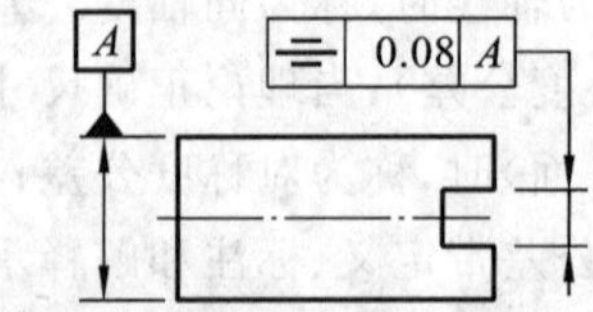 A ; ⌯ 0.08 A 提取(实际)中心面应限定在间距等于 0.08 mm、对称于公共基准中心平面 $A—B$ 的两平行平面之间。 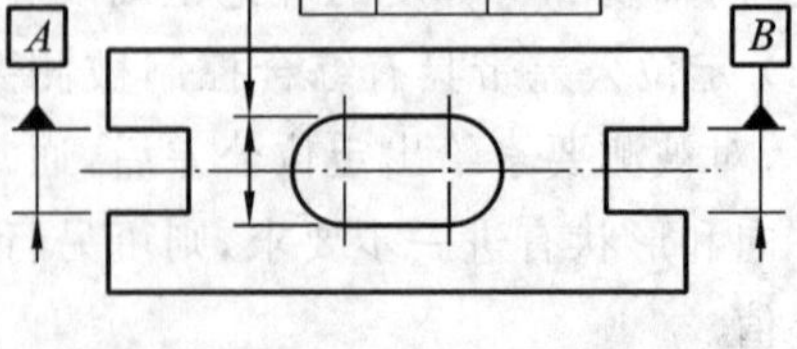 ⌯ 0.08 $A—B$; A ; B

续表

特　征		公差带定义	标注和解释
位置度(符号⊕)	点的位置度	公差值前加注 $S\phi$，公差带为直径等于公差值 $S\phi t$ 的圆球面所限定的区域。该圆球面中心的理论正确位置由基准 A、B、C 和理论正确尺寸确定。	提取(实际)球心应限定在直径等于 $S\phi 0.3$ mm 的圆球面内。该圆球面的中心由基准平面 A、基准平面 B、基准中心平面 C 和理论正确尺寸 30 mm、25 mm 确定。
	线的位置度	公差值前加注符号 ϕ，公差带为直径等于公差值 ϕt 的圆柱面所限定的区域。该圆柱面的轴线的位置由基准平面 C、A、B 和理论正确尺寸确定。 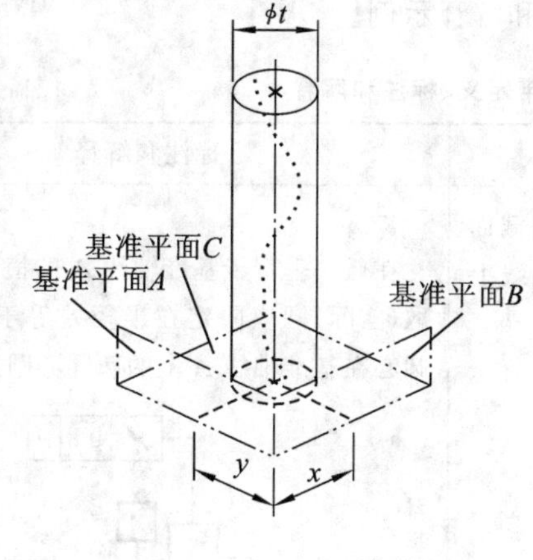 	提取(实际)中心线应限定在直径等于 $\phi 0.08$ mm 的圆柱面内。该圆柱面的轴线的位置应处于由基准平面 C、A、B 和理论正确尺寸 100 mm、68 mm 确定的理论正确位置上。 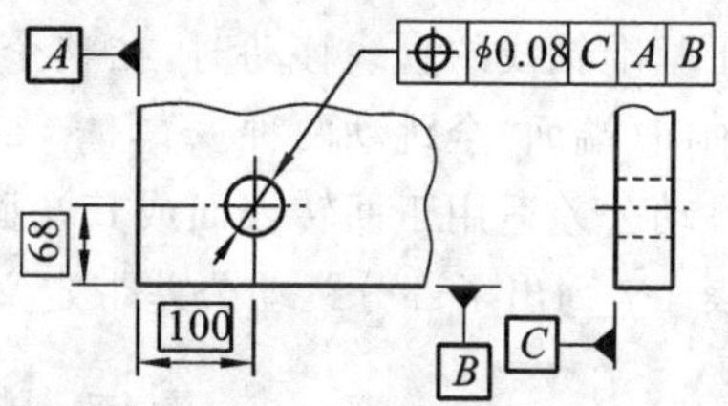 各提取(实际)中心线应各自限定在直径等于 $\phi 0.1$ mm 的圆柱面内。该圆柱面的轴线应处于由基准平面 C、A、B 和理论正确尺寸 20 mm、15 mm、30 mm 确定的各孔轴线的理论正确位置上。 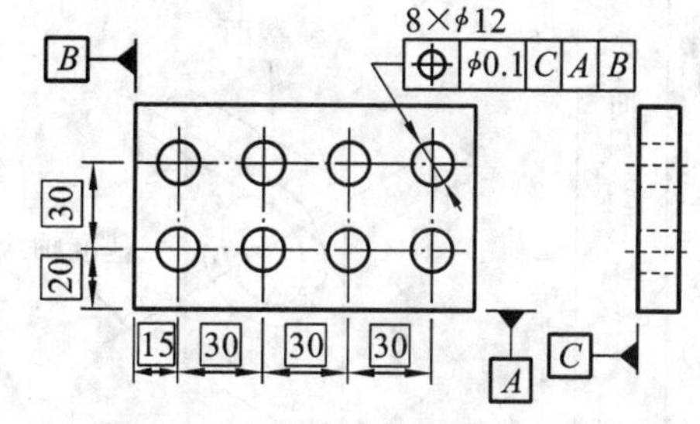

续表

特征		公差带定义	标注和解释
位置度(符号⌖)	面的位置度	公差带为间距等于公差值 t,且对称于被测面理论正确位置的两平行平面所限定的区域。面的理论正确位置由基准平面、基准轴线和理论正确尺寸确定。 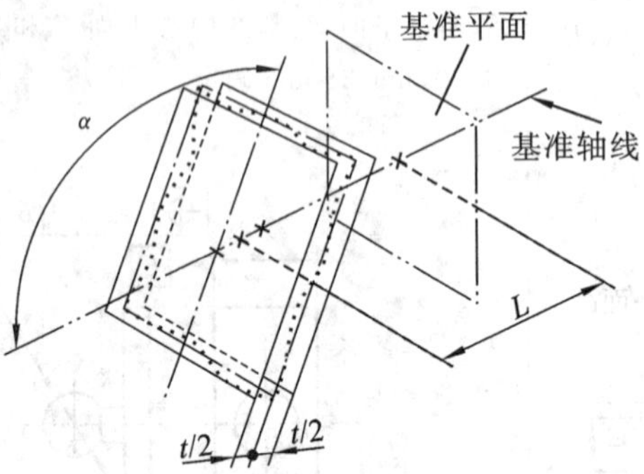 基准平面 基准轴线 α L $t/2$ $t/2$	提取(实际)表面应限定在间距等于 0.05 mm 且对称于被测面的理论正确位置的两平行平面之间。该两平行平面对称于由基准平面 A、基准轴线 B 和理论正确尺寸 15 mm、105°确定的被测面的理论正确位置。 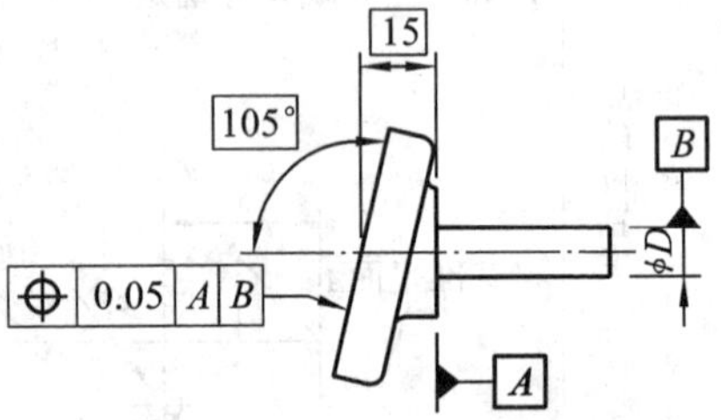 15 105° B ϕD ⌖ 0.05 A B A

3. 跳动公差

与定向公差、定位公差不同,跳动公差是针对特定的检测方式而定义的公差特征项目。它是被测要素绕基准要素回转过程中所允许的最大跳动量,也就是指示器在给定方向上指示的最大读数与最小读数之差的允许值。跳动公差可分为圆跳动公差和全跳动公差。

圆跳动是指被测实际要素绕基准轴线作无轴向移动回转一周时,由固定的指示表在给定方向上测得的最大读数与最小读数之差。圆跳动公差是以上测量所允许的最大跳动量。圆跳动又分为径向圆跳动、轴向(端面)圆跳动和斜向圆跳动三种。

全跳动公差是被测要素绕基准轴线作无轴向移动连续多周旋转,同时指示表作平行或垂直于基准轴线的直线移动时,在整个表面上所允许的最大跳动量。全跳动分为径向全跳动和轴向(端面)全跳动两种。

跳动公差适用于回转表面或其端面。

表 4-7 列出了部分跳动公差带定义、标注和解释示例。

表 4-7 跳动公差带定义、标注和解释

特征		公差带定义	标注和解释
圆跳动(符号↗)	径向圆跳动	公差带为在任一垂直于基准轴线的横截面内、半径差等于公差值 t、圆心在基准轴线上的两同心圆所限定的区域。 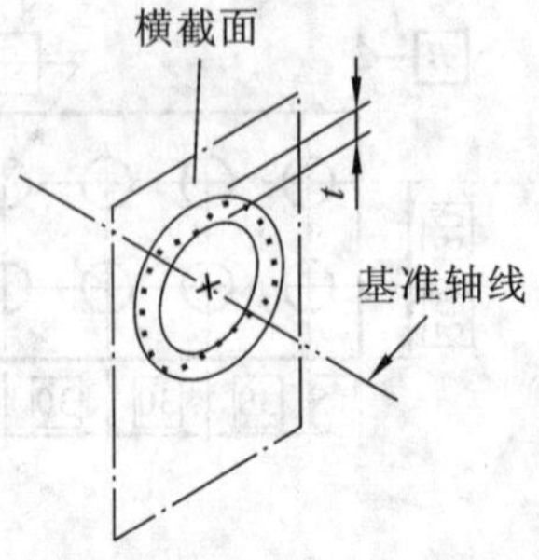 横截面 t 基准轴线	在任一垂直于基准轴线 A 的横截面内,提取(实际)圆应限定在半径差等于 0.1 mm,圆心在基准轴线 A 上的两同心圆之间。 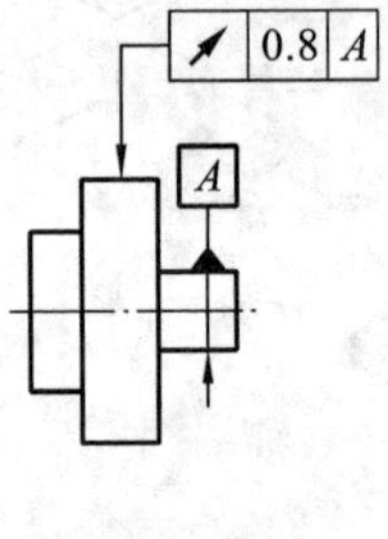 ↗ 0.8 A A

续表

特征		公差带定义	标注和解释
圆跳动（符号↗）	径向圆跳动		在任一平行于基准平面 B、垂直于基准轴线 A 的截面上，提取（实际）圆应限定在半径差等于 0.1 mm，圆心在基准轴线 A 上的两同心圆之间。 在任一垂直于公共基准轴线 $A—B$ 的横截面内，提取（实际）圆应限定在半径差等于 0.1 mm、圆心在基准轴线 $A—B$ 上的两同心圆之间。
	轴向圆跳动	公差带为与基准轴线同轴的任一半径的圆柱截面上，间距等于公差值 t 的两圆所限定的圆柱面区域。	在与基准轴线 D 同轴的任一圆柱形截面上，提取（实际）圆应限定在轴向距离等于 0.1 mm 的两个等圆之间。
	斜向圆跳动	公差带为与基准轴线同轴的某一圆锥截面上，间距等于公差值 t 的两圆所限定的圆锥面区域。 除非另有规定，测量方向应沿被测表面的法向。	在与基准轴线 C 同轴的任一圆锥截面上，提取（实际）线应限定在素线方向间距等于 0.1 mm 的两不等圆之间。 当标注公差的素线不是直线时，圆锥截面的锥角要随所测圆的实际位置而改变。

续表

特征		公差带定义	标注和解释
全跳动（符号↗↗）	径向全跳动	公差带为半径差等于公差值 t，与基准轴线同轴的两圆柱面所限定的区域。	提取（实际）表面应限定在半径差等于 0.1 mm，与公共基准轴线 $A—B$ 同轴的两圆柱面之间。
	轴向全跳动	公差带为间距等于公差值 t，垂直于基准轴线的两平行平面所限定的区域。	提取（实际）表面应限定在间距等于 0.1 mm、垂直于基准轴线 D 的两平行平面之间。

跳动公差带具有如下特点。

（1）跳动公差带的位置具有固定和浮动双重特点，一方面公差带的中心（或轴线）始终与基准轴线同轴，另一方面公差带的半径又随实际要素的变动而变动。

（2）跳动公差具有综合控制被测要素的位置、方向和形状的作用。例如，轴向全跳动公差可同时控制轴向对基准轴线的垂直度和它的平面度误差；径向全跳动公差可控制同轴度、圆柱度误差。

4.4 公差原则

公差原则是处理几何公差与尺寸公差的关系的基本原则。公差原则有独立原则和相关原则，相关原则又可分成包容要求、最大实体要求（及其可逆要求）和最小实体要求（及其可逆要求）。

4.4.1 有关公差原则的术语及定义

1. 体外作用尺寸

在被测要素的给定长度上，与实际轴（外表面）体外相接的最小理想孔（内表面）的直径（或宽度）称为轴的体外作用尺寸 d_{fe}；与实际孔（内表面）体外相接的最大理想轴（外表面)的直径(或宽度)称为孔的体外作用尺寸 D_{fe},如图 4-26 所示。对于关联实际要素,该体外相接的理想孔(轴)的轴线(非圆形孔、轴则为中心平面)必须与基准保持图样给定的几何关系。

2. 体内作用尺寸

在被测要素的给定长度上,与实际轴(外表面)体内相接的最大理想孔(内表面)的直径(或宽度)称为轴的体内作用尺寸 d_{fi};与实际孔(内表面)体内相接的最小理想轴(外表面)的直径(或宽度)称为孔的体内作用尺寸 D_{fi},如图 4-26 所示。对于关联实际要素,该体内相接的理想孔(轴)的轴线(非圆形孔、轴则为中心平面)必须与基准保持图样给定的几何关系。

需要注意:作用尺寸是局部实际尺寸与几何误差综合形成的结果,作用尺寸是存在于实际孔、轴上的,表示其装配状态的尺寸。

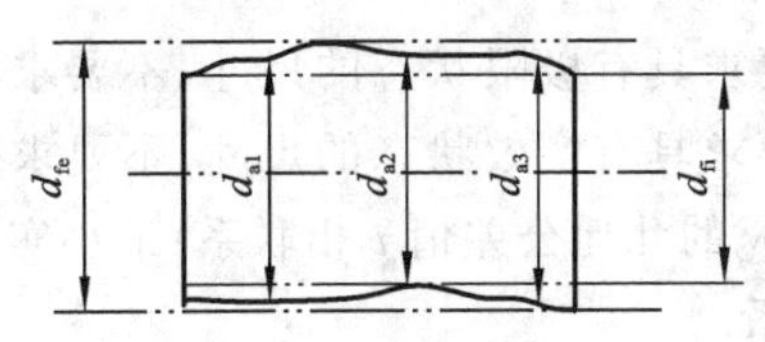

(a) 轴的局部实际尺寸和体内、外作用尺寸

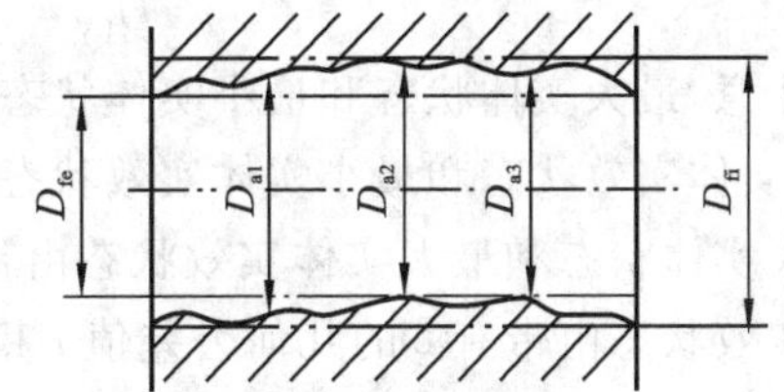

(b) 孔的局部实际尺寸和体内、外作用尺寸

图 4-26 局部实际尺寸和作用尺寸

3. 最大实体状态和最大实体尺寸

最大实体状态(maximum material condition,MMC)是提取(实际)要素在给定长度上,处处位于极限尺寸之间并且实体最大(占有材料量最多)时的状态。最大实体状态对应的极限尺寸称为最大实体尺寸(maximum material size,MMS)。显然,轴的最大实体尺寸 d_M 就是轴的上极限尺寸 d_{max},即

$$d_M = d_{max} \tag{4-1}$$

孔的最大实体尺寸 D_M 就是孔的下极限尺寸 D_{min},即

$$D_M = D_{min} \tag{4-2}$$

4. 最小实体状态和最小实体尺寸

最小实体状态(least material condition,LMC)是提取(实际)要素在给定长度上,处处位于极限尺寸之间并且实体最小(占有材料量最少)时的状态。最小实体状态对应的极限尺寸称为最小实体尺寸(least material size,LMS)。显然,轴的最小实体尺寸 d_L 就是轴的下极限尺寸 d_{min},即

$$d_L = d_{min} \tag{4-3}$$

孔的最小实体尺寸 D_L 就是孔的上极限尺寸 D_{max},即

$$D_L = D_{max} \tag{4-4}$$

5. 最大实体实效状态和最大实体实效尺寸

最大实体实效状态(maximum material virtual condition,MMVC)是在给定长度上,提取要素处于最大实体状态,且其导出要素的形状或位置误差等于给出公差值时的综合极限状态。最大实体实效状态对应的体外作用尺寸称为最大实体实效尺寸(maximum material virtual size,MMVS)。对于轴,它等于最大实体尺寸 d_M 加上带有Ⓜ的几何公差值 t,即

$$d_{MV}=d_M+t\text{Ⓜ} \tag{4-5}$$

对于孔，它等于最大实体尺寸 D_M 减去带有Ⓜ的几何公差值 t，即

$$D_{MV}=D_M-t\text{Ⓜ} \tag{4-6}$$

6. 最小实体实效状态和最小实体实效尺寸

最小实体实效状态(least material virtual condition，LMVC)是在给定长度上，提取要素处于最小实体状态，且其导出要素的形状或位置误差等于给出公差值时的综合极限状态。最小实体实效状态对应的体内作用尺寸称为最小实体实效尺寸(least material virtual size，LMVS)。对于轴，它等于最小实体尺寸 d_L 减去带有Ⓛ的几何公差值 t，即

$$d_{LV}=d_L-t\text{Ⓛ} \tag{4-7}$$

对于孔，它等于最小实体尺寸 D_L 加上带有Ⓛ的几何公差值 t，即

$$D_{LV}=D_L+t\text{Ⓛ} \tag{4-8}$$

需要注意：最大实体状态和最小实体状态只要求具有极限状态的尺寸，不要求具有理想形状；最大实体实效状态和最小实体实效状态只要求具有实效状态的尺寸，不要求具有理想形状。最大实体状态和最大实体实效状态由带有Ⓜ的几何公差值 t 相联系；最小实体状态和最小实体实效状态由带有Ⓛ的几何公差值 t 相联系。

7. 边界

边界(boundary)是设计所给定的具有理想形状的极限包容面。这里需要注意，孔(内表面)的理想边界是一个理想轴(外表面)；轴(外表面)的理想边界是一个理想孔(内表面)。依据极限包容面的尺寸，理想边界有最大实体边界 MMB、最小实体边界 LMB、最大实体实效边界 MMVB 和最小实体实效边界 LMVB，如图 4-27 所示。

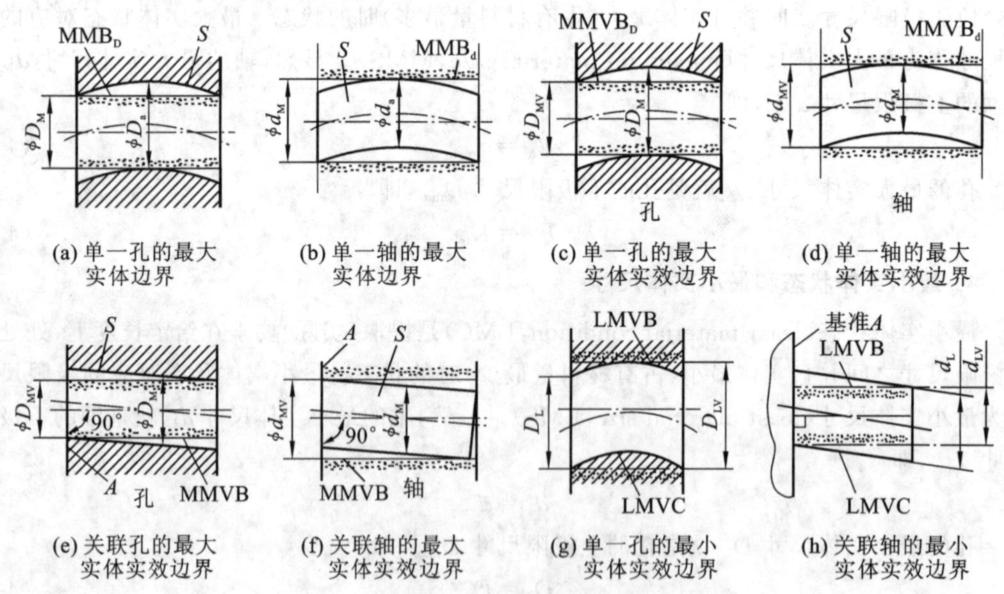

图 4-27 理想边界示意图

各种理想边界尺寸的计算公式如下：

孔的最大实体边界尺寸：　$MMB_D=D_M=D_{min}$

轴的最大实体边界尺寸：　$MMB_d=d_M=d_{max}$

孔的最小实体边界尺寸：　$LMB_D=D_L=D_{max}$

轴的最小实体边界尺寸：　　$LMB_d = d_L = d_{min}$

孔的最大实体实效边界尺寸：　　$MMVB_D = D_{MV} = D_M - t Ⓜ = D_{min} - t Ⓜ$

轴的最大实体实效边界尺寸：　　$MMVB_d = d_{MV} = d_M + t Ⓜ = d_{max} + t Ⓜ$

孔的最小实体实效边界尺寸：　　$LMVB_D = D_{LV} = D_L + t Ⓛ = D_{max} + t Ⓛ$

轴的最小实体实效边界尺寸：　　$LMVB_d = d_{LV} = d_L - t Ⓛ = d_{min} - t Ⓛ$

为方便记忆，将以上有关公差原则的术语及表示符号和公式列在表 4-8 中。

表 4-8　公差原则术语及对应的表示符号和公式

术语	符号和公式	术语	符号和公式
孔的体外作用尺寸	$D_{fe} = D_a - f$	最大实体尺寸	MMS
轴的体外作用尺寸	$d_{fe} = d_a + f$	孔的最大实体尺寸	$D_M = D_{min}$
孔的体内作用尺寸	$D_{fi} = D_a + f$	轴的最大实体尺寸	$d_M = d_{max}$
轴的体内作用尺寸	$d_{fi} = d_a - f$	最小实体尺寸	LMS
最大实体状态	MMC	孔的最小实体尺寸	$D_L = D_{max}$
最大实体实效状态	MMVC	轴的最小实体尺寸	$d_L = d_{min}$
最小实体状态	LMC	最大实体实效尺寸	MMVS
最小实体实效状态	LMVC	孔的最大实体实效尺寸	$D_{MV} = D_{min} - t Ⓜ$
最大实体边界	MMB	轴的最大实体实效尺寸	$d_{MV} = d_{max} + t Ⓜ$
最大实体实效边界	MMVB	最小实体实效尺寸	LMVS
最小实体边界	LMB	孔的最小实体实效尺寸	$D_{LV} = D_{max} + t Ⓛ$
最小实体实效边界	LMVB	轴的最小实体实效尺寸	$d_{LV} = d_{min} - t Ⓛ$

4.4.2　独立原则

独立原则是几何公差和尺寸公差不相干的公差原则，或者说几何公差和尺寸公差要求是各自独立的。大多数机械零件的几何精度都是遵循独立原则的，尺寸公差控制尺寸误差，几何公差控制几何误差，图样上不需任何附加标注。尺寸公差包括线性尺寸公差和角度尺寸公差及未注公差的尺寸标注，它们都是独立公差原则的极好实例。本书前面大部分插图的尺寸标注都遵循独立原则，读者可以自行分析，不再赘述。

独立原则的适用范围较广，尺寸公差、几何公差在二者要求都严、一严一松、二者要求都松的情况下，使用独立原则都能满足要求。如印刷机滚筒几何公差要求严、尺寸公差要求松，连杆的小头孔尺寸公差、几何公差二者要求都严，如图 4-28 所示。

(a) 印刷机滚筒　　(b) 连杆

图 4-28　独立原则的适用实例

4.4.3 包容要求

1. 包容要求的公差解释

包容要求是相关公差原则中的三种要求之一，适用包容要求的被测提取要素（单一要素）的实体（体外作用尺寸）应遵守最大实体边界，被测提取要素的局部尺寸受最小实体尺寸所限。形状公差 t 与尺寸公差 T_h（或 T_s）有关，在最大实体状态下给定的形状公差值为零；当被测提取要素偏离最大实体状态时，形状公差获得补偿，补偿量来自尺寸公差（被测提取要素偏离最大实体状态的量，相当于尺寸公差富余的量，可作补偿量），补偿量的一般计算公式为 $t_2=|\mathrm{MMS}-D_a(\text{或 } d_a)|$；当被测提取要素为最小实体状态时，形状公差获得补偿量最多，即 $t_{2\max}=T_h$（或 T_s），这种情况下允许形状公差的最大值为

$$t_{\max}=t_{2\max}=T_h(\text{或 } T_s) \tag{4-9}$$

形状公差 t 与尺寸公差 T_h（或 T_s）的关系可以用动态公差图表示，如图 4-29(b)所示。由于给定形状公差值 t_1 为零，故动态公差图的图形一般为直角三角形。

2. 包容要求的标注标记、应用与合格性判定

包容要求主要用于需要保证配合性质的孔、轴单一要素的中心轴线的直线度。包容要求在零件图样上的标注标记是在尺寸公差带代号后面加写Ⓔ，如图 4-29(a)所示。符合包容要求的提取组成要素（体外作用尺寸）（D_{fe}、d_{fe}）不得超越最大实体边界 MMB，被测要素的局部尺寸（D_a、d_a）不得超越最小实体尺寸 LMS。生产中采用光滑极限量规（一种成对的，按极限尺寸判定孔、轴合格性的定值量具）检验符合包容要求的被测提取要素：通规检验提取组成要素（D_{fe}、d_{fe}）是否超越最大实体边界，即通规测头模拟最大实体边界 MMB，通规测头通过为合格；止规检验局部尺寸（D_a、d_a）是否超越最小实体尺寸，即止规测头给出最小实体尺寸，止规测头止住（不通过）为合格。

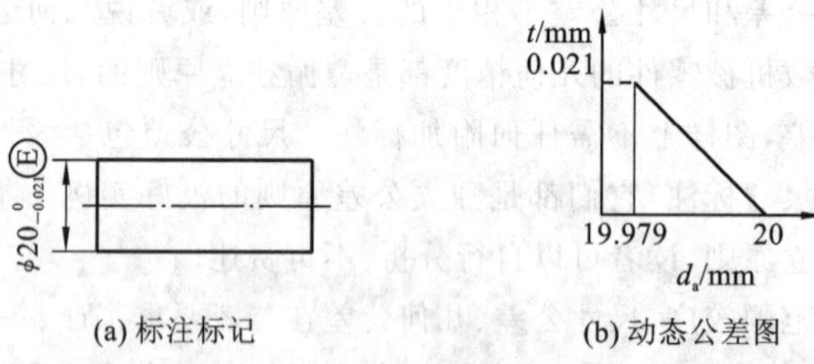

(a) 标注标记　(b) 动态公差图

图 4-29　包容要求的标注标记与动态公差图

符合包容要求的被测提取要素的合格条件为

对于孔（内表面）：$D_{fe}\geqslant D_M=D_{\min}$；$D_a\leqslant D_L=D_{\max}$

对于轴（外表面）：$d_{fe}\leqslant d_M=d_{\max}$；$d_a\geqslant d_L=d_{\min}$

综上所述，在使用包容要求的情况下，图样上所标注的尺寸公差具有双重职能：①控制尺寸误差；②控制形状误差。

3. 包容要求的实例分析

例 4-1　对图 4-29(a)做出解释。

解 (1) T、t 标注解释。被测轴的尺寸公差 $T_s=0.021$ mm,$d_M=d_{max}=\phi20$ mm,$d_L=d_{min}=\phi19.979$ mm。在最大实体状态下($\phi20$ mm)给定形状公差(轴线的直线度)$t=0$,当被测要素尺寸偏离最大实体状态的尺寸时,形状公差获得补偿,当被测要素尺寸为最小实体状态的尺寸 $\phi19.979$ mm 时,形状公差(直线度)获得补偿量最多,此时形状公差(轴线的直线度)的最大值可以等于尺寸公差 T_s,即 $t_{max}=0.021$ mm。

(2) 动态公差图。T、t 的动态公差图如图 4-29(b)所示,图形形状为直角三角形。

(3) 遵守边界。遵守最大实体边界 MMB,其边界尺寸为 $d_M=\phi20$ mm。

(4) 检验与合格条件。对于大批量生产,可采用光滑极限量规检验(用孔型的通规测头——模拟被测轴的最大实体边界)。其合格条件为

$$d_{fe}\leqslant\phi20\ \text{mm},\quad d_a\geqslant\phi19.979\ \text{mm}$$

4.4.4 最大实体要求

1. 最大实体要求的公差解释

最大实体要求也是相关公差原则中的三种要求之一,适用最大实体要求的被测提取要素(多为关联要素)的实体(提取组成要素)应遵守最大实体实效边界,被测提取要素的局部尺寸同时受最大实体尺寸和最小实体尺寸所限。几何公差 t 与尺寸公差 T_h(或 T_s)有关,在最大实体状态下给定几何公差(多为位置公差)值 t_1 不为零(一定大于零,当为零时,是一种特殊情况——最大实体要求的零几何公差);当被测提取要素偏离最大实体状态时,几何公差获得补偿,补偿量来自尺寸公差(即被测提取要素偏离最大实体尺寸的量,相当于尺寸公差富余的量,可作为补偿量),补偿量的一般计算公式为

$$t_2=|\text{MMS}-D_a(\text{或 } d_a)| \tag{4-10}$$

当被测提取要素为最小实体状态时,几何公差获得补偿量最多,即 $t_{2max}=T_h$(或 T_s),这种情况下允许几何公差的最大值为

$$t_{max}=t_{2max}+t_1=T_h(\text{或 } T_s)+t_1 \tag{4-11}$$

几何公差 t 与尺寸公差 T_h(或 T_s)的关系可以用动态公差图表示,如图 4-30(b)所示。由于给定几何公差值 t_1 不为零,故其动态公差图的图形一般为直角梯形。

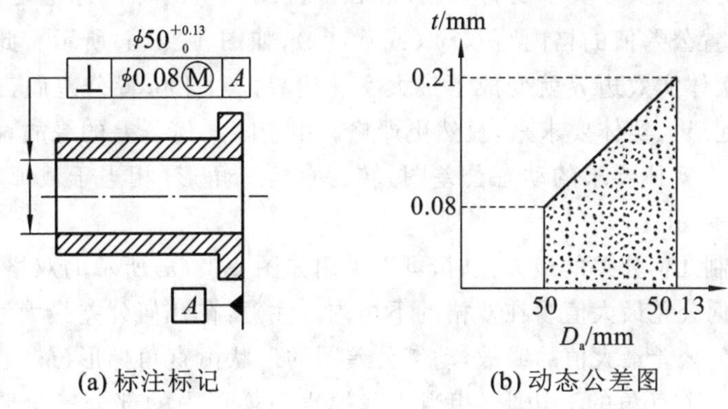

(a) 标注标记 (b) 动态公差图

图 4-30 最大实体要求的标注标记与动态公差图

2. 最大实体要求的应用与检测

最大实体要求主要用于需保证装配成功率的螺栓或螺钉连接处(即法兰盘上的连接用

孔组或轴承端盖上的连接用孔组)的导出要素,一般是孔组轴线的位置度,还有槽类的对称度和同轴度。最大实体要求在零件图样上的标注标记是在几何公差框格内的几何公差给定值后面加注Ⓜ,如图 4-30(a)所示。

当基准(导出要素,如轴线)也使用最大实体要求时,则在几何公差框格内的基准字母后面也加注Ⓜ,如图 4-31 所示。符合最大实体要求的被测实体(D_{fe}、d_{fe})不得超越最大实体实效边界 MMVB,被测要素的局部尺寸(D_a、d_a)不得超越最大实体尺寸 MMS 和最小实体尺寸 LMS。

生产中采用位置量规(只有通规,专为按最大实体实效尺寸判定孔、轴作用尺寸合格性而设计制造的定值量具,可以参考几何误差检验的相关标准和有关书籍)检验使用最大实体要求的被测提取要素的实体,位置量规(通规)检验提取组成要素(D_{fe}、d_{fe})是否超越最大实体实效边界,即位置量规测头模拟最大实体实效边界 MMVB,位置量规测头通过为合格;被测提取要素的局部尺寸(D_a、d_a)采用通用量具按两点法测量,以判定是否超越最大实体尺寸和最小实体尺寸,局部尺寸落入极限尺寸内为合格。

符合最大实体要求的被测提取要素的合格条件如下。

对于孔(内表面):$D_{fe} \geqslant D_{MV} = D_{min} - t_1$;$D_{min} = D_M \leqslant D_a \leqslant D_L = D_{max}$

对于轴(外表面):$d_{fe} \leqslant d_{MV} = d_{max} + t_1$;$d_{max} = d_M \geqslant d_a \geqslant d_L = d_{min}$

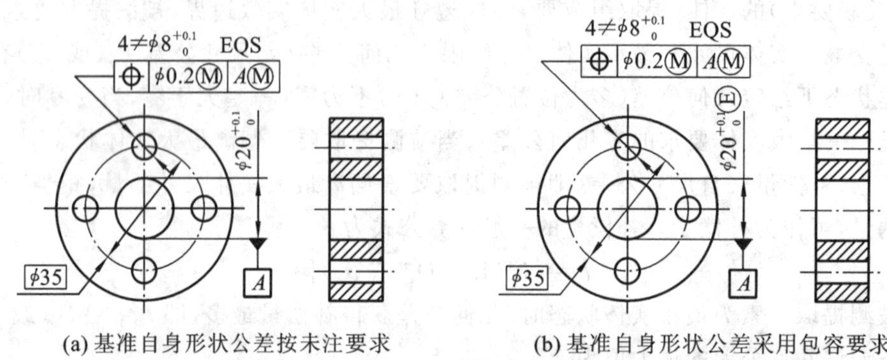

(a) 基准自身形状公差按未注要求　　(b) 基准自身形状公差采用包容要求

图 4-31　基准(导出要素)适用最大实体要求

3. 最大实体要求的零几何公差

零几何公差是最大实体要求的特殊情况,在零件图样上的标注标记是在位置公差框格的第二格内,即位置公差值的格内写 0 Ⓜ (或 ϕ0 Ⓜ),如图 4-32(a)所示。此种情况下,被测提取要素的最大实体实效边界就变成了最大实体边界。对于位置公差而言,最大实体要求的零几何公差比起最大实体要求来,显然更严格。由于零几何公差的缘故,动态公差图的形状由直角梯形(最大实体要求的动态公差图)转为直角三角形(相当于裁掉直角梯形中的矩形),如图 4-32(b)所示。

另外,需要限制几何公差的最大值时,可以采用如图 4-33(a)所示的双格几何公差值的标注方法,一般将几何公差最大值写在双格的下格内。注意:在几何公差最大值的后面,不再加注。此时,由于几何公差最大值的缘故,动态公差图的形状由直角梯形(最大实体要求的动态公差图)转为具有三个直角的五边形(相当于裁掉直角梯形中的部分三角形),如图 4-33(b)所示。

4. 可逆要求用于最大实体要求

在不影响零件功能的前提下,位置公差可以反过来补给尺寸公差,即在位置公差有富余的

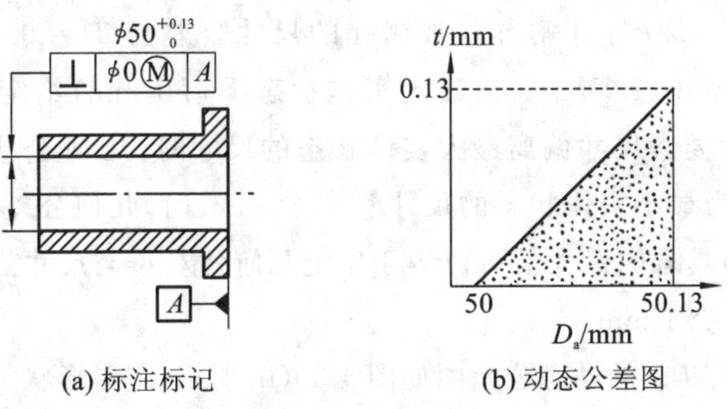

(a) 标注标记　　(b) 动态公差图

图 4-32　最大实体要求的零几何公差的标注标记与动态公差图

情况下，允许尺寸误差超过给定的尺寸公差，这显然在一定程度上能够降低工件的废品率。在零件图样上，可逆要求用于最大实体要求的标注标记是在位置公差框格的第二格内位置公差值后面加注ⓂⓇ，如图 4-34(a)所示。此时，尺寸公差有双重职能：①控制尺寸误差；②协助控制几何误差。而位置公差也有双重职能：①控制几何误差；②协助控制尺寸误差。

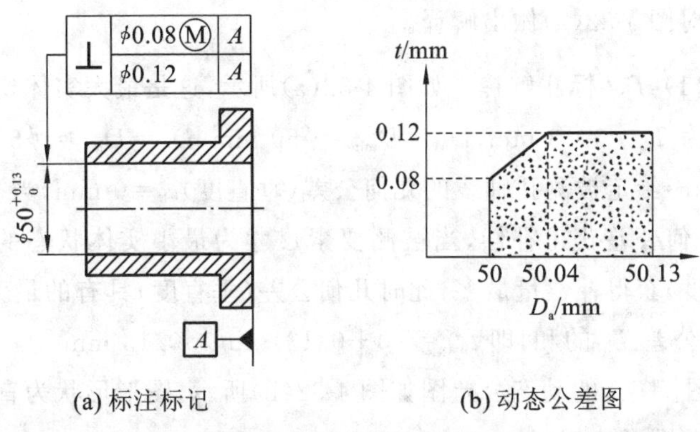

(a) 标注标记　　(b) 动态公差图

图 4-33　几何公差值受限的最大实体要求的标注标记与动态公差图

可逆要求用于最大实体要求的动态公差图，由于尺寸误差可以超差的缘故，其图形形状由直角梯形（最大实体要求的动态公差图）转为直角三角形（相当于在直角梯形的基础上加一个三角形），如图 4-34(b)所示。

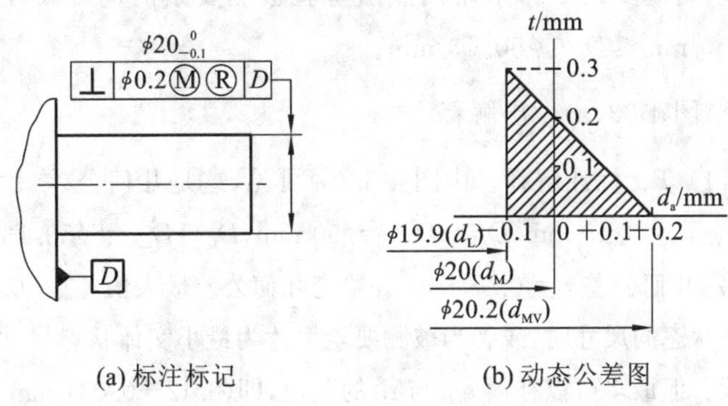

(a) 标注标记　　(b) 动态公差图

图 4-34　可逆要求用于最大实体要求的标注标记与动态公差图

5. 最大实体要求的实例分析

例 4-2　对图 4-30(a)做出解释。

解 (1) T、t 标注解释。被测孔的尺寸公差为 $T_h=0.13$ mm，$D_M=D_{min}=\phi50$ mm，$D_L=D_{max}=\phi50.13$ mm。在最大实体状态下($\phi0$ mm)给定几何公差(垂直度)$t_1=0.08$ mm，当被测要素尺寸偏离最大实体状态的尺寸时，几何公差(垂直度)获得补偿，当被测要素尺寸为最小实体状态的尺寸 $\phi50.13$ mm 时，几何公差获得补偿量最多，此时几何公差(垂直度)具有的最大值可以等于给定几何公差 t_1 与尺寸公差 T_h 的和，即 $t_{max}=(0.08+0.13)$ mm$=0.21$ mm。

(2) 动态公差图。T、t 的动态公差图如图 4-30(b)所示，图形形状为具有两直角的梯形。

(3) 遵守边界。被测孔遵守最大实体实效边界 MMVB，其边界尺寸为

$$D_{MV}=D_{min}-t_1=(\phi50-\phi0.08)\ \text{mm}=\phi49.92\ \text{mm}$$

(4) 检验与合格条件。采用位置量规(轴型通规——模拟被测孔的最大实体实效边界)检验被测要素的提取组成要素 D_{fe}，采用两点法检验被测要素的局部尺寸 D_a。其合格条件为

$$D_{fe}\geqslant\phi49.92\ \text{mm},\phi50\ \text{mm}\leqslant D_a\leqslant\phi50.13\ \text{mm}$$

例 4-3 对图 4-32(a)做出解释。

解 (1) T、t 标注解释。如图 4-32(a)所示，这是最大实体要求的零几何公差。被测孔的尺寸公差为 $T_h=0.13$ mm，$D_M=D_{min}=\phi50$ mm，$D_L=D_{max}=\phi50.13$ mm。在最大实体状态下($\phi50$ mm)给定被测孔轴线的几何公差(垂直度)$t_1=0$ mm，当被测要素尺寸偏离最大实体状态时，几何公差获得补偿，当被测要素尺寸为最小实体状态的尺寸 $\phi50.13$ mm 时，几何公差(垂直度)获得补偿量最多，此时几何公差(垂直度)具有的最大值可以等于给定几何公差 t_1 与尺寸公差 T_h 的和，即 $t_{max}=(0+0.13)$ mm$=0.13$ mm。

(2) 动态公差图。T、t 的动态公差图如图 4-32(b)所示，图形形状为直角三角形，恰好与包容要求的动态公差图形状相同。

(3) 遵守边界。遵守最大实体实效边界 MMVB，其边界尺寸为 $D_{MV}=D_{min}-t_1=(\phi50-\phi0)$ mm$=\phi50$ mm，显然就是最大实体边界(因为给定的 $t_1=0$ mm)。

(4) 检验与合格条件。采用位置量规(轴型通规——模拟被测孔的最大实体实效边界)检验被测要素的提取组成要素 D_{fe}，采用两点法检验被测要素的局部尺寸 D_a。其合格条件为 $D_{fe}\geqslant\phi50$ mm，$\phi50$ mm$\leqslant D_a\leqslant\phi50.13$ mm。

例 4-4 对图 4-33(a)做出解释。

解 (1) T、t 标注解释。由图 4-33(a)可见，这是几何公差最大值受限的最大实体要求。尺寸公差为 $T_h=0.13$ mm，$D_M=D_{min}=\phi50$ mm，$D_L=D_{max}=\phi50.13$ mm。在最大实体状态下($\phi50$ mm)给定几何公差 $t_1=0.08$ mm，并给定几何公差最大值 $t_{max}=0.12$ mm。当被测要素尺寸偏离最大实体状态的尺寸时，或者当被测要素尺寸为最小实体状态尺寸 $\phi50.13$ mm 时，几何公差均可获得补偿。但最多可以补偿 t_{max} 与 t_1 的差值，即$(0.12-0.08)$ mm$=0.04$ mm，几何公差(垂直度)具有的最大值就等于给定几何公差(垂直度)的最大值，即 $t_{max}=0.12$ mm。

(2) 动态公差图。T、t 的动态公差图如图 4-33(b)所示，由于 $t_{max}=0.12$ mm，图形形状为具有三直角的五边形。

(3) 遵守边界。遵守最大实体实效边界 MMVB，其边界尺寸为 $D_{MV}=D_{min}-t_1=(\phi50-$

ϕ0.08) mm=ϕ49.92 mm。

(4) 检验与合格条件。采用位置量规(轴型通规——模拟被测孔的最大实体实效边界)检验被测要素的提取组成要素 D_{fe},采用两点法检验被测要素的局部尺寸 D_a,采用通用量具检验被测要素的几何误差(垂直度误差)$f_{\perp}$。其合格条件为

$$D_{fe} \geqslant \phi 49.92\ \text{mm},\quad \phi 50\ \text{mm} \leqslant D_a \leqslant \phi 50.13\ \text{mm},\quad f_{\perp} \leqslant 0.12\ \text{mm}$$

例 4-5 对图 4-34(a)做出解释。

解 (1) T、t 标注解释。图 4-34(a)所示为可逆要求用于最大实体要求的轴线问题。轴的尺寸公差为 T_s=0.1 mm,$d_M=d_{max}$=ϕ20 mm,$d_L=d_{min}$=ϕ19.9 mm。在最大实体状态下(ϕ20 mm)给定几何公差 t_1=0.2 mm,当被测要素尺寸偏离最大实体状态的尺寸时,几何公差获得补偿,当被测要素尺寸为最小实体状态的尺寸 ϕ19.9 mm 时,几何公差获得补偿量最多,此时几何公差具有的最大值可以等于给定几何公差 t_1 与尺寸公差 T_s 的和,即 t_{max}=(0.2+0.1) mm=0.3 mm。

(2) 可逆解释。在被测要素轴的几何误差(轴线垂直度)小于给定几何公差的条件下,即 $f_{\perp}$<0.2 mm 时,被测要素的尺寸误差可以超差,即被测要素轴的实际尺寸可以超出极限尺寸 ϕ20 mm,但不可以超出所遵守的边界(最大实体实效边界)尺寸 ϕ20.2 mm。图 4-34(b)中横轴的 ϕ20 mm~ϕ20.2 mm 为尺寸误差可以超差的范围(或称可逆范围)。

(3) 动态公差图。T、t 的动态公差图如图 4-34(b)所示,其形状是直角三角形。

(4) 遵守边界。遵守最大实体实效边界 MMVB,其边界尺寸为 $d_{MV}=d_{max}+t_1$=ϕ20 mm+ϕ0.2 mm=ϕ20.2 mm。

(5) 检验与合格条件。采用位置量规(孔型通规——模拟被测轴的最大实体实效边界)检验被测要素的提取组成要素 d_{fe},采用两点法检验被测要素的局部尺寸 d_a。其合格条件为 $d_{fe} \leqslant \phi$20.2 mm,ϕ19.9 mm$\leqslant d_a \leqslant \phi$20 mm;当 $f_{\perp}$<0.2 mm 时,ϕ19.9 mm$\leqslant d_a \leqslant \phi$20.2 mm。

4.4.5 最小实体要求

1. 最小实体要求的公差解释

最小实体要求也是相关公差原则中的三种要求之一,被测提取要素(多为关联要素)的实体遵循最小实体实效边界,被测提取要素的局部尺寸同时受最大实体尺寸和最小实体尺寸所限。几何公差 t 与尺寸公差 T_h(或 T_s)有关,在最小实体状态下给定几何公差(多为位置公差)值 t_1 不为零(一定大于零,当为零时,是一种特殊情况——最小实体要求的零几何公差);当被测提取要素偏离最小实体状态时,几何公差获得补偿,补偿量来自尺寸公差(被测提取要素偏离最小实体状态的量,相当于尺寸公差富余的量,可作补偿量),补偿量的一般计算公式为

$$t_2 = |\text{LMS} - D_a(\text{或}\ d_a)| \tag{4-12}$$

当被测提取要素为最大实体状态时,几何公差获得补偿量最多,即 $t_{2max}=T_h$(或 T_s),这种情况下允许几何公差的最大值为

$$t_{max} = t_{2max} + t_1 = T_h(\text{或}\ T_s) + t_1 \tag{4-13}$$

几何公差 t 与尺寸公差 T_h（或 T_s）的关系可以用动态公差图表示，如图 4-35(b)所示。由于给定几何公差值 t_1 不为零，故动态公差图的图形一般为直角梯形。

2. 最小实体要求的应用与检测

最小实体要求主要用于需要保证最小壁厚处（如空心的圆柱凸台、带孔的小垫圈等）的导出要素，一般是中心轴线的位置度、同轴度等。最小实体要求在零件图样上的标注是在几何公差框格的几何公差给定值后面加注Ⓛ，如图 4-35(a)所示。

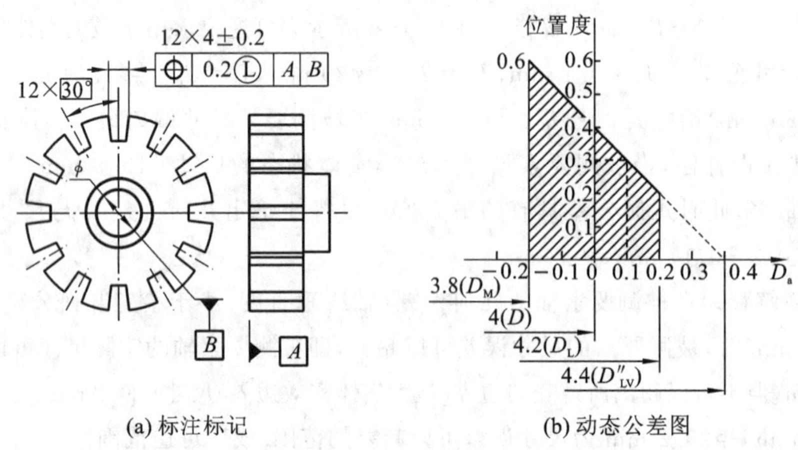

(a) 标注标记　　(b) 动态公差图

图 4-35　最小实体要求的标注标记与动态公差图

当基准（导出要素，如轴线）也使用最小实体要求时，则在几何公差框格内的基准字母后面也加注Ⓛ。符合最小实体要求的被测实体（D_{fi}、d_{fi}）不得超越最小实体实效边界 LMVB，被测要素的局部尺寸（D_a、d_a）不得超越最大实体尺寸 MMS 和最小实体尺寸 LMS。

目前尚没有检验用量规，因为按最小实体实效尺寸判定孔、轴提取组成要素（体内作用尺寸）的合格性问题，在于量规无法实现检测过程（量规测头不可能进入被测要素的体内，除非是刀具，但真是刀具又不可以，检测过程不能破坏工件）。

生产中一般采用通用量具检验被测提取要素的提取组成要素（D_{fi}、d_{fi}）是否超越最小实体实效边界，即测量足够多点的数据，绘图法（在测量具备很好条件时，当然用坐标机测量并由计算机处理测量数据更好）求得被测要素的提取组成要素（D_{fi}、d_{fi}），再判定其是否超越最小实体实效边界 LMVB，不超越为合格；被测提取要素的局部尺寸（D_a、d_a）按两点法测量，以判定是否超越最大实体尺寸和最小实体尺寸，局部尺寸落入极限尺寸内为合格。

符合最小实体要求的被提取际要素的合格条件如下。

对于孔（内表面）：　$D_{fi} \leqslant D_{LV} = D_{max} + t_1$；$D_{min} = D_M \leqslant D_a \leqslant D_L = D_{max}$

对于轴（外表面）：　$d_{fi} \geqslant d_{LV} = d_{min} - t_1$；$d_{max} = d_M \geqslant d_a \geqslant d_L = d_{min}$

3. 最小实体要求的零几何公差

零几何公差是最小实体要求的特殊情况，允许在最小实体状态时给定位置公差值为零。在零件图样上的标注标记是在位置公差框格的第二格内，即位置公差值的格内写 0 Ⓛ（或 ϕ0 Ⓛ），如图 4-36(a)所示。此种情况下，被测提取要素的最小实体实效边界就变成了最小实体边界。对于位置公差而言，最小实体要求的零几何公差比起最小实体要求来，显然更严格。图 4-36(b)是图 4-36(a)的动态公差图，其形状为直角三角形。动态公差图的形状恰好与同类要素的最大实体要求的零几何公差的动态公差图形状(见图 4-32(b))相同,但斜边的方向相反。

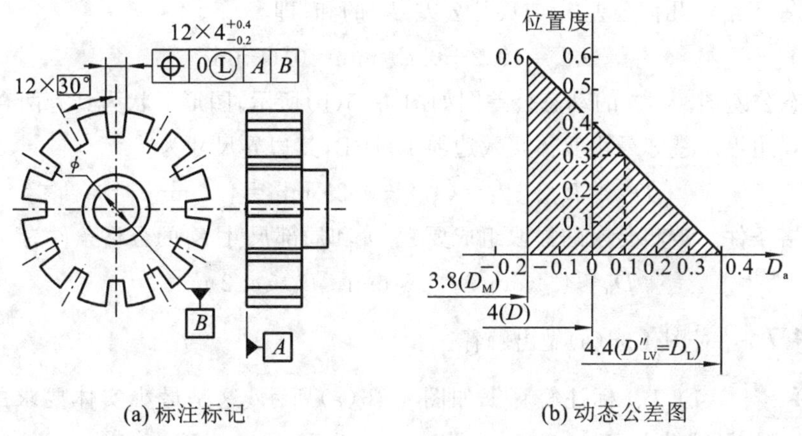

(a) 标注标记　　(b) 动态公差图

图 4-36　最小实体要求的零几何公差的标注标记与动态公差图

4. 可逆要求用于最小实体要求

在零件图样上,可逆要求用于最小实体要求的标注标记是在位置公差框格的第二格内位置公差值后面加注ⓁⓇ,如图 4-37(a)所示。此时,尺寸公差有双重职能:①控制尺寸误差;②协助控制几何误差。而位置公差也有双重职能:①控制几何误差;②协助控制尺寸误差。

图 4-37(a)所示的槽位置度,其可逆要求用于最小实体要求的动态公差图如图 4-37(b)所示,图中横轴(槽宽尺寸)上 4.2~4.4 即为槽宽尺寸可以超差的范围(注意:只当位置度误差小于 0.2 时有效)。可逆要求用于最小实体要求的动态公差图,其形状由直角梯形(最小实体要求的动态公差图)转为直角三角形(在直角梯形的直角短边处加一个三角形)。

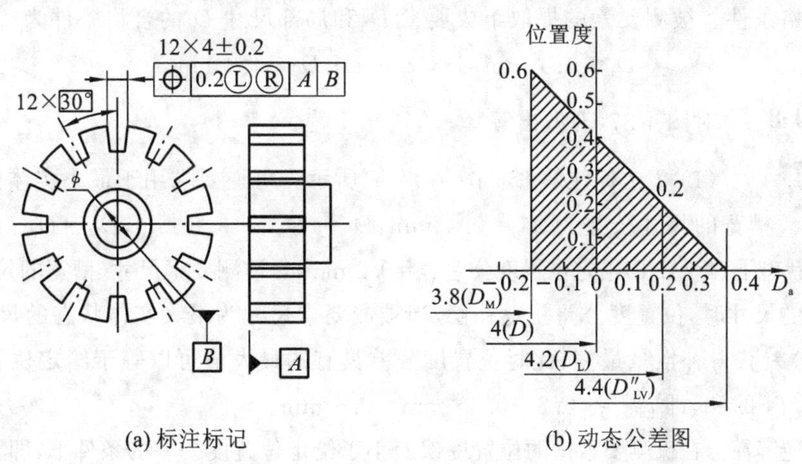

(a) 标注标记　　(b) 动态公差图

图 4-37　可逆要求用于最小实体要求的标注标记与动态公差图

5. 最小实体要求的实例分析

例 4-6　对图 4-35(a)做出解释。

解　(1) T、t 标注解释。被测槽宽的尺寸公差 $T_h=0.4$ mm,$D_M=D_{min}=3.8$ mm,$D_L=D_{max}=4.2$ mm。在最小实体状态下给定几何公差(位置度)$t_1=0.2$ mm,当被测要素尺

寸(槽宽)偏离最小实体状态的尺寸 4.2 mm 时，几何公差位置度获得补偿，当被测要素尺寸为最大实体状态的尺寸 3.8 mm 时，几何公差位置度获得补偿量最多，此时几何公差具有的最大值可以等于给定几何公差 t_1 与尺寸公差 T_h 的和，即

$$t_{max}=(0.2+0.4)\ mm=0.6\ mm$$

(2) 动态公差图。T、t 的动态公差图如图 4-35(b)所示，图形形状为具有两直角的梯形。

(3) 遵守边界。遵守最小实体实效边界 LMVB，其边界尺寸为

$$D_{LV}=D_{max}+t_1=(4.2+0.2)\ mm=4.4\ mm$$

(4) 合格条件。被测要素的提取组成要素 D_{fi} 和局部尺寸 D_a 的合格条件为

$$D_{fi}\leqslant 4.4\ mm,\quad 3.8\ mm\leqslant D_a\leqslant 4.2\ mm$$

例 4-7 对图 4-36(a)做出解释。

解 (1) T、t 标注解释。如图 4-36(a)所示，这是最小实体要求的零几何公差。被测槽宽的尺寸公差 $T_h=0.6$ mm，$D_M=D_{min}=3.8$ mm，$D_L=D_{max}=4.4$ mm。在最小实体状态下(4.4 mm)给定几何公差(位置度)$t_1=0$ mm，当被测要素尺寸偏离最小实体状态时，几何公差获得补偿，当被测要素尺寸为最大实体状态的尺寸 3.8 mm 时，几何公差(位置度)获得补偿量最多，此时几何公差具有的最大值可以等于给定几何公差 t_1 与尺寸公差 T_h 的和，即

$$t_{max}=(0+0.6)\ mm=0.6\ mm$$

(2) 动态公差图。T、t 的动态公差图如图 4-36(b)所示，图形形状为直角三角形。

(3) 遵守边界。遵守最小实体实效边界 LMVB，其边界尺寸为

$$D_{LV}=D_{max}+t_1=(4.4+0)\ mm=4.4\ mm$$

显然就是最小实体边界(因为给定的 $t_1=0$ mm)。

(4) 合格条件。被测要素的提取组成要素 D_{fi} 和局部尺寸 D_a 的合格条件为

$$D_{fi}\leqslant 4.4\ mm,\quad 3.8\ mm\leqslant D_a\leqslant 4.4\ mm$$

例 4-8 对图 4-37(a)做出解释。

解 (1) T、t 标注解释。图 4-37(a)所示为可逆要求用于最小实体要求的槽的位置度问题。槽宽的尺寸公差为 $T_h=0.4$ mm，$D_M=D_{min}=3.8$ mm，$D_L=D_{max}=4.2$ mm。在最小实体状态下(4.2 mm)给定位置度公差 $t_1=0.2$ mm，当被测要素尺寸(槽宽的尺寸)偏离最小实体状态的尺寸时，位置度公差获得补偿，当被测要素尺寸为最大实体状态的尺寸 3.8 mm 时，位置度公差获得补偿量最多，此时位置度公差具有的最大值可以等于给定位置度公差 t_1 与尺寸公差 T_h 的和，即 $t_{max}=(0.2+0.4)\ mm=0.6\ mm$。

(2) 可逆解释。在被测要素槽的位置度误差小于给定位置度公差的条件下，即 $f<0.2$ mm 时，被测要素槽的尺寸误差可以超差，即被测要素槽的实际尺寸可以超出极限尺寸 4.2 mm，但不可以超出所遵守边界的尺寸 4.4 mm。图 4-37(b)中横轴的 4.2～4.4 为槽的尺寸误差可以超差的范围(或称可逆范围)。

(3) 动态公差图。T、t 的动态公差图如图 4-37(b)所示，其形状是直角三角形。

(4) 遵守边界。遵守最小实体实效边界 LMVB，其边界尺寸为

$$D_{LV}=D_{max}+t_1=(4.2+0.2)\ mm=4.4\ mm$$

(5) 合格条件。被测要素的提取组成要素 D_{fi} 和被测要素的局部尺寸 D_a 的合格条件为

$$D_{fi} \leqslant 4.4\ \text{mm}, \quad 3.8\ \text{mm} \leqslant D_a \leqslant 4.2\ \text{mm}$$

当 $f<0.2$ mm 时，$3.8\ \text{mm} \leqslant D_a \leqslant 4.4\ \text{mm}$

综上所述，公差原则是解决生产第一线中尺寸误差与几何误差关系等实际问题的常用规则。但由于相关原则的术语、概念较多，各种要求适用范围迥然不同，补偿、可逆、零公差、动态公差图等都是前面几章所未有的，再加上几何公差的问题本来就较尺寸公差的复杂，不免难以学透、不易用好。既然相关，不妨比较，有比较方可得以鉴别。下面就把相关原则的三种要求做个详细比较，列在表 4-9 中，供读者参考。

表 4-9　相关公差原则三种要求的比较

相关公差原则			包容要求	最大实体要求	最小实体要求
标注标记			Ⓔ	Ⓜ，可逆要求为ⓂⓇ	Ⓛ，可逆要求为ⓁⓇ
几何公差的给定状态及 t_1 值			最大实体状态下给定 $t_1=0$	最大实体状态下给定 $t_1>0$	最小实体状态下给定 $t_1>0$
特殊情况			无	$t_1=0$ 时，称为最大实体要求的零几何公差	$t_1=0$ 时，称为最小实体要求的零几何公差
遵守的理想边界	边界名称		最大实体边界	最大实体实效边界	最小实体实效边界尺寸
	边界尺寸计算公式	孔	$MMB_D=D_M=D_{min}$	$MMVB_D=D_M=D_{min}-t_1$	$LMVB_D=D_L=D_{max}+t_1$
		轴	$MMB_d=d_M=d_{max}$	$MMVB_d=d_M=d_{max}+t_1$	$LMVB_d=d_L=d_{min}-t_1$
几何公差 t 与尺寸公差 $T_h(T_s)$ 关系	最大实体状态		$t_1=0$	$t_1>0$	$t_{max}=T_h$(或 T_s)$+t_1$
	最小实体状态		$t_{max}=T_h$(或 T_s)	$t_{max}=T_h$(或 T_s)$+t_1$	$t_1>0$
几何公差获得尺寸公差补偿量的一般计算公式			$t_2=\lvert MMS-D_a$(或 d_a)$\rvert$	$t_2=\lvert MMS-D_a$(或 d_a)$\rvert$	$t_2=\lvert LMS-D_a$(或 d_a)$\rvert$
检验方法及量具			采用光滑极限量规，通规检测 $D_{fe}(d_{fe})$ 止规检测 $D_a(d_a)$	$D_{fe}(d_{fe})$ 采用位置量规，$D_a(d_a)$ 采用二点法测量	尚无量规，几何误差采用通用量具，$D_a(d_a)$ 采用二点法测量
合格条件	孔		$D_{fe}\geqslant D_M$ $D_a\leqslant D_L$	$D_{fe}\geqslant D_{MV}$ $D_M\leqslant D_a\leqslant D_L$	$D_{fi}\leqslant D_{LV}$ $D_M\leqslant D_a\leqslant D_L$
	轴		$d_{fe}\leqslant d_M$ $d_a\geqslant d_L$	$d_{fe}\leqslant d_{MV}$ $d_M\geqslant d_a\geqslant d_L$	$d_{fi}\geqslant d_{LV}$ $d_M\geqslant d_a\geqslant d_L$
适用范围			保证配合性质的单一要素	保证容易装配的关联导出要素	保证最小壁厚的关联导出要素

续表

相关公差原则	包容要求	最大实体要求	最小实体要求
可逆要求	不适用。尺寸公差只能补给几何公差	适用。不仅尺寸公差能补给几何公差;相反,在一定条件下尺寸公差也可以获得来自于几何公差的补偿	适用。不仅尺寸公差能补给几何公差;相反,在一定条件下尺寸公差也可以获得来自于几何公差的补偿
动态公差图形状	一般为直角三角形,限制几何公差最大值则为具有两直角的梯形	一般为具有两直角的梯形;限制几何公差最大值,则为具有三直角的五边形;适用可逆要求时(不限制几何公差最大值),则为直角三角形;零几何公差时也为直角三角形	一般为具有两直角的梯形;限制几何公差最大值,则为具有三直角的五边形;适用可逆要求时(不限制几何公差最大值),则为直角三角形;零几何公差时也为直角三角形,与最大实体要求的动态公差图形状呈现镜像关系(关于镜面对称)

4.5 几何公差的标准化与选用

4.5.1 几何公差值的标准

实际零件上所有的要素都存在几何误差,根据国家标准规定,凡是一般机床加工能保证的几何精度,其几何公差值按 GB/T 1184—1996《形状和位置公差 未注公差值》执行,不必在图样上具体注出。当几何公差值大于或小于未注公差值时,则应按规定在图样上明确标注出几何公差。

按国家标准的规定,对 14 项几何公差,除线、面轮廓度及位置度未规定公差等级外,其余项目均有规定。其中:直线度、平面度、平行度、垂直度、倾斜度、同轴度、对称度、圆跳动、全跳动各划分为 12 级,即 1~12 级,1 级精度最高,12 级精度最低;圆度、圆柱度各划分为 13 级,最高级为 0 级。各项目的各级公差值如表 4-10~表 4-13 所示。对于位置度,国家标准规定了位置度系数,如表 4-14 所示。

表 4-10 直线度和平面度公差值

主参数 $L(D)$/mm	公差等级											
	1	2	3	4	5	6	7	8	9	10	11	12
	公差值/μm											
≤10	0.2	0.4	0.8	1.2	2	3	5	8	12	20	30	60
10~16	0.25	0.5	1	1.5	2.5	4	6	10	15	25	40	80

续表

主参数 L(D)/mm	公差等级											
	1	2	3	4	5	6	7	8	9	10	11	12
	公差值/μm											
16～25	0.3	0.6	1.2	2	3	5	8	12	20	30	50	100
25～40	0.4	0.8	1.5	2.5	4	6	10	15	25	40	60	120
40～63	0.5	1	2	3	5	8	12	20	30	50	80	150
63～100	0.6	1.2	2.6	4	6	10	15	25	40	60	100	200
100～160	0.8	1.5	3	5	8	12	20	30	50	80	120	250
160～250	1	2	4	6	10	15	25	40	60	100	150	300
250～400	1.2	2.5	5	8	12	20	30	50	80	120	200	400
400～630	1.5	3	6	10	16	25	40	60	100	150	250	500

主参数 L 图例

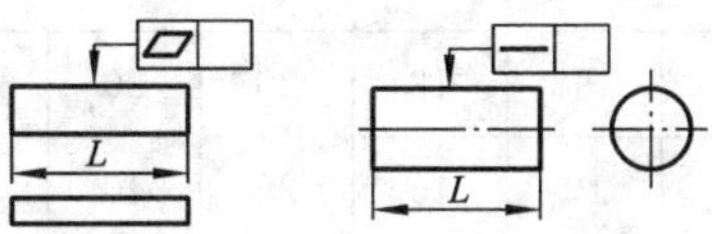

表 4-11 圆度和圆柱度公差值

主参数 d(D)/mm	公差等级												
	0	1	2	3	4	5	6	7	8	9	10	11	12
	公差值/μm												
≤3	0.1	0.2	0.3	0.5	0.8	1.2	2	3	4	6	10	14	25
3～6	0.1	0.2	0.4	0.6	1	1.5	2.5	4	5	8	12	18	30
6～10	0.12	0.25	0.4	0.6	1	1.5	2.5	4	6	9	15	22	36
10～18	0.15	0.25	0.5	0.8	1.2	2	3	5	8	11	18	27	43
18～30	0.2	0.3	0.6	1	1.5	2.5	4	6	9	13	21	33	52
30～50	0.25	0.4	0.6	1	1.5	2.5	4	7	11	16	25	39	62
50～80	0.3	0.5	0.8	1.2	2	3	5	8	13	19	30	46	74
80～120	0.4	0.6	1	1.5	2.5	4	6	10	16	22	35	54	87
120～180	0.6	1	1.2	2	3.5	5	8	12	18	25	40	63	100
180～250	0.8	1.2	2	3	4.5	7	10	14	20	29	46	72	115
250～315	1	1.6	2.5	4	6	8	12	16	23	32	52	81	130
315～400	1.2	2	3	5	7	9	13	18	25	36	57	89	140
400～500	1.5	2.5	4	6	8	10	15	20	27	40	63	97	155

主参数 $d(D)$ 图例

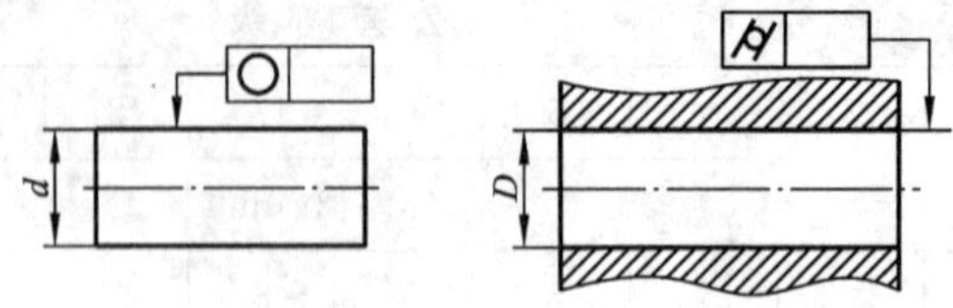

表 4-12　平行度、垂直度和倾斜度公差值

主参数 $L,d(D)$/mm	公差等级											
	1	2	3	4	5	6	7	8	9	10	11	12
	公差值/μm											
≤10	0.4	0.8	1.5	3	5	8	12	20	30	50	80	120
10～16	0.5	1	2	4	6	10	15	25	40	60	100	150
16～25	0.6	1.2	2.5	5	8	12	20	30	50	80	120	200
25～40	0.8	1.5	3	6	10	15	25	40	60	100	150	250
40～63	1	2	4	8	12	20	30	50	80	120	200	300
63～100	1.2	2.5	5	10	15	25	40	60	100	150	250	400
100～160	1.5	3	6	12	20	30	50	80	120	200	300	500
160～250	2	4	8	15	25	40	60	100	150	250	400	600
250～400	2.5	5	10	20	30	50	80	120	200	300	500	800
400～630	3	6	12	25	40	60	100	150	250	400	600	1000

主参数 $L,d(D)$ 图例

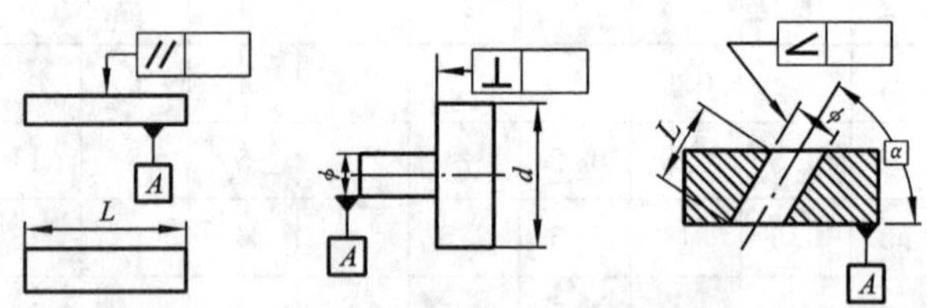

表 4-13　同轴度、对称度、圆跳动和全跳动公差值

主参数 $L,B,d(D)$ /mm	公差等级											
	1	2	3	4	5	6	7	8	9	10	11	12
	公差值/μm											
≤1	0.4	0.6	1	1.5	2.5	4	6	10	15	25	40	60
1～3	0.4	0.6	1	1.5	2.5	4	6	10	20	40	60	120
3～6	0.5	0.8	1.2	2	3	5	8	12	25	50	80	150

续表

主参数 L,B,d(D) /mm	公差等级											
	1	2	3	4	5	6	7	8	9	10	11	12
	公差值/μm											
6～10	0.6	1	1.5	2.5	4	6	10	15	30	60	100	200
10～18	0.8	1.2	2	3	5	8	12	20	40	80	120	250
18～30	1	1.5	2.5	4	6	10	15	25	50	100	150	300
30～50	1.2	2	3	5	8	12	20	30	60	120	200	400
50～120	1.5	2.5	4	6	10	15	25	40	80	150	250	500
120～250	2	3	5	8	12	20	30	50	100	200	300	600
250～500	2.5	4	6	10	15	25	40	60	120	250	400	800

主参数 $L,B,d(D)$图例

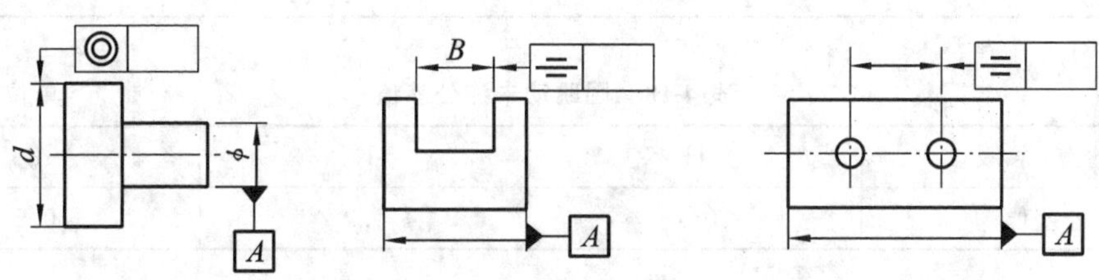

表 4-14　位置度系数

1	1.2	2	2.5	3	4	5	6	8
1×10^n	1.2×10^n	2×10^n	2.5×10^n	3×10^n	4×10^n	5×10^n	6×10^n	8×10^n

4.5.2　未注几何公差的规定

图样上没有具体注明几何公差值的要素，根据国家标准规定，其几何精度由未注几何公差来控制，按以下规定执行。

(1) GB/T 1184—1996 对未注直线度、平面度、垂直度、对称度和圆跳动各规定了 H、K、L 三个公差等级，其公差值如表 4-15～表 4-18 所示。

表 4-15 直线度和平面度未注公差值　　单位：mm

公差等级	基本长度范围					
	≤10	10～30	30～100	100～300	300～1000	1000～3000
H	0.02	0.05	0.1	0.2	0.3	0.4
K	0.05	0.1	0.2	0.4	0.6	0.8
L	0.1	0.2	0.4	0.8	1.2	1.6

表 4-16 垂直度未注公差值　　单位：mm

公差等级	基本长度范围			
	≤100	100～300	300～1000	1000～3000
H	0.2	0.3	0.4	0.5
K	0.4	0.6	0.8	1
L	0.6	1	1.5	2

表 4-17 对称度未注公差值　　单位：mm

公差等级	基本长度范围			
	≤100	100～300	300～1000	1000～3000
H	0.5	0.5	0.5	0.5
K	0.6	0.6	0.8	1
L	0.6	1	1.5	2

表 4-18 圆跳动未注公差值　　单位：mm

公差等级	H	K	L
公差值	0.1	0.2	0.5

(2) 圆度的未注公差值等于直径公差值，但不能大于表 4-18 中的径向圆跳动值。

(3) 圆柱度的未注公差值不做规定，但圆柱度误差由圆度误差、直线度误差和素线平行度误差三部分组成，而其中每一项误差均由它们的注出公差或未注公差控制。

(4) 平行度的未注公差值等于尺寸公差值或直线度和平面度未注公差值中的较大者。

(5) 同轴度的未注公差值可以和表 4-18 中的圆跳动的未注公差值相等。

(6) 线轮廓度、面轮廓度、倾斜度、位置度和全跳动的未注公差值均由各要素的注出或未注线性尺寸公差或角度公差控制。

4.5.3 几何公差的选用原则

几何误差直接影响着零部件的旋转精度、连接强度、密封性及荷载均匀性等，因此，正确、合理地选用几何公差，对保证机器或仪器的功能要求和提高经济效益具有十分重要的意义。

几何公差的选用主要包括几何公差项目的选择、公差值的选择、公差原则的选择和基准要素的选择。

1. 几何公差项目的选择

几何公差项目的选择原则是：根据要素的几何特征、结构特点及零件的使用要求，并考虑检测的方便和经济效益。

形状公差项目主要是按要素的几何形状特征确定的，因此要素的几何特征自然是选择单一要素公差项目的基本依据。例如，控制平面的形状误差选择平面度，控制圆柱面的形状误差应选择圆度或圆柱度。

位置公差项目是按要素间几何方位关系确定的，所以关联要素的公差项目应以它与基准间的几何方位关系为基本依据。例如，对轴线、平面可规定定向和定位公差，对点只能规定位置度公差，回转类零件才可以规定同轴度公差和跳动公差。

零件的功能要求不同，对几何公差应提出不同的要求。如减速器转轴的两个轴颈，由于在功能上是转轴在减速器箱体上的安装基准，因此，要求它们要同轴，可以规定对它们公共轴线的同轴度公差或径向圆跳动公差。

考虑检测的方便性，有时可将所需的公差项目用控制效果相同或相近的公差项目来代替。例如，要素为一圆柱面时，圆柱度是理想的项目，但是由于圆柱度检测不方便，故可选用圆度、直线度和素线平行度几个分项等进行控制。又如，径向圆跳动可综合控制圆度和同轴度误差，而径向圆跳动检测简单易行，所以在不影响设计要求的前提下，可尽量选用径向圆跳动公差项目。

2. 公差值的选择

公差值的选择原则是：在满足零件功能要求的前提下，考虑工艺经济性和检测条件，选择最经济的公差值。

根据零件功能要求、结构、刚性和加工经济性等条件，采用类比法，按公差数值表4-10～表4-13确定要素的公差值时，还应考虑以下几点。

(1) 在同一要素上给出的形状公差值应小于位置公差值，即 $t_{形状}<t_{位置}$。如同一平面上，平面度公差值应小于该平面对基准平面的平行度公差值。

(2) 圆柱形零件的形状公差，除轴线直线度以外，一般情况下应小于其尺寸公差。如最大实体状态下，形状公差在尺寸公差之内，形状公差包含在位置公差带内。

(3) 选用形状公差等级时，应考虑结构特点和加工的难易程度，在满足零件功能要求的前提下，对于下列情况应适当降低1～2级精度：①细长的轴或孔；②距离较大的轴或孔；③宽度大于二分之一长度的零件表面；④线对线和线对面相对于面对面的平行度；⑤线对线和线对面相对于面对面的垂直度。

(4) 选用形状公差等级时，还应注意协调形状公差与表面粗糙度之间的关系。通常情况下，表面粗糙度的数值为形状误差值的20%～25%。

(5) 在通常情况下，零件被测要素的形状误差比位置误差小得多，因此给定平行度或垂直度公差的两个平面，其平面度的公差等级应不低于平行度或垂直度的公差等级；同一圆柱面的圆度公差等级应不低于其径向圆跳动公差等级。

表4-19～表4-22列出了各种几何公差等级的应用举例，供选择时参考。

表4-19　直线度、平面度公差等级应用举例

公差等级	应用举例
1,2	精密量具、测量仪器以及精度要求很高的精密机械零件，如0级样板平尺、0级宽平尺、工具显微镜等精密测量仪器的导轨面
3	1级宽平尺工作面、1级样板平尺的工作面，测量仪器圆弧导轨，测量仪器的测杆外圆柱面

续表

公差等级	应用举例
4	0级平板，测量仪器的V形导轨，高精度平面磨床的V形导轨和滚动导轨，轴承磨床及平面磨床的床身导轨
5	1级平板，2级宽平尺，平面磨床的纵导轨、垂直导轨、工作台，液压龙门刨床导轨
6	普通机床导轨面，卧式镗床、铣床的工作台，机床主轴箱的导轨，柴油机机体接合面
7	2级平板，机床的床头箱体，滚齿机床身导轨，摇臂钻底座工作台，液压泵盖接合面，减速器壳体接合面，0.02游标卡尺尺身的直线度
8	自动车床底面，柴油机汽缸体，连杆分离面，缸盖接合面，汽车发动机缸盖，曲轴箱接合面，法兰连接面
9	3级平板，自动车床床身底面，摩托车曲轴箱体，汽车变速箱壳体，车床挂轮的平面

图 4-20　圆度、圆柱度公差等级应用举例

公差等级	应用举例
0,1	高精度量仪主轴，高精度机床主轴，滚动轴承的滚珠和滚柱
2	精密测量仪主轴、外套、套阀，纺锭轴承，精密机床主轴轴颈，针阀圆柱表面，喷油泵柱塞及柱塞套
3	高精度外圆磨床轴承，磨床砂轮主轴套筒，喷油嘴针、阀体，高精度轴承内外圈等
4	较精密机床主轴、主轴箱孔，高压阀门、活塞、活塞销、阀体孔，高压油泵柱塞，较高精度滚动轴承配合轴，铣削动力头箱体孔
5	一般计量仪器主轴，测杆外圆柱面，一般机床主轴轴颈及轴承孔，柴油机、汽油机的活塞、活塞销，与P6级滚动轴承配合的轴颈
6	一般机床主轴及前轴承孔，泵、压缩机的活塞、汽缸，汽油发动机凸轮轴，纺机锭子，减速传动轴轴颈，拖拉机曲轴主轴颈，与P6级滚动轴承配合的外壳孔
7	大功率低速柴油机曲轴轴颈、活塞、活塞销、连杆、汽缸，高速柴油机箱体轴承孔，千斤顶或压力油缸活塞，机车传动轴，水泵及通用减速器转轴轴颈
8	低速发动机、大功率曲柄轴轴颈，内燃机曲轴轴颈，柴油机凸轮轴承孔
9	空气压缩机缸体，通用机械杠杆与拉杆用套筒销子，拖拉机活塞环、套筒孔

表 4-21　平行度、垂直度、倾斜度、轴向圆跳动公差等级应用举例

公差等级	应用举例
1	高精度机床、测量仪器、量具等主要工作面和基准面
2,3	精密机床、测量仪器、量具、夹具的工作面和基准面，精密机床的导轨，精密机床主轴轴向定位面，滚动轴承座圈端面，普通机床的主要导轨，精密刀具、量具的工作面和基准面，光学分度头心轴端面

续表

公差等级	应用举例
4,5	普通机床导轨,重要支承面,机床主轴孔对基准的平行度,精密机床重要零件,计量仪器、量具、模具的工作面和基准面,床头箱体重要孔,通用减速器壳体孔,齿轮泵的油孔端面,发动机轴和离合器的凸缘,汽缸支承端面,精密滚动轴承壳体孔的凸肩
6,7,8	一般机床的工作面和基准面,压力机和锻锤的工作面,中等精度钻模的工作面,机床一般轴承孔对基准的平行度,变速器箱体孔,主轴花键对定心直径部位表面轴线的平行度,一般导轨、主轴箱体孔、刀架、砂轮架、汽缸配合面对基准轴线,活塞销孔对活塞中心线的垂直度,滚动轴承内、外圈端面对轴线的垂直度
9,10	低精度零件,重型滚动轴承端盖,柴油机、曲轴颈、花键轴和轴肩端面,带式运输机法兰盘等端面对轴线的垂直度,减速器壳体平面

表 4-22 同轴度、对称度、径向圆跳动公差等级应用举例

公差等级	应用举例
1,2	旋转精度要求很高、尺寸公差高于1级的零件,如精密测量仪器的主轴和顶尖,柴油机喷油嘴针阀
3,4	机床主轴轴颈,砂轮轴轴颈,汽轮机主轴,测量仪器的小齿轮轴,安装高精度齿轮的轴颈
5	机床主轴轴颈,机床主轴箱孔,计量仪器的测杆,涡轮机主轴,柱塞油泵转子,高精度滚动轴承外圈,一般精度轴承内圈
6,7	内燃机曲轴,凸轮轴轴颈,柴油机机体主轴承孔,水泵轴,油泵柱塞,汽车后桥输出轴,安装一般精度齿轮的轴颈,涡轮盘,普通滚动轴承内圈,印刷机传墨辊的轴颈,键槽
8,9	内燃机凸轮轴孔,水泵叶轮,离心泵体,汽缸套外径配合面对工作面,运输机机械滚筒表面,棉花精梳机前、后滚子,自行车中轴

3. 公差原则的选择

公差原则的选择原则是:根据被测要素的功能要求,综合考虑各种公差原则的应用场合和采用该种公差原则的可行性和经济性。

公差原则主要根据被测要素的功能要求、零件尺寸大小和检测方便来选择,并应考虑充分利用给出的尺寸公差带,还应考虑用被测要素的几何公差补偿其尺寸公差的可能性。

按独立原则给出的几何公差是固定的,不允许几何误差值超出图样上标注的几何公差值;而相关要求给出的几何公差是可变的,在遵守给定边界的条件下,允许几何公差值增大。有时独立原则、包容要求和最大实体要求都能满足某种同一功能要求,但在选用它们时应注意到它们的经济性和合理性。例如,孔或轴采用包容要求时,它的实际尺寸与形状误差之间可以相互调整(补偿),从而使整个尺寸公差带得到充分利用,技术经济效益较高。但另一方面，包容要求所允许的形状误差的大小，完全取决于实际尺寸偏离最大实体尺寸的数值。如果孔或轴的实际尺寸处处皆为最大实体尺寸或者趋近于最大实体尺寸，那么，它必须具有理想形状或者接近于理想形状才合格，而实际上极难加工出这样精确的形状。又如，从零件尺寸大小和检测的方便程度来看，按包容要求用最大实体边界控制形状误差，对于中小型零件，便于使用量规检验，但是，对于大型零件，就难于使用笨重的量规检验。在这种情况下按独立原则的要求进行检测就比较容易实现。

表 4-23 对公差原则的应用场合进行了总结，供选择公差原则时参考。

表 4-23　公差原则的应用场合

公差等级	应用举例
独立原则	尺寸精度与几何精度需要分别满足要求，如齿轮箱体孔、连杆活塞销孔、滚动轴承内圈及外圈滚道
	尺寸精度与几何精度要求相差较大，如滚筒类零件、平板、通油孔、导轨、汽缸
	尺寸精度与几何精度之间没有联系，如滚子链条的套筒或滚子内、外圆柱面的轴线与尺寸精度，发动机连杆上尺寸精度与孔轴线间的位置精度
	未注尺寸公差或未注几何公差，如退刀槽、倒角、圆角
包容要求	用于单一要素，保证配合性质，如 ϕ40H7 孔与 ϕ40h7 轴配合，保证最小间隙为零
最大实体要求	用于导出要素，保证零件的可装配性，如轴承盖上用于穿过螺钉的通孔，法兰盘上用于穿过螺栓的通孔，同轴度的基准轴线
最小实体要求	保证零件强度和最小壁厚

4. 基准要素的选择

基准是确定关联要素间方向和位置的依据。在选择位置公差项目时，需要正确选用基准。选择基准时，一般应从以下几方面考虑。

(1) 根据零件各要素的功能要求，一般以主要配合表面，如轴颈、轴承孔、安装定位面，重要的支承面等作为基准，如轴类零件，常以两个轴承为支承运转，其运动轴线是安装轴承的两轴颈共有轴线，因此，从功能要求来看，应选这两处轴颈的公共轴线（组合基准）为基准。

(2) 根据装配关系应选零件上相互配合、相互接触的定位要素作为各自的基准。如盘、套类零件，一般是以其内孔轴线径向定位装配或以其端面轴向定位，因此根据需要可选其轴线或端面作为基准。

(3) 根据加工定位的需要和零件结构，应选择较宽大的平面、较长的轴线作为基准，以使定位稳定。对结构复杂的零件，一般应选三个基准面，根据对零件使用要求影响的程度，确定基准的顺序。

(4) 根据检测的方便程度，应选择在检测中装夹定位的要素为基准，并尽可能将装配基准、工艺基准与检测基准统一起来。

4.6 几何公差的检测

4.6.1 最小包容区域

几何误差是指被测提取要素对其拟合(理想)要素的变动量。几何误差值若小于或等于相应的几何公差值,则认为被测要素合格。而拟合要素的位置应符合最小条件,即拟合要素处于符合最小条件的位置时,提取单一要素对拟合要素的最大变动量为最小。

如图 4-38 所示,评定给定平面内的直线度误差时,拟合直线可能的方向为 A_1B_1、A_2B_2、A_3B_3,相应评定的直线度误差值分别为 f_1、f_2、f_3。为了使评定的形状误差有一确定的数值,规定被测提取要素与其拟合要素间的相对关系应符合最小条件,显然,拟合直线应选择符合最小条件的方向 A_1B_1,f_1 即为提取被测直线的直线度误差值,应小于或等于给定的公差值。评定形状误差时,按最小条件的要求,用最小包容区域的宽度或直径来评定形状误差值。

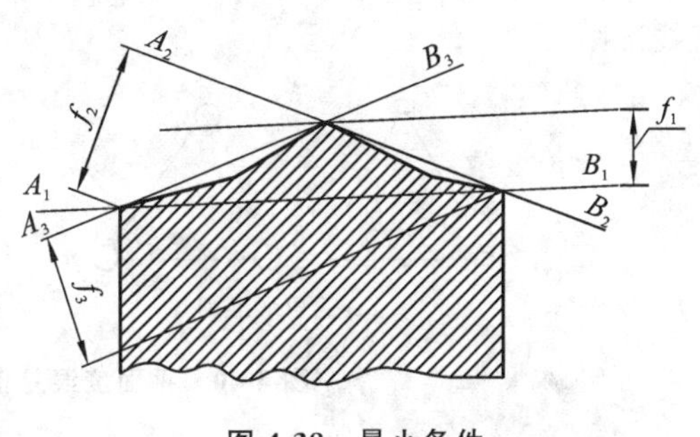

图 4-38 最小条件

所谓最小包容区域,是指包容提取被测要素时具有最小宽度或直径的包容区域。各个形状误差项目的最小包容区域的形状分别与各自的公差带形状相同,但前者的宽度或直径则由提取被测要素本身决定。此外,在满足零件功能要求的前提下,也允许采用其他评定方法来评定形状误差值。

4.6.2 几何误差的评定

1. 形状误差的评定

1) 直线度误差值的评定

直线度误差用最小包容区域法来评定。如图 4-39 所示,由两条平行直线包容提取(实际)被测直线时,提取被测直线上至少有高、低相间三点分别与这两条平行直线接触,称为相间准则,这两条平行直线之间的区域即为最小包容区域,该区域的宽度 f 即为符合定义的直线度误差值。

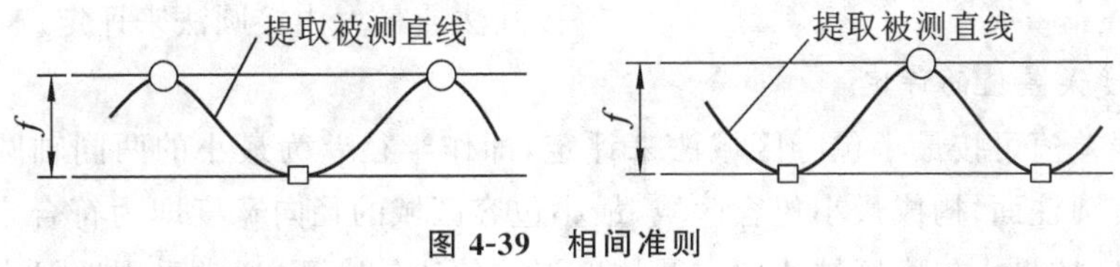

图 4-39 相间准则

直线度误差值还可以用两端点连线法来评定。

2）平面度误差值的评定

平面度误差值用最小包容区域法来评定。如图 4-40 所示，由两个平行平面包容提取（实际）被测平面时，提取被测平面上至少有四个极点或者三个极点分别与这两个平行平面接触，且具有下列形式之一。

（1）至少有三个高（低）极点与一个平面接触，有一个低（高）极点与另一个平面接触，并且这一个极点的投影落在上述三个极点连成的三角形内，称为三角形准则。

（2）至少有两个高极点和两个低极点分别与这两个平行平面接触，并且高极点连线与低极点连线在空间呈交叉状态，称为交叉准则。

（3）一个高（低）极点在另一个包容平面上的投影位于两个低（高）极点的连线上，称为直线准则。

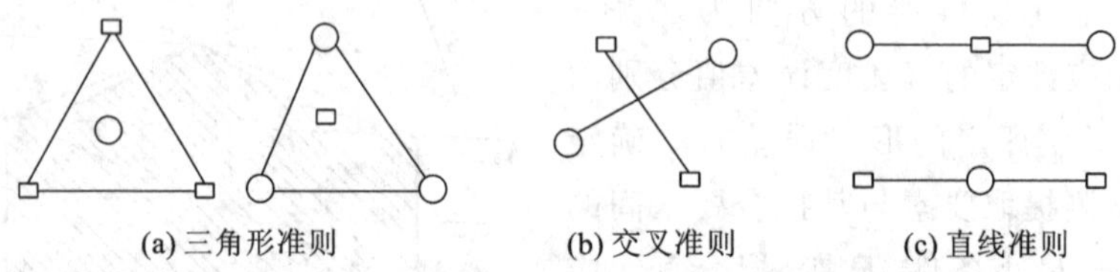

图 4-40　平面度误差值最小包容区域判别准则

那么，这两个平行平面之间的区域即为最小包容区域，该区域的宽度 f 即为符合定义的平面度误差值。

平面度误差值的评定方法还有三点法和对角线法。三点法就是以提取被测平面上任意选定的三点所形成的平面作为评定基准，并以平行于此基准平面的两包容平面之间的最小距离作为平面度误差值；对角线法是以通过提取被测平面的一条对角线的两端点的连线，且平行于另一条对角线的两端点连线的平面作为评定基准，并以平行于此基准平面的两包容平面之间的最小距离作为平面度误差值。

3）圆度误差值的评定

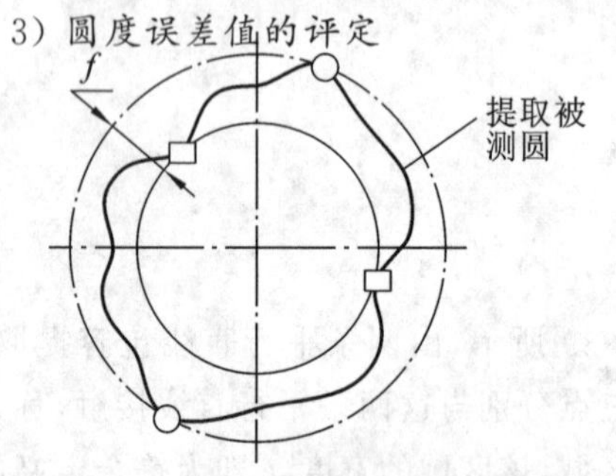

图 4-41　圆度误差值最小包容区域判别准则

圆度误差值用最小包容区域法来评定。如图 4-41 所示，由两个同心圆包容提取（实际）被测圆时，提取被测圆上至少有四个极点内、外相间地与这两个同心圆接触，则这两个同心圆之间的区域即为最小包容区域，该区域的宽度 f 即这两个同心圆的半径差就是符合定义的圆度误差值。

圆度误差值还可以用最小二乘法、最小外接圆法或最大内接圆法来评定。

4）圆柱度误差值的评定

圆柱度误差值可按最小包容区域法来评定，即作半径差为最小的两同轴圆柱面包容提取（实际）被测圆柱面，构成最小包容区域，最小包容区域的径向宽度即为符合定义的圆柱度误差值。但是，按最小包容区域法评定圆柱度误差值比较麻烦，通常采用近似法评定。

采用近似法评定圆柱度误差值，是将测得的实际（提取）轮廓投影于与测量轴线相垂直的平面上，然后按评定圆度误差的方法，用透明膜板上的同心圆去包容实际轮廓的投影，并使其构成最小包容区域，即内外同心圆与实际轮廓线投影至少有四点接触，内外同心圆的半径差即为圆柱度误差值。显然，这样的内外同心圆是假定的共轴圆柱面，而所构成的最小包容区域的轴线，又与测量基准轴线的方向一致，因而评定的圆柱度误差值略有增大。

2. 定向误差值的评定

如图 4-42 所示，评定定向误差时，拟合要素相对于基准 A 的方向应保持图样上给定的几何关系，即平行、垂直或倾斜于某一理论正确角度，按提取被测要素对拟合要素的最大变动量为最小构成最小包容区域。定向误差值用对基准保持所要求方向的定向最小包容区域的宽度 f 或直径 ϕf 来表示。定向最小包容区域的形状与定向公差带的形状相同，但前者的宽度或直径则由提取被测要素本身决定。

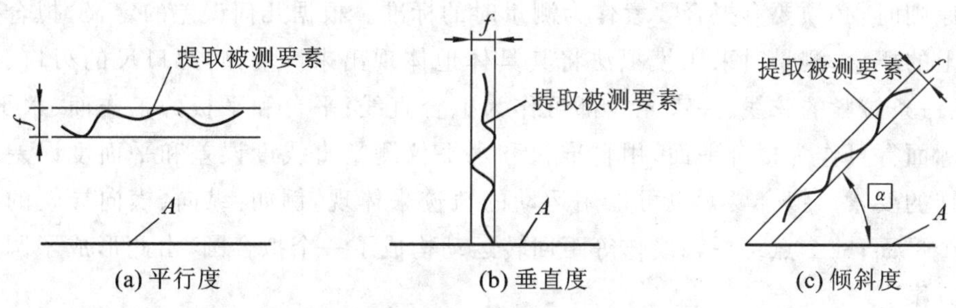

图 4-42 定向最小包容区域示例

3. 定位误差值的评定

评定定位误差时，拟合要素相对于基准的位置由理论正确尺寸来确定。以拟合要素的位置为中心来包容提取被测要素时，应使之具有最小宽度或最小直径，来确定定位最小包容区域。定位误差值的大小用定位最小包容区域的宽度 f 或直径 ϕf 来表示。定位最小包容区域的形状与定位公差带的形状相同。

如图 4-43(b)所示，评定图 4-43(a)所示零件上第一孔的轴线的位置度误差时，被测轴线可以用心轴来模拟体现，提取（实际）被测轴线用一个点表示，拟合（理想）轴线的位置由基准 A、B 和理论正确尺寸 L_x、L_y 确定，用点 O 表示，以点 O 为圆心，以 OS 为半径作圆，则该圆内的区域就是定位最小包容区域，位置度误差值 $\phi f=2\times OS$。

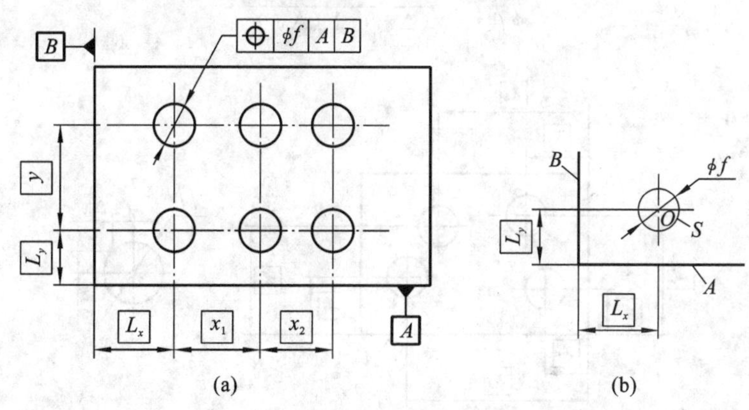

图 4-43 定位最小包容区域示例

4.6.3 几何误差的检测原则

由于被测零件的结构特点、尺寸大小和精度要求以及检测设备条件等不同，同一几何公差项目可以用不同的检测方法来检测。为了正确地测量几何误差，合理选择检测方案，GB/T 1958—2004《产品几何量技术规范(GPS) 形状和位置公差 检测规定》规定了以下五项检测原则。

1. 与拟合要素比较原则

与拟合要素比较原则是指测量时将提取被测要素与相应的拟合要素作比较，在比较过程中获得测量数据，按这些数据来评定几何误差值。该检测原则应用最为广泛。运用该检测原则时，必须要有拟合要素作为测量时的标准。根据几何误差的定义，拟合要素是几何学上的概念，测量时采用模拟法将其具体地体现出来。例如：刀口尺的刃口、平尺的轮廓线、一条拉紧的弦线、一束光线都可作为拟合直线；平台和平板的工作面、水平面、样板的轮廓面等可作为拟合平面，用自准仪和水平仪测量直线度误差和平面度误差时就是应用这样的要素。拟合要素也可以用运动的轨迹来体现，例如：纵向、横向导轨的移动构成了一个平面；一个点绕一轴线作等距回转运动构成了一个拟合圆，由此形成了圆度误差的测量方案。

模拟拟合要素是几何误差测量中的标准样件，它的误差将直接反映到测得值中，是测量总误差的重要组成部分。几何误差测量的极限测量总误差通常为给定公差值的 10%～33%，因此，模拟拟合要素必须具有足够的精度。

2. 测量坐标值原则

由于几何要素的特征总是可以在坐标系中反映出来，因此，利用坐标测量机或其他测量装置，对被测要素测出一系列坐标值，再经数据处理，就可以获得几何误差值。测量坐标值原则是几何误差中的重要检测原则，尤其在轮廓度和位置度误差测量中的应用更为广泛。例如，图 4-44 所示为一方形板零件，其孔组位置度误差的测量可利用一般坐标测量装置，由基准 A、B 分别测出各孔轴线的实际坐标尺寸，然后算出对理论正确尺寸的偏差值 Δx_i 和 Δy_i，按下式计算出位置度误差值：

$$\phi f_i = \sqrt{(\Delta x_i)^2 + (\Delta y_i)^2}$$

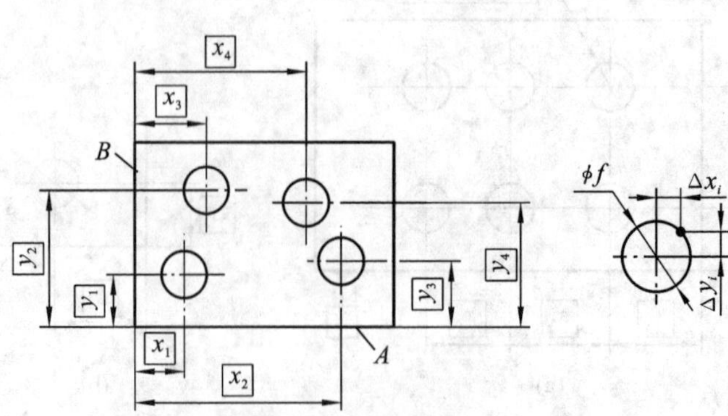

图 4-44 测量坐标值原则检测位置度误差值

3. 测量特征参数原则

特征参数是指被测要素上能直接反映几何误差变动的、具有代表性的参数。测量特征参数原则就是通过测量被测要素上具有代表性的参数来评定几何误差。例如，圆度误差一般反映在直径的变动上，因此，常以直径作为圆度的特征参数，即用千分尺在实际表面同一正截面内的几个方向上测量直径的变动量，取最大的直径差值的二分之一，作为该截面内的圆度误差值。显然，应用测量特征参数原则测得的几何误差，与按定义确定的几何误差相比，只是一个近似值，因为特征参数的变动量与几何误差值之间一般没有确定的函数关系，但测量特征参数原则在生产中易于实现，是一种应用较为普遍的检测原则。

4. 测量跳动原则

测量跳动原则是针对测量圆跳动和全跳动的方法而提出的检测原则。例如，测量径向圆跳动和轴向圆跳动，如图4-45所示，提取(实际)被测圆柱面绕基准轴线回转一周的过程中，提取被测圆柱面的形状误差和位置误差使位置固定的指示表的测头作径向移动，指示表最大与最小示值之差，即为在该测量截面内的径向圆跳动误差。提取被测端面绕基准轴线回转一周的过程中，位置固定的指示表的测头作轴向移动，指示表最大与最小示值之差即为轴向圆跳动误差。

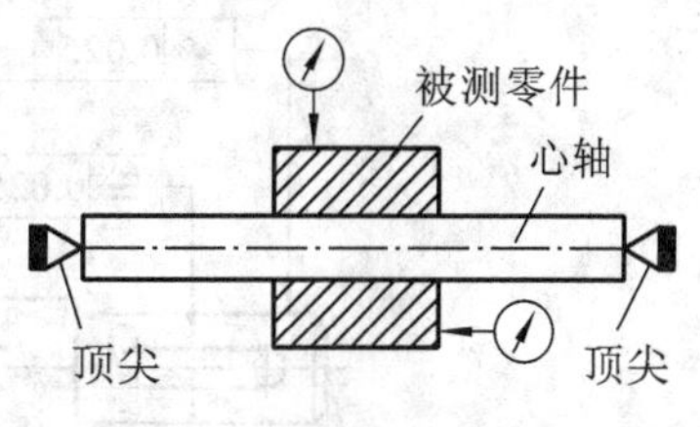

图 4-45　测量跳动误差

5. 控制实效边界原则

控制实效边界原则适用于采用最大实体要求的场合，按最大实体要求给出几何公差时，要求提取被测要素不得超越图样上给定的实效边界。判断提取被测要素是否超越实效边界的有效方法是综合量规检验法，亦即采用光滑极限量规或位置量规的工作表面来模拟并体现图样上给定的边界，以检测提取被测要素。若被测要素的实际轮廓能被量规通过，则表示合格，否则不合格。

习　题

一、简答题

1. 比较当测量同一被测要素时，下列公差项目间的区别和联系。

(1) 圆度公差与圆柱度公差。

(2) 圆度公差与径向圆跳动公差。

(3) 同轴度公差与径向圆跳动公差。

(4) 直线度公差与平面度公差。

(5) 平面度公差与平行度公差。

(6) 平面度公差与轴向全跳动公差。

2. 哪些几何公差的公差值前应该加注“ϕ”？

3. 几何公差带由哪几个要素组成？形状公差带、轮廓公差带、定向公差带、定位公差带、跳动公差带的特点各是什么？

4. 国家标准规定了哪些公差原则或要求？它们主要用在什么场合？

5. 国家标准规定了哪些几何误差检测原则？

6. 举例说明什么是可逆要求？有何实际意义？

7. 什么是最大实体实效尺寸？对于内、外表面，其最大实体实效尺寸的表达式是什么？

8. 什么是最小实体实效尺寸？对于内、外表面，其最小实体实效尺寸的表达式是什么？

二、综合题

1. 设某轴的直径为 $\phi 30^{-0.1}_{-0.5}$ mm，其轴线直线度公差为 $\phi 0.2$ mm，试画出其动态公差图。若同轴的实际尺寸处处为 29.75 mm，其轴线直线度公差可增大至多少？

2. 设某轴的尺寸为 $\phi 35^{+0.25}_{0}$ mm，其轴线直线度公差为 $\phi 0.05$ mm，求其最大实体实效尺寸 D_{MV}。

3. 试解释图 4-46 注出的各项几何公差(说明被测要素、基准要素、公差带形状、大小和方位)。

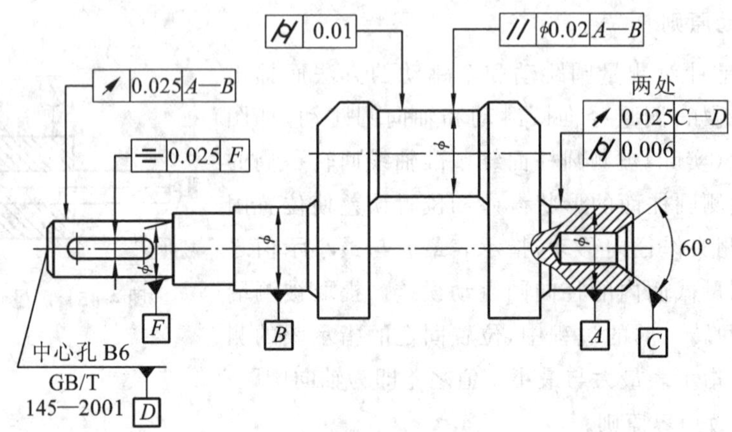

图 4-46　几何公差示例

4. 将下列各项几何公差要求标注在图 4-47 上。

(1) ϕ160f6 圆柱表面对 ϕ85K7 圆孔轴线的圆跳动公差为 0.03 mm。

(2) ϕ150f6 圆柱表面对 ϕ85K7 圆孔轴线的圆跳动公差为 0.02 mm。

(3) 厚度为 20 的安装板左端面对 ϕ150f6 圆柱面的垂直度公差为 0.03 mm。

(4) 安装板右端面对 ϕ160f6 圆柱面轴线的垂直度公差为 0.03 mm。

(5) ϕ125H6 圆孔的轴线对 ϕ85K7 圆孔轴线的同轴度公差为 ϕ0.05 mm。

(6) 5×ϕ21 孔对由与 ϕ160f6 圆柱面轴线同轴，直径尺寸 ϕ210 mm 确定并均匀分布的理想位置的位置度公差为 ϕ0.125 mm。

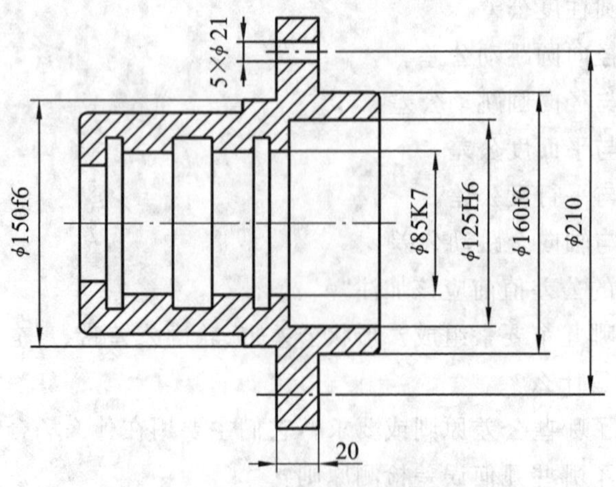

图 4-47　标注几何公差要求 1

5. 将下列几何公差要求标注在图 4-48 上：

(1) 圆锥截面圆度公差为 0.006 mm。

(2) 圆锥素线直线度公差为 7 级(L=50 mm)，并且只允许材料向外凸起。

(3) ϕ80H7 遵循包容要求，ϕ80H7 孔表面的圆柱度公差为 0.005 mm。

(4) 圆锥面对 ϕ80H7 轴线的斜向圆跳动公差为 0.02 mm。

(5) 右端面对左端面的平行度公差为 0.005 mm。

(6) 其余几何公差按 GB/T 1184 中 K 级制造。

6. 指出图 4-49 中几何公差的标注错误，并加以改正(不允许改变几何公差特征符号)。

7. 指出图 4-50 中几何公差的标注错误，并加以改正(不允许改变几何公差特征符号)。

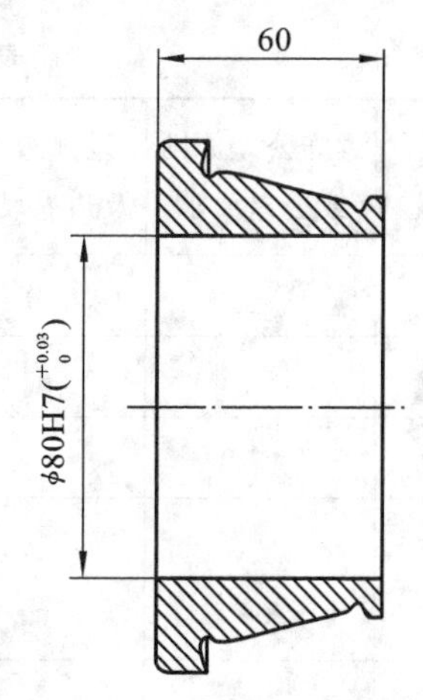

图 4-48　标注几何公差要求 2

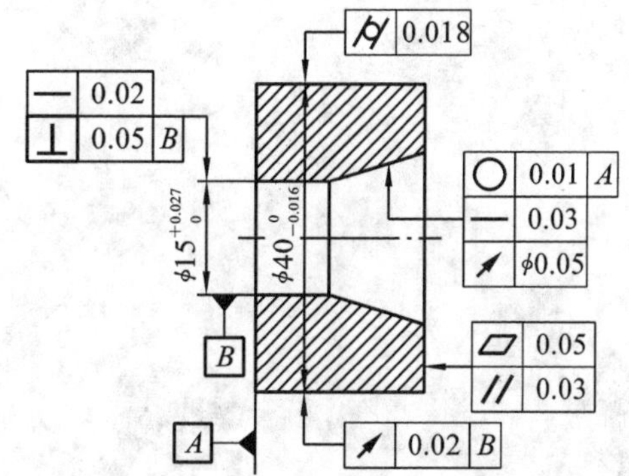

图 4-49　改正错误公差标注 1　　　图 4-50　改正错误公差标注 2

8. 按图 4-51 上标注的尺寸公差和几何公差填表 4-24，对于遵循相关要求的应画出动态公差图。

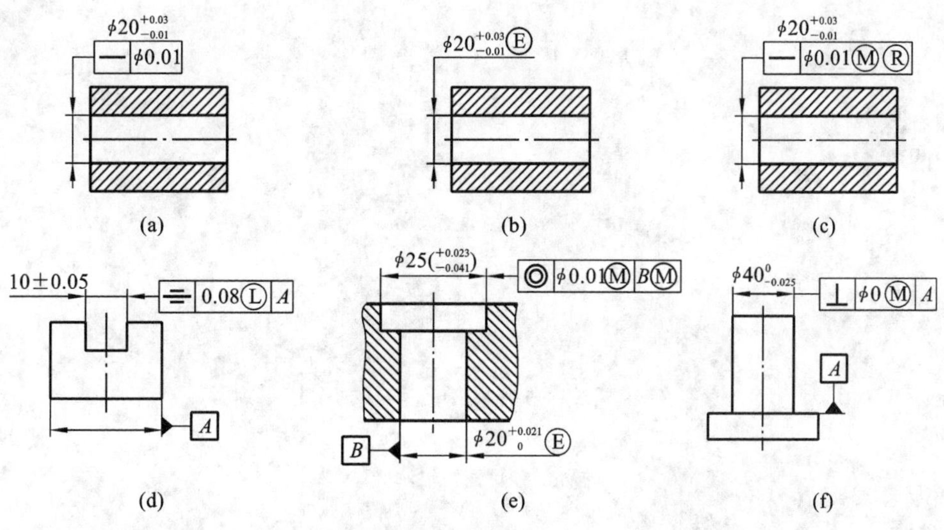

图 4-51　尺寸公差和几何公差

表 4-24　填写尺寸公差和几何公差相关参数

图样序号	遵守公差原则或公差要求	遵守边界及边界尺寸	最大实体尺寸/mm	最小实体尺寸/mm	最大实体状态时形位公差/μm	最小实体状态时形位公差/μm	$d_a(D_a)$范围/mm
a							
b							
c							
d							
e							
f							

第5章 表面粗糙度

5.1 概述

5.1.1 表面粗糙度的基本概念

表面粗糙度是指加工表面所具有的较小间距和微小峰谷的不平度。其相邻两波峰或两波谷之间的距离(波距)很小(在 1 mm 以下),用肉眼是难以区分的,因此它属于微观几何形状误差。表面粗糙度越小,则表面越光滑。表面粗糙度的大小,对机械零件的使用性能有很大的影响,主要表现在以下几个方面。

(1) 表面粗糙度影响零件的耐磨性。表面越粗糙,配合表面间的有效接触面积减小,压强增大,磨损就越快。

(2) 表面粗糙度影响配合性质的稳定性。对于间隙配合来说,表面粗糙就易磨损,使工作过程中间隙逐渐增大;对于过盈配合来说,由于装配时将微观凸峰挤平,减小了实际有效过盈,降低了联结强度。

(3) 表面粗糙度影响零件的疲劳强度。粗糙的零件表面存在较大的波谷,它们像尖角缺口和裂纹一样,对应力集中很敏感,从而影响零件的疲劳强度。

(4) 表面粗糙度影响零件的抗腐蚀性。粗糙的表面易使腐蚀性气体或液体通过表面的微观凹谷渗入到金属内层,造成表面锈蚀。

(5) 表面粗糙度影响零件的密封性。粗糙的表面之间无法严密地贴合,气体或液体通过接触面间的缝隙渗漏。

此外,表面粗糙度对零件的外观、测量精度也有一定的影响。

可见,表面粗糙度在零件几何精度设计中是必不可少的,作为零件质量评定指标是十分重要的。为了适应生产技术的发展,有利于国际的技术交流及对外贸易,我国参照国际标准(ISO),对原表面粗糙度国家标准做了修订和增订,发布了国家标准 GB/T 1031—2009《产品几何技术规范(GPS) 表面结构 轮廓法 表面粗糙度参数及其数值》、GB/T 3505—2009《产品几何技术规范(GPS) 表面结构 轮廓法 术语、定义及表面结构参数》。

5.1.2 表面粗糙度的基本术语

1. 取样长度与评定长度

1) 取样长度

取样长度(sampling length)lr 是指在 X 轴方向上量取的用于判别具有表面粗糙度特征的一段基准线长度。规定这段长度是为了限制和减弱表面波纹度对表面粗糙度测量结果的影响。取样长度应与被测表面的粗糙度相适应。表面越粗糙,取样长度应越大。

2）评定长度

评定长度(evaluation length)ln 用于判别被评定轮廓的 X 轴方向上的长度，包含有一个或几个取样长度的长度。

2. 中线

中线(mean lines)是具有几何轮廓形状并划分轮廓的基准线。用 λc 轮廓滤波器所抑制的长波轮廓成分对应的中线称为粗糙度轮廓中线(mean line for the roughness profile)；用 λf 轮廓滤波器所抑制的长波轮廓成分对应的中线称为波纹度轮廓中线(mean line for the waviness profile)；在原始轮廓上，按照标称形状用最小二乘法拟合确定的中线称为原始轮廓中线(mean line for the primary profile)。

基准线有两种：轮廓的最小二乘中线和轮廓的算术平均中线。

1）轮廓的最小二乘中线

轮廓的最小二乘中线是在取样长度范围内，实际被测轮廓线上的各点至该线的距离平方和为最小，如图 5-1 所示。

$$\int_0^l y^2\,\mathrm{d}x = \min \tag{5-1}$$

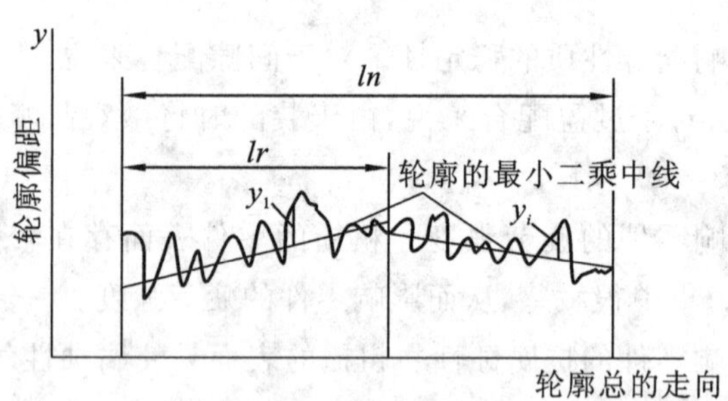

图 5-1　轮廓的最小二乘中线

2）轮廓的算术平均中线

轮廓的算术平均中线是在取样长度范围内，将实际轮廓划分为上、下两部分，且使上、下面积相等的直线，如图 5-2 所示。

$$F_1 + F_2 + \cdots + F_n = G_1 + G_2 + \cdots + G_m \tag{5-2}$$

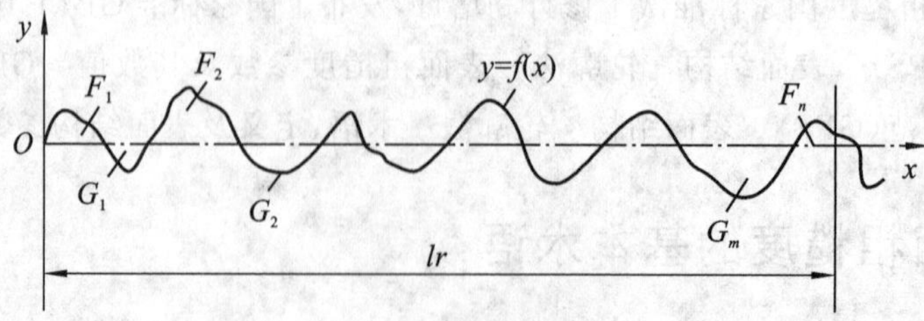

图 5-2　轮廓的算术平均中线

轮廓的算术平均中线往往不是唯一的，在一簇算术平均中线中只有一条与最小二乘中线重合。在实际评定和测量表面粗糙度时，使用图解法时可用算术平均中线代替最小二乘中线。

3. 几何参数

1) 轮廓峰

轮廓峰(profile peak)是指被评定轮廓上连接轮廓与 X 轴两相邻交点的向外(从材料到周围介质)的轮廓部分。轮廓峰高 Zp 为轮廓峰最高点距 X 轴的距离,如图 5-3 所示。

2) 轮廓谷

轮廓谷(profile valley)是指被评定轮廓上连接轮廓与 X 轴两相邻交点的向内(从周围介质到材料)的轮廓部分。轮廓谷深 Zv 为 X 轴与轮廓谷最低点之间的距离,如图 5-3 所示。

3) 轮廓单元

轮廓单元(profile element)是指轮廓峰和相邻轮廓谷的组合。如图 5-3 所示,轮廓单元的高度 Zt 是指一个轮廓单元的轮廓峰高 Zp 与轮廓谷深 Zv 之和;轮廓单元的宽度 Xs 是指 X 轴与一个轮廓单元相交线段的长度。

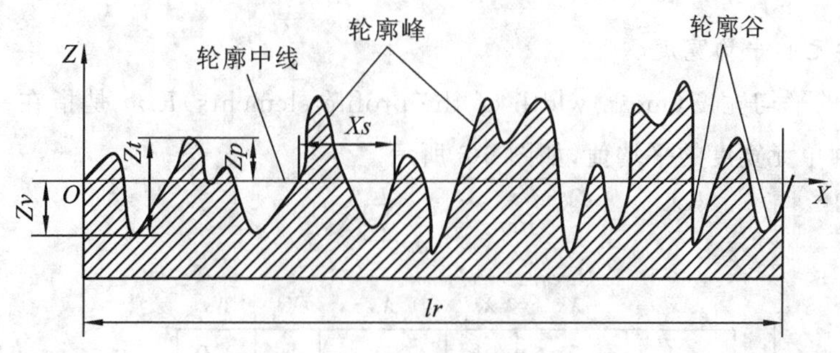

图 5-3 表面轮廓几何参数

4. 评定参数

1) 评定轮廓的算术平均偏差

评定轮廓的算术平均偏差(arithmetical mean deviation of the assessed profile)Ra 是指在一个取样长度内纵坐标值 $Z(x)$ 绝对值的算术平均值,如图 5-4 所示。

$$Ra = \frac{1}{lr}\int_0^{lr} |Z(x)| \, dx \tag{5-3}$$

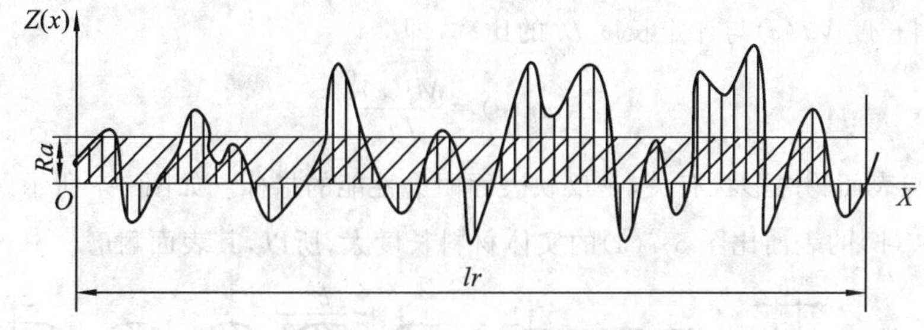

图 5-4 轮廓的算术平均偏差

2) 轮廓最大高度

轮廓最大高度(maximum height of profile)是指在一个取样长度内,最大轮廓峰高 Zp

和最大轮廓谷深 Zv 之和，记为 Rz，如图 5-5 所示。

$$Rz=Zp+Zv=\max\{Zp_i\}+\max\{Zv_i\} \tag{5-4}$$

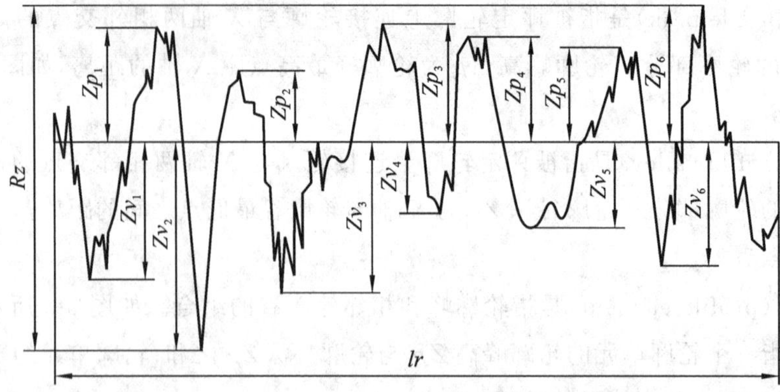

图 5-5　轮廓最大高度

3）轮廓单元的平均宽度

轮廓单元的平均宽度(mean width of the profile elements) Rsm 是指在一个取样长度内，粗糙度轮廓单元宽度的平均值，如图 5-6 所示。

$$Rsm=\frac{1}{m}\sum_{i=1}^{m}Xs_i \tag{5-5}$$

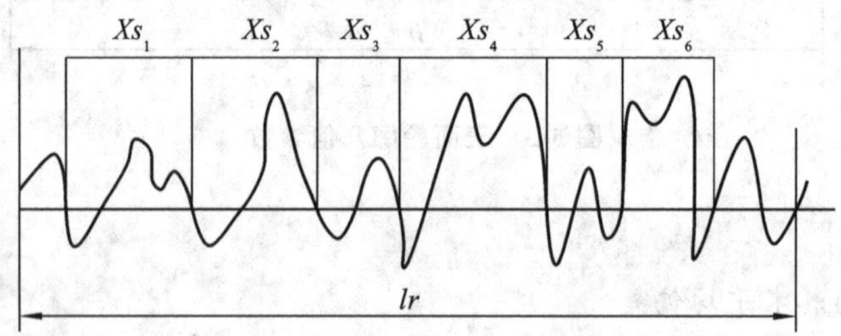

图 5-6　轮廓单元的平均宽度

4）轮廓支承长度率

轮廓支承长度率(material ratio of the profile) $Rmr(c)$ 是指在给定水平截面高度 c 上轮廓的实体材料长度 $Ml(c)$ 与评定长度 ln 的比率，即

$$Rmr(c)=\frac{Ml(c)}{ln} \tag{5-6}$$

$Rmr(c)$ 与表面轮廓形状有关，是反映表面耐磨性能的指标。如图 5-7 所示，在给定水平位置时，图 5-7(b)的表面比图 5-7(a)的实体材料长度大，所以，其表面耐磨。

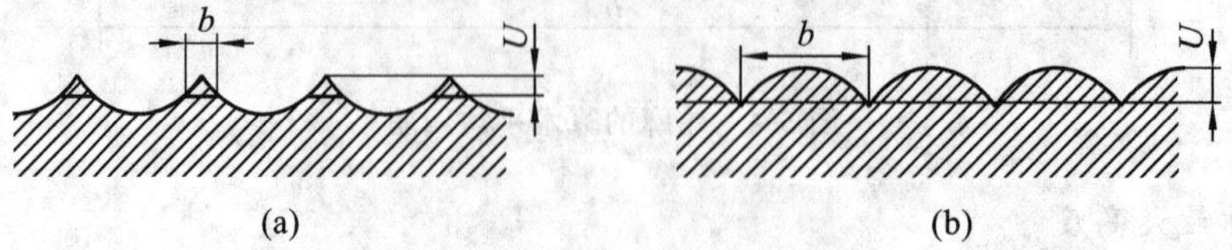

图 5-7　表面粗糙度的不同形状

5.2 表面粗糙度的选用

表面粗糙度的选用主要包括评定参数的选用和评定参数值的选用。

5.2.1 表面粗糙度参数的选用

1. 表面粗糙度高度参数的选用

表面粗糙度参数选取的原则：确定表面粗糙度时，可首先在高度特性方面的参数（*Ra*、*Rz*）中选取，只有当高度参数不能满足表面的功能要求时，才选取附加参数作为附加项目。在评定参数中，最常用的是 *Ra*，因为它最完整、最全面地表征了零件表面的轮廓特征。通常采用电动轮廓仪测量零件表面的 *Ra*，电动轮廓仪的测量范围为 0.02～8 μm。通常用光学仪器测量 *Rz*，测量范围为 0.1～60 μm，由于它只反映了峰顶和谷底的几个点，反映出的表面信息有局限性，不如 *Ra* 全面。

当表面要求耐磨性时，采用 *Ra* 较为合适。*Rz* 是反映最大高度的参数，对于疲劳强度来说，表面只要有较深的痕迹，就容易产生疲劳裂纹而导致损坏，因此，这种情况以采用 *Rz* 为好。另外，在仪表、轴承行业中，由于某些零件很小，难以取得一个规定的取样长度，用 *Ra* 有困难，采用 *Rz* 则具有实用意义。

Ra 的参数值按表 5-1 选用，*Rz* 的参数值按表 5-2 选用。

表 5-1 *Ra* 的数值 单位：μm

0.012	0.2	3.2	50
0.025	0.4	6.3	100
0.05	0.8	12.5	
0.1	1.6	25	

表 5-2 *Rz* 的数值 单位：μm

0.025	0.4	6.3	100	1600
0.05	0.8	12.5	200	
0.1	1.6	25	400	
0.2	3.2	50	800	

2. 轮廓单元的平均宽度参数的选用

由于高度参数 *Ra*、*Rz* 为主要评定参数，而轮廓单元的平均宽度参数和形状特征参数为附加评定参数，所以，零件所有表面都应选择高度参数，只有少数零件的重要表面，有特殊使用要求时，才附加选择轮廓单元的平均宽度参数等附加评定参数。

如表面粗糙度对表面的可漆性影响较大，如汽车外形薄钢板，除去控制高度参数 *Ra*（0.9～1.3 μm）外，还需进一步控制轮廓单元的平均宽度 *Rsm*（0.13～0.23 mm）；又如，为了使电动机定子硅钢片的功率损失最少，应使其 *Ra* 为 1.5～3.2 μm，*Rsm* 约为 0.17 μm；再如冲压钢板尤其是深冲时，为了使钢板和冲模之间有良好的润滑，避免冲压时引起裂纹，除了控制 *Ra* 外，还要控制轮廓单元的平均宽度参数 *Rsm*。另外，受交变载荷作用的应力界面除用 *Ra* 参数外，还要用 *Rsm*。

轮廓单元的平均宽度参数 *Rsm* 值按表 5-3 选用。

表 5-3　*Rsm* 的数值　　单位：μm

0.006	0.05	0.4	3.2
0.0125	0.1	0.8	6.3
0.025	0.2	1.6	12.5

3. 轮廓支承长度率 *Rmr*(*c*)的选用

由于 *Rmr*(*c*)能直观反映实际接触面积的大小，综合反映峰高和间距的影响，而摩擦、磨损、接触变形都与实际接触面积有关，故此时适宜选用参数 *Rmr*(*c*)。至于在多大 *Rmr*(*c*)之下确定水平截距 *c* 值，要经过研究确定。*Rmr*(*c*)是表面耐磨性能的一个度量指标，但测量的仪器也较复杂和昂贵。

Rmr(*c*)的数值可按表 5-4 选用，但是选用 *Rmr*(*c*)时必须同时给出水平截距 *c* 值，*c* 值可用 μm 或 *Rz* 的百分数表示。*Rz* 的百分数系列为：5%、10%、15%、20%、25%、30%、40%、50%、60%、70%、80%、90%。

表 5-4　*Rmr*(*c*)的数值(%)(GB/T 1031—2009)

10	25	50	80
15	30	60	90
20	40	70	

5.2.2　表面粗糙度参数值的选用

表面粗糙度评定参数值选择的一般原则：在满足功能要求的前提下，尽量选用较大的表面粗糙度参数值，以便于加工，降低生产成本，获得较好的经济效益。表面粗糙度评定参数值选用通常采用类比法。具体选用时，应注意以下几点。

(1) 同一零件上，工作表面的粗糙度应比非工作表面要求严，*Rmr*(*c*)值应大，其余评定参数值应小。

(2) 对于摩擦表面，速度愈高，单位面积压力愈大，则表面粗糙度值应愈小，尤其是对滚动摩擦表面应更小。

(3) 受交变负荷时，特别是在零件圆角、沟槽处要求应严。

(4) 要求配合性质稳定可靠时，要求应严。如小间隙配合表面、受重载作用的过盈配合表面，都应选择较小的表面粗糙度值。

(5) 确定零件配合表面的粗糙度时，应与其尺寸公差相协调。通常，尺寸公差值、几何公差值小，表面粗糙度 Ra 值或 Rz 值也要小；尺寸公差等级相同时，轴比孔的表面粗糙度数值要小。

此外，还应考虑其他一些特殊因素和要求。如凡有关标准已对表面粗糙度作出规定的标准件或常用典型零件，均应按相应的标准确定其表面粗糙度参数值。

表 5-5 所示是表面粗糙度参数值应用实例。

表 5-5　表面粗糙度参数值应用实例

Ra/μm	Rz/μm	加工方法	应用举例
≤80	≤320	粗车、粗刨、粗铣、钻、毛锉、锯断	粗糙工作面，一般很少用
≤20	≤80		粗加工表面，如轴端面、倒角、螺钉和铆钉孔表面、齿轮及皮带轮侧面、键槽底面，焊接前焊缝表面
≤10	≤40	车、刨、铣、镗、钻、粗铰	轴上不安装轴承、齿轮处的非配合表面，筋骨间的自由装配表面，轴和孔的退刀槽等
≤5	≤20	车、刨、铣、镗、磨、拉、粗刮、滚压	半精加工表面，箱体、支架、套筒等和其他零件接合而无配合要求的表面，需要发蓝的表面，机床主轴的非工作表面
≤2.5	≤10	车、刨、铣、镗、磨、拉、刮、滚压、铣齿	接近于精加工表面，衬套、轴承、定位销的压入孔表面，中等精度齿轮齿面，低速传动的轴颈、电镀前金属表面等
≤1.25	≤6.3	车、镗、磨、拉、刮、精铰、滚压、磨齿	圆柱销、圆锥销，与滚动轴承配合的表面，普通车床导轨面，内、外花键定心表面，中速转轴轴颈等
≤0.63	≤3.2	精镗、磨、刮、精铰、滚压	要求配合性质稳定的配合表面，较高精度车床的导轨面，高速工作的轴颈及衬套工作表面
≤0.32	≤1.6	精磨、珩磨、研磨、超精加工	精密机床主轴锥孔，顶尖锥孔，发动机曲轴表面，高精度齿轮齿面，凸轮轴表面等
≤0.16	≤0.8	精磨、研磨、普通抛光	活塞表面，仪器导轨表面，液压阀的工作面，精密滚动轴承的滚道
≤0.08	≤0.4	超精磨、精抛光、镜面磨削	精密机床主轴颈表面，量规工作面，测量仪器的摩擦面，滚动轴承的钢球、滚珠表面
≤0.04	≤0.2		特别精密或高速滚动轴承的滚道、钢球、滚珠表面，测量仪器中的中等精度配合表面，保证高度气密的接合表面
≤0.02	≤0.1	镜面磨削、超精研	精密仪器的测量面，仪器中的高精度配合表面，大于 100 mm 的量规工作表面等
≤0.01	≤0.05		高精度量仪、量块的工作表面，光学仪器中的金属镜面，高精度坐标镗床中的镜面尺等

5.2.3 表面粗糙度的标注

1. 表面粗糙度的符号

表面粗糙度的符号及含义如表 5-6 所示。

表 5-6 表面粗糙度的符号及含义

名 称	符 号	含 义
基本图形符号（简称基本符号）	√	未指定工艺方法获得的表面。仅用于简化代号标注，没有补充说明时不能单独使用
扩展图形符号		用去除材料方法获得的表面。如通过机械加工方法获得的表面
		用不去除材料方法获得的表面；也可用于表示保持上道工序形成的表面
完整图形符号		上述三个图形符号的长边上加一横线，用于标注表面粗糙度特征的补充信息
在工作轮廓各表面的图形符号		在完整图形符号上加一圆圈，表示在图样某个视图上构成封闭轮廓的各表面有相同的表面粗糙度要求。它标注在图样中工件的封闭轮廓线上，如果标注会引起歧义时，各表面应分别标注

有关表面粗糙度的各项参数、符号的注写位置，如图 5-8 所示。

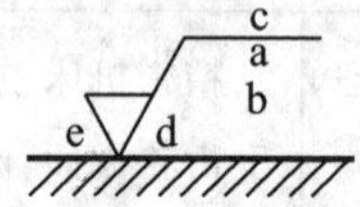

图 5-8 表面粗糙度的各项参数、符号的注写位置

图中：位置 a 第一个表面粗糙度（单一）要求（μm）；

位置 b 第二个表面粗糙度要求（μm）；

位置 c 加工方法、镀覆、涂覆、表面处理或其他说明；

位置 d 加工纹理符号（见表 5-7）；

位置 e 加工余量（mm）。

表 5-7 加工纹理符号及说明

符 号	示 意 图	符 号	示 意 图
=	纹理方向 纹理平行于标注代号的投影面	X	X 纹理方向 纹理呈两相交的方向

续表

符　号	示 意 图	符　号	示 意 图
⊥	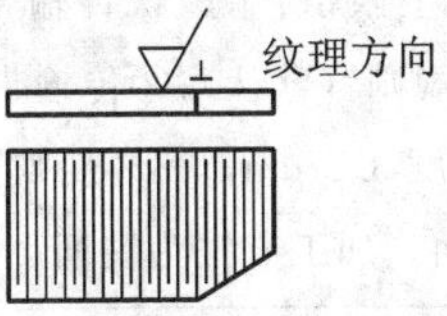 纹理方向 纹理垂直于标注代号的投影面	C	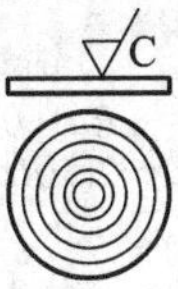 纹理近似为以表面的中心为圆心的同心圆
P	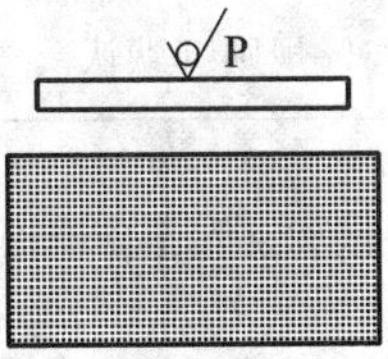 纹理无方向或呈突起的细粒状	R	 纹理近似为通过表面中心的辐线

2. 表面粗糙度的标注示例

表面粗糙度参数标注示例如表 5-8 所示。

表 5-8　表面粗糙度参数标注示例

序　号	代　号	意　义
1	Rz 0.4	表示不允许去除材料，单向上限值，默认传输带，轮廓的最大高度 0.4 μm，评定长度为 5 个取样长度（默认），“16%规则”（默认）
2	Rz max 0.2	表示去除材料，单向上限值，默认传输带，轮廓最大高度的最大值 0.2 μm，评定长度为 5 个取样长度（默认），“最大规则”
3	U Ra max 3.2 L Ra 0.8	表示不允许去除材料，双向极限值，两极限值均使用默认传输带。上限值：算术平均偏差 3.2 μm，评定长度为 5 个取样长度（默认），“最大规则”。下限值：算术平均偏差 0.8 μm，评定长度为 5 个取样长度（默认），“16%规则”（默认）
4	L Ra 1.6	表示任意加工方法，单向下限值，默认传输带，算术平均偏差 1.6 μm，评定长度为 5 个取样长度（默认），“16%规则”（默认）
5	0.008−0.8/Ra 3.2	表示去除材料，单向上限值，传输带 0.008～0.8 mm，算术平均偏差 3.2 μm，评定长度为 5 个取样长度（默认），“16%规则”（默认）
6	−0.8/Ra3 3.2	表示去除材料，单向上限值，传输带：根据 GB/T 6062，取样长度 0.8 mm，算术平均偏差 3.2 μm，评定长度包含 3 个取样长度（即 ln = 0.8 mm×3 = 2.4 mm），“16%规则”（默认）

续表

序　号	代　号	意　义
7	铣 $\sqrt{}$ Ra 0.8 ⊥ −2.5/Rz 3.2	表示去除材料，两个单向上限值：①默认传输带和评定长度，算术平均偏差 0.8 μm，"16%规则"（默认）；②传输带为 −2.5 mm，默认评定长度，轮廓的最大高度 3.2 μm，"16%规则"（默认）。表面纹理垂直于视图所在的投影面。加工方法为铣削
8	3$\sqrt{}$ 0.008−4/Ra 50 0.008−4/Ra 6.3	表示去除材料，双向极限值，上限值 Ra＝50 μm，下限值 Ra＝6.3 μm；上、下极限传输带均为 0.008～4 mm；默认的评定长度均为 ln＝4 mm×5＝20 mm；"16%规则"（默认）。加工余量为 3 mm
9	$\sqrt{}$ $\sqrt{Y}$ $\sqrt{Z}$	简化符号：符号及所加字母的含义在图样中标注说明

需要注意的是：表中"上限值"是指表面粗糙度参数的所有实测值中超过规定值的个数少于总数的 16%；"最大值"是指表面粗糙度参数的所有实测值不得超过规定值。

5.3　表面粗糙度的检测

常用表面粗糙度检测的方法有比较法、光切法、干涉法和印模法。

1. 比较法

比较法是将被测表面和表面粗糙度样板直接进行比较，两者的加工方法和材料应尽可能相同，否则将产生较大误差。可用肉眼或借助放大镜、比较显微镜比较，也可用手摸、指甲划动的感觉来判断被测表面的粗糙度。

这种方法多用于车间，评定一些表面粗糙度参数值较大的工件，评定的准确性在很大程度上取决于检验人员的经验。

2. 光切法

应用光切原理来测量表面粗糙度的方法称为光切法。常用的仪器是双管显微镜。该种仪器适宜于测量车、铣、刨或其他类似加工方法所加工的零件平面和外圆表面。将所测值按式(5-4)计算可求得 Rz 值。

3. 干涉法

干涉法是利用光波干涉原理来测量表面粗糙度的方法。被测表面直接参与光路，同一标准反射镜比较，以光波波长来度量干涉条纹弯曲程度，从而测得该表面的粗糙度。

干涉法测量表面粗糙度的仪器是干涉显微镜。目前国内生产的干涉显微镜有 6J 型、6JA 型等。干涉法通常用于测量表面粗糙度参数 Rz 值。

4. 印模法

利用石蜡、低熔点合金或其他印模材料，压印在被测零件表面，取得被测表面的复印模型，放在显微镜上间接地测量被检验表面的粗糙度。印模法适宜于对笨重零件及内表面，如孔、横梁等不便用仪器测量的面进行测量。

习 题

一、简答题

1. 表面粗糙度属于什么误差？对零件的使用性能有哪些影响？

2. 为什么要规定取样长度和评定长度？两者的区别何在？关系如何？

3. Ra 和 Rz 的区别何在？各自的常用范围如何？

4. 国家标准规定了哪些粗糙度评定参数？如何选择？

5. 选择表面粗糙度参数值，是否取得越小越好？

二、综合题

1. 有一轴，其尺寸为 $\phi40^{+0.016}_{+0.002}$ mm，圆柱度公差为 2.5 μm，试参照尺寸公差和几何公差确定该轴的表面粗糙度评定参数 Ra 的数值。

2. 将下列要求标注在图 5-9 上，各加工面均采用去除材料法获得。

(1) 直径为 $\phi50$ mm 的圆柱外表面粗糙度 Ra 的允许值为 3.2 μm。

(2) 左端面的表面粗糙度 Ra 的允许值为 1.6 μm。

(3) 直径为 $\phi50$ mm 的圆柱的右端面的表面粗糙度 Ra 的允许值为 1.6 μm。

(4) 内孔表面粗糙度 Ra 的允许值为 0.4 μm。

(5) 螺纹工作面的表面粗糙度 Rz 的最大值为 1.6 μm，最小值为 0.8 μm。

(6) 其余各加工面的表面粗糙度 Ra 的允许值为 25 μm。

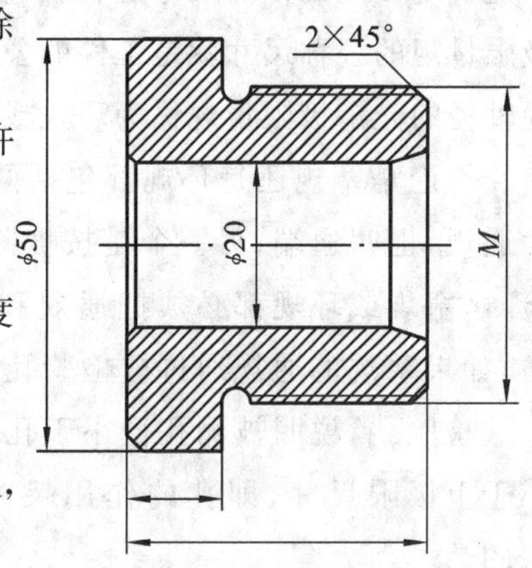

图 5-9 标注粗糙度 1

3. $\phi65$H7/d6 与 $\phi65$H7/h6 相比，哪种配合应选用较小的表面粗糙度参数值？为什么？

4. 试将下列表面粗糙度轮廓技术要求标注在图 5-10 所示的机械加工的零件图样上。

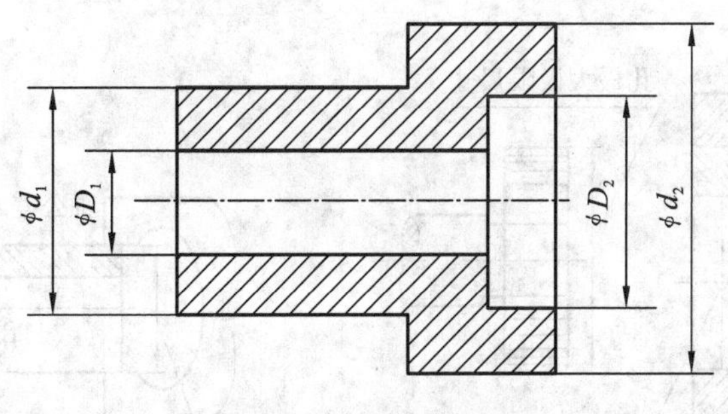

图 5-10 标注粗糙度 2

(1) ϕD_1 孔的表面粗糙度轮廓参数 Ra 的最大值为 3.2 μm。

(2) ϕD_2 孔的表面粗糙度轮廓参数 Ra 的上限值为 6.3 μm，下限值为 3.2 μm。

(3) 零件右端面采用铣削加工，表面粗糙度轮廓参数 Rz 的上限值为 12.5 μm，下限值为 6.3 μm，加工纹理呈近似放射形。

(4) ϕd_1 和 ϕd_2 圆柱面的表面粗糙度轮廓参数 Rz 的上限值为 25 μm 。

(5) 其余表面的表面粗糙度轮廓参数 Ra 上限值为 12.5 μm 。

第6章 光滑极限量规

6.1 基本概念

光滑圆柱体工件的检验可用通用测量器具，也可以用光滑极限量规。特别是大批量生产时，通常应用光滑极限量规检验工件。

光滑极限量规是一种没有刻线的专用测量器具。它不能测得工件实际尺寸的大小，而只能确定被测工件的尺寸是否在它的极限尺寸范围内，从而对工件做出合格性判断。光滑极限量规的公称尺寸就是工件的公称尺寸，通常把检验孔径的光滑极限量规叫作塞规，把检验轴径的光滑极限量规称为环规或卡规。

不论是塞规还是环规都包括两个量规：一个是按被测工件的最大实体尺寸制造的，称为通规，也叫通端；另一个是按被测工件的最小实体尺寸制造的，称为止规，也叫止端。检验时，塞规或环规都必须把通规和止规联合使用。例如使用塞规检验工件孔时（见图 6-1），如果塞规的通规通过被检验孔，说明被测孔径大于孔的下极限尺寸；塞规的止规塞不进被检验孔，说明被测孔径小于孔的上极限尺寸。于是，知道被测孔径大于下极限尺寸且小于上极限尺寸，即孔的作用尺寸和实际尺寸在规定的极限范围内，因此被测孔是合格的。

同理，用卡规的通规和止规检验工件轴径时（见图 6-2），通规通过轴，止规通不过轴，说明被测轴径的作用尺寸和实际尺寸在规定的极限范围内，因此被测轴径是合格的。由此可知，不论是塞规还是卡规，如果通规通不过被测工件，或者止规通过了被测工件，即可确定被测工件是不合格的。

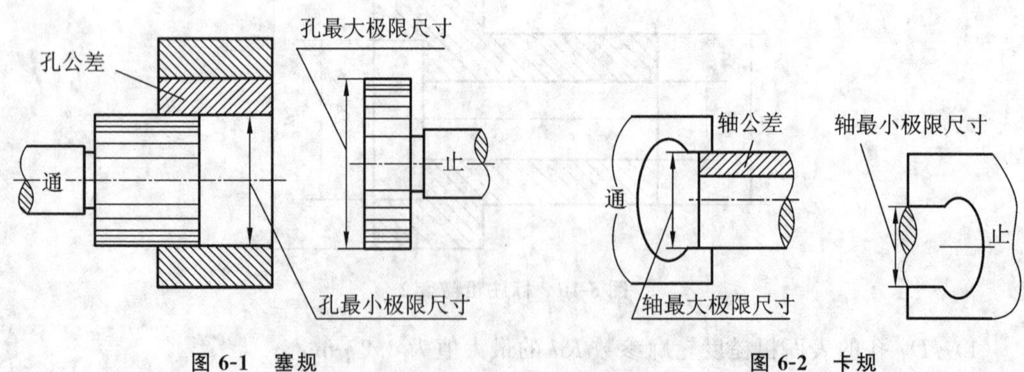

图 6-1　塞规　　　图 6-2　卡规

量规根据用途不同，分为工作量规、验收量规和校对量规三类。

1. 工作量规

工作量规是指工人在加工时用来检验工件的量规。一般用的通规是新制的或磨损较少的量规。工作量规的通规用代号“T”来表示，止规用代号“Z”来表示。

2. 验收量规

验收量规是指检验部门或用户代表验收工件时用的量规。一般来说，检验人员用的通规为磨损较大但未超过磨损极限的旧工作量规；用户代表用的是接近磨损极限尺寸的通规，这样由生产工人自检合格的产品，检验部门验收时也一定合格。

3. 校对量规

校对量规是指用以检验轴用工作量规的量规。它检查轴用工作量规在制造时是否符合制造公差，在使用中是否已达到磨损极限。校对量规可分为三种。

(1)“校通-通”量规(代号为TT)检验轴用量规通规的校对量规。

(2)“校止-通”量规(代号为ZT)检验轴用量规止规的校对量规。

(3)“校通-损”量规(代号为TS)检验轴用量规通规磨损极限的校对量规。

6.2 泰勒原则

加工完的工件，其实际尺寸虽经检验合格，但由于形状误差的存在，也可能有不能装配、装配困难或即使偶然能装配也达不到配合要求的情况。故用量规检验时，为了正确地评定被测工件是否合格，是否能装配，对于遵守包容原则的孔和轴，应按极限尺寸判断原则(即泰勒原则)验收。

泰勒原则是指工件的作用尺寸不超过最大实体尺寸(即孔的作用尺寸应大于或等于其下极限尺寸，轴的作用尺寸应小于或等于其上极限尺寸)，工件任何位置的实际尺寸应不超过其最小实体尺寸(即孔任何位置的实际尺寸应小于或等于其上极限尺寸，轴任何位置的实际尺寸应大于或等于其下极限尺寸)。

作用尺寸由最大实体尺寸限制，就把形状误差限制在尺寸公差之内；另外，工件的实际尺寸由最小实体尺寸限制，才能保证工件合格并具有互换性，并能自由装配。亦即符合泰勒原则验收的工件是能保证使用要求的。

符合泰勒原则的光滑极限量规应达到如下要求：

通规用来控制工件的作用尺寸，它的测量面应具有与孔或轴相对应的完整表面，称为全形量规，其尺寸等于工件的最大实体尺寸，且其长度应等于被测工件的配合长度；

止规用来控制工件的实际尺寸，它的测量面应为两点状的，称为不全形量规，两点间的尺寸应等于工件的最小实体尺寸。

若光滑极限量规的设计不符合泰勒原则，则对工件的检验可能造成错误判断。以图6-3为例，分析量规形状对检验结果的影响：被测工件孔为椭圆形，实际轮廓从 x 方向和 y 方向都已超出公差带，已属废品。但若用两点状通规检验，可能从 y 方向通过，若不做多次不同方向检验，则可能发现不了孔已从 x 方向超出公差带。同理，若用全形止规检验，则根本通不过孔，发现不了孔已从 y 方向超出公差带。这样，由于量规形状不正确，实际应用中的量规，由于制造和使用方面的原因，常常偏离泰勒原则。例如，为了用已标准化的量规，允许通规的长度小于工件的配合长度；对大尺寸的孔、轴用全形通规检验，既笨重又不便于使用，允许用不全形通规；对曲轴轴径由于无法使用全形的环规通过，允许用卡规代替。

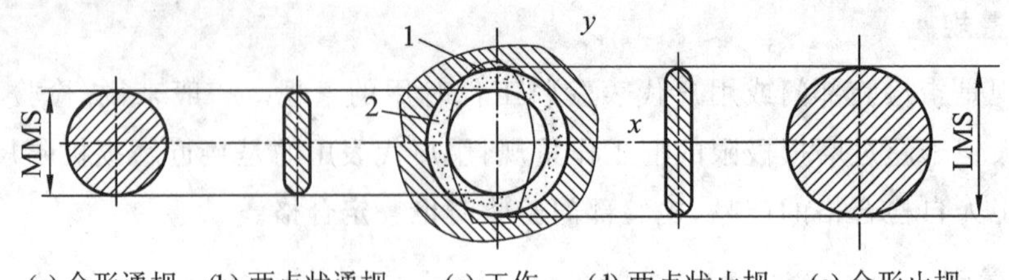

图 6-3　塞规形状对检验结果的影响

1—实际孔；2—孔公差带

对止规也不一定全是两点式接触，由于点接触容易磨损，一般常以小平面、圆柱面或球面代替点；检验小孔的止规，常用便于制造的全形塞规；同样，对刚性差的薄壁件，由于考虑受力变形，常用全形的止规。

光滑极限量规的国家标准规定，使用偏离泰勒原则的量规时，应保证被检验的孔、轴的形状误差（尤其是轴线的直线度、圆度）不影响配合性质。

6.3　量规公差带

作为量具的光滑极限量规，本身亦相当于一个精密工件，制造时和普通工件一样，不可避免地会产生加工误差，同样需要规定制造公差。量规制造公差的大小不仅影响量规的制造难易程度，还会影响被测工件加工的难易程度以及对被测工件的误判。为了确保产品品质量，国家标准 GB/T 1957—2006 规定量规的尺寸公差不得超出被测工件的公差带。

通规由于经常通过被测工件会有较大的磨损，为了延长使用寿命，除规定了制造公差外还规定了磨损公差。磨损公差的大小，决定了量规的使用寿命。止规不经常通过被测工件，故磨损较少，所以不规定磨损公差，只规定制造公差。图 6-4 所示为 GB/T 1957—2006 规定的量规公差带，图中 Z 表示通规尺寸公差带中心到被测孔、轴最大实体尺寸之间的距离。量规的通规、止规公差带均内缩到被测工件的尺寸公差带之内，其工作量规的通规公差带中心位置由 Z 决定，而其磨损极限与被测工件的最大实体尺寸重合。工作量规的止规公差带从工件的最小实体尺寸起，向被测工件的尺寸公差带之内分布，其工作量规的通规公差带中心位置由 Z 决定，而其磨损极限与被测工件的最大实体尺寸重合。工作量规的止规公差带从工件的最小实体尺寸起，向被检工件公差带内分布。采用内缩方式可以大大减少误收现象的发生。图中 T 表示工作量规的制造公差；T_p 表示校对量规的制造公差。

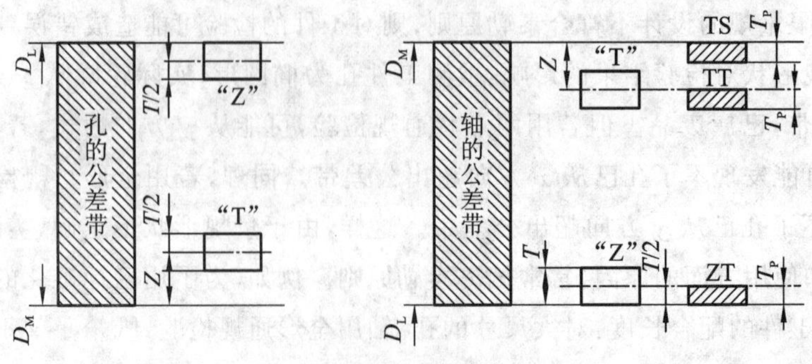

图 6-4　量规公差带

工作量规"通规"的制造公差带对称于 Z 值且在工件的公差带之内，其磨损极限与工件的最大实体尺寸重合。工作量规"止规"的制造公差带从工件的最小实体尺寸起，向工件的公差带内分布。校对量规公差带的分布如下：

"校通-通"量规(TT) 它的作用是防止通规尺寸过小(制造时过小或自然时效时过小)。检验时应通过被校对的轴用通规。其公差带从通规的下极限偏差开始，向轴用通规的公差带内分布。

"校止-通"量规(ZT) 它的作用是防止止规尺寸过小(制造时过小或自然时效时过小)。检验时应通过被校对的轴用止规。其公差带从止规的下极限偏差开始，向轴用止规的公差带内分布。

"校通-损"量规(TS) 它的作用是防止通规超出磨损极限尺寸。检验时，若通过了，则说明所校对的量规已超过磨损极限，应予报废。其公差带是从通规的磨损极限开始，向轴用通规的公差带内分布。

测量极限误差一般允许为被测孔、轴的尺寸公差的1/10～1/3。对于标准公差等级相同而公称尺寸不同的孔、轴，这个比值基本相同。随着孔、轴的标准公差等级的降低，这个比值也会随之减小。量规尺寸公差带的大小和位置就是按照这个原则规定的。

GB/T 1957—2006 对公称尺寸至 500 mm、标准公差等级 IT6～IT16 的孔和轴规定了通规和止规工作部分定形尺寸的公差及通规尺寸公差带中心到工件最大实体尺寸之间的距离。它们的数值如表 6-1 所示。

表 6-1 量规尺寸公差 T 和通规尺寸公差带中心到工件最大实体尺寸之间的距离 Z 值

单位：μm

工件的公称尺寸/mm	IT6			IT7			IT8			IT9			IT10			IT11			IT12		
	IT6	T	Z	IT7	T	Z	IT8	T	Z	IT9	T	Z	IT10	T	Z	IT11	T	Z	IT12	T	Z
10～18	11	1.6	2	18	2	2.8	27	2.8	4	43	3.4	6	70	4	8	110	6	11	180	7	15
18～30	13	2	2.4	21	2.4	3.4	33	3.4	5	52	4	7	84	5	9	130	7	13	210	8	18
30～50	16	2.4	2.8	25	3	4	39	4	6	62	5	8	100	6	11	160	8	16	250	10	22
50～80	19	2.8	3.4	30	3.6	4.6	46	4.6	7	74	6	9	120	7	13	190	9	19	300	12	26
80～120	22	3.2	3.8	35	4.2	5.4	54	5.4	8	87	7	10	140	8	15	220	10	22	350	14	30

国家标准还规定，量规的工作部分的形状误差应该控制在尺寸公差范围内。其几何公差为尺寸公差的50%。考虑到制造和测量困难，当量规尺寸公差小于或等于 0.002 mm 时，其几何公差应该取 0.001 mm。

根据被测孔、轴的标准公差等级的高低和量规测量面尺寸的大小，量规测量面的表面粗糙度轮廓幅度参数 Ra 的上限值为 0.05～0.8 μm(见表 6-2)。

表 6-2　量规测量面的表面粗糙度轮廓幅度参数 Ra 值

光滑极限量规	量规测量面的尺寸/ mm		
	≤120	120～315	315～500
	Ra 值/μm		
IT6 级孔用工作量规	≤0.05	≤0.10	≤0.20
IT7～IT9 级孔用工作量规	≤0.10	≤0.20	≤0.40
IT10～IT12 级孔用工作量规	≤0.20	≤0.40	≤0.80
IT13～IT16 级孔用工作量规	≤0.40	≤0.80	≤0.80
IT6～IT9 级轴用工作量规	≤0.10	≤0.20	≤0.40
IT10～IT12 级轴用工作量规	≤0.20	≤0.40	≤0.80
IT13～IT16 级轴用工作量规	≤0.40	≤0.80	≤0.80
IT6～IT9 级轴用工作环规的校对塞规	≤0.05	≤0.10	≤0.20
IT10～IT12 级轴用工作环规的校对塞规	≤0.10	≤0.20	≤0.40
IT13～IT16 级轴用工作环规的校对塞规	≤0.20	≤0.40	≤0.40

6.4　光滑极限量规设计

光滑极限量规工作部分极限尺寸的设计步骤如下：

(1) 按零件图上的被测工件的公差代号查出工件的极限偏差，计算出最大、最小实体尺寸，即可得知通规、止规及校对量规的工作部分的尺寸；

(2) 从表 6-1 中查出量规尺寸的公差 T 和通规尺寸公差带中心到被测工件的最大实体尺寸之间的距离 Z 值，按 T 确定量规的形状公差和校对量规的制造公差；

(3) 按照图 6-4 所示的形式绘制量规尺寸公差带示意图，确定量规的上、下极限偏差，并计算量规工作部分的极限尺寸。

例 6-1　设计 ϕ18 H8/f7 孔与轴用的量规。

解　(1) 根据 GB/T 1800.1—2009 查出孔与轴的上、下极限偏差。

$$ES=+0.027\ \text{mm},\quad EI=0\ \text{mm}$$

$$es=-0.016\ \text{mm},\quad ei=-0.034\ \text{mm}$$

(2) 查表 6-1，量规尺寸公差 T 和 Z 值，并确定量规的形状公差和校对量规的制造公差。

塞规：制造公差 $T_1=0.0028$ mm；位置要素 $Z_1=0.004$ mm；形状公差为 $T_1/2=0.0014$ mm。

卡规：制造公差 $T_2=0.002$ mm；位置要素 $Z_2=0.0028$ mm；形状公差为 $T_2/2=0.001$ mm。

校对量规制造公差：$T_p=T_2/2=0.001$ mm。

(3) 计算量规的极限偏差及工作部分的极限尺寸。

① ϕ18H8 孔用塞规。

通规(T)：

$$上极限偏差=EI+Z_1+T_1/2=+0.0054\ mm$$

$$下极限偏差=EI+Z_1-T_1/2=+0.0026\ mm$$

$$磨损极限=EI=0$$

故通规工作部分的极限尺寸为 $\phi 18^{+0.0054}_{+0.0026}$ mm。

止规(Z)：

$$上极限偏差=ES=+0.027\ mm$$

$$下极限偏差=ES-T_1=+0.0242\ mm$$

故止规工作部分的极限尺寸为 $\phi 18^{+0.0027}_{+0.00242}$ mm。

② ϕ18f7 轴用卡规。

通规(T)：

$$上极限偏差=es-Z_2+T_2/2=-0.0178\ mm$$

$$下极限偏差=es-Z_2-T_2/2=-0.0198\ mm$$

$$磨损极限=es=-0.016\ mm$$

故通规工作部分的极限尺寸为 $\phi 18^{-0.0178}_{-0.0198}$ mm。

止规(Z)：

$$上极限偏差=ei+T_2=-0.032\ mm$$

$$下极限偏差=ei=-0.034\ mm$$

故止规工作部分的极限尺寸为 $\phi 18^{-0.032}_{-0.034}$ mm。

③ 轴用卡规的校对量规。

“校通-通”量规(TT)：

$$上极限偏差=es-Z_2-T_2/2+T_p=-0.0188\ mm$$

$$下极限偏差=es-Z_2-T_2/2=-0.0198\ mm$$

故“校通-通”量规工作部分的极限尺寸为 $\phi 18^{-0.0188}_{-0.0198}$ mm。

“校通-损”量规(TS)：

$$上极限偏差=es=-0.016\ mm$$

$$下极限偏差=es-T_p=-0.017\ mm$$

故“校通-损”量规工作部分的极限尺寸为 $\phi 18^{-0.016}_{-0.017}$ mm。

“校止-通”量规(ZT)：

$$上极限偏差=ei+T_p=-0.033\ mm$$

$$下极限偏差=ei=-0.034\ mm$$

故“校止-通”量规工作部分的极限尺寸为 $\phi 18^{-0.032}_{-0.034}$ mm。

(4) 绘制 ϕ18H8/f7 孔与轴量规公差带示意图，如图 6-5 所示。

量规宜采用合金工具钢、碳素工具钢、渗碳钢及其他耐磨材料制造，测量面硬度不应小于 HRC 60。其测量面的表面粗糙度 Ra 及量规的型式详见 GB/T 1957—2006。

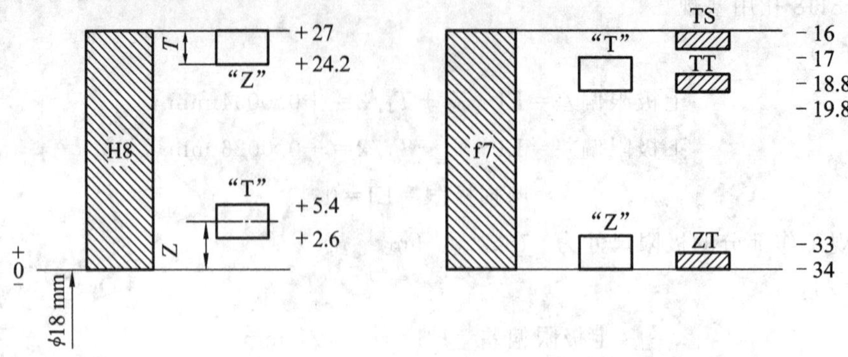

图 6-5　量规公差带示意图

习　　题

一、简答题

1. 光滑极限量规有何特点？如何用它检验工件是否合格？

2. 量规分几类？各有何用途？孔用工作量规为何没有校对量规？

二、综合题

1. 确定 ϕ18H7/p7 孔、轴用工作量规及校对量规的尺寸并画出量规的公差带图。

2. 有一配合 ϕ45H8/f7，试用泰勒原则分别写出孔、轴尺寸的合格条件。

第7章 滚动轴承的公差与配合

7.1 滚动轴承的精度等级及其应用

7.1.1 滚动轴承的结构与特点

滚动轴承是机器中一种重要的标准化部件，它主要依靠元件间的滚动接触来支承轴类零件。滚动轴承按其所能承受的负荷方向一般可分为向心轴承和推力轴承。滚动轴承具有摩擦阻力小、润滑简便、易于更换、效率高等优点，因而在各种机械中得到广泛的应用。滚动轴承的基本结构由外圈、内圈、滚动体和保持架组成，如图 7-1 所示。

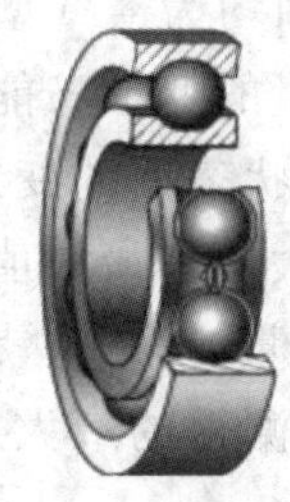

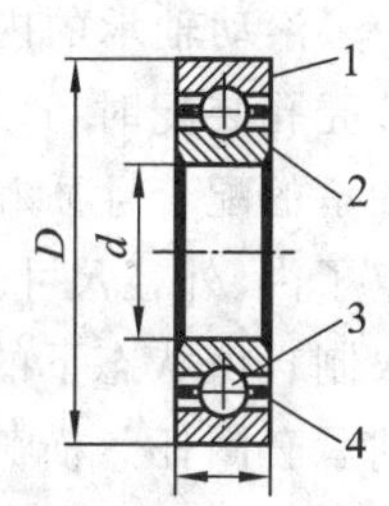

图 7-1 滚动轴承的结构

1—外圈；2—内圈；3—滚动体；4—保持架

滚动轴承的外径 D、内径 d 是配合尺寸，分别与外壳孔和轴颈相配合。滚动轴承与外壳孔及轴颈的配合属于光滑圆柱体配合，其互换性为完全互换性。但它的结构和性能要求其公差配合与一般光滑圆柱配合要求不同，滚动轴承工作时，要求转动平稳、旋转精度高、噪声小，为了保证滚动轴承的工作性能与使用寿命，除了轴承本身的精度等级之外，还要正确选择轴颈和外壳孔与轴承的配合、传动轴和外壳孔的尺寸精度、几何精度及表面粗糙度等。

7.1.2 滚动轴承的精度等级及其选用

1. 滚动轴承的精度等级

滚动轴承的精度是按其外形尺寸公差和旋转精度分级的。外形尺寸公差是指成套轴承的内径、外径和宽度的尺寸公差；旋转精度包括轴承内、外圈的径向跳动，轴承内、外圈端面对滚道的跳动，内圈基准端面对内孔的跳动，外径表面母线对基准端面的倾斜度变动量等。

GB/T 307.3—2005 规定：向心轴承（圆锥滚子轴承除外）精度共分为五个等级，用 0、6、5、4、2 表示，精度依次升高；圆锥滚子轴承精度分为 0、6X、5、4、2 共五个等级；推力轴承精度分为 0、6、5、4 共四个等级。

2. 滚动轴承精度等级的选用

0 级轴承通常称为普通级轴承，在机械中应用最广。它主要用于对旋转精度和运动平稳性要求不高、中等负荷、中等转速的一般旋转机构。例如：减速器的旋转机构；汽车、拖拉机的变速箱；普通机床的变速箱和进给箱；普通电机、水泵、压缩机和汽轮机中的旋转机构。

6 级轴承用于转速较高、旋转精度和运动平稳性要求较高的旋转机构。例如，普通机床的主轴后轴承、精密机床变速箱的轴承等。

5 级、4 级轴承多用于高速、高旋转精度要求的旋转机构。例如精密机床的主轴轴承、精密仪器仪表的主要轴承等。

2 级轴承用于转速很高、旋转精度要求也特别高的旋转机构。例如高精度齿轮磨床、精密坐标镗床的主轴轴承、高精度仪器仪表的主要轴承等。

7.2 滚动轴承配合件的公差及选用

7.2.1 滚动轴承的内、外径公差带

滚动轴承的内、外圈均为薄壁型零件，比较容易变形，但在轴承内圈与轴、轴承外圈与外壳孔装配时，这种微量的变形又能得到一定的矫正。因此，国家标准为了分别控制滚动轴承的配合性质和自由状态下的变形量，对其内、外径尺寸公差做了两种规定：一种是规定了内、外径尺寸的最大值和最小值所允许的偏差（即单一内、外径偏差），其主要目的是限制自由状态下的变形量；另一种是规定了单一平面平均内、外径偏差（Δd_{mp}、ΔD_{mp}），即轴承套圈任意横截面内测得的最大直径与最小直径的平均值与公称直径之差，目的是保证轴承的配合。

表 7-1 和表 7-2 分别列出了部分向心轴承 Δd_{mp} 和 ΔD_{mp} 的极限值。

表 7-1 向心轴承 Δd_{mp} 的极限值（摘自 GB/T 307.1—2005） 单位：μm

精度等级		0		6		5		4		2	
公称尺寸/mm		Δd_{mp} 的极限偏差									
大于	到	上极限偏差	下极限偏差	上极限偏差	下极限偏差	上极限偏差	下极限偏差	上极限偏差	下极限偏差	上极限偏差	下极限偏差
18	30	0	−10	0	−8	0	−6	0	−5	0	−2.5
30	50	0	−12	0	−10	0	−8	0	−6	0	−2.5
50	80	0	−15	0	−12	0	−9	0	−7	0	−4
80	120	0	−20	0	−15	0	−10	0	−8	0	−5
120	150	0	−25	0	−18	0	−13	0	−10	0	−7
150	180	0	−25	0	−18	0	−13	0	−10	0	−7

表 7-2 向心轴承 ΔD_{mp} 的极限值（摘自 GB/T 307.1—2005） 单位：μm

精度等级		0		6		5		4		2	
公称尺寸/mm		ΔD_{mp} 的极限偏差									
大于	到	上极限偏差	下极限偏差	上极限偏差	下极限偏差	上极限偏差	下极限偏差	上极限偏差	下极限偏差	上极限偏差	下极限偏差
18	30	0	−9	0	−8	0	−6	0	−6	0	−4
30	50	0	−11	0	−9	0	−7	0	−7	0	−4

续表

精度等级		0		6		5		4		2	
公称尺寸/mm		ΔD_{mp}的极限偏差									
大于	到	上极限偏差	下极限偏差	上极限偏差	下极限偏差	上极限偏差	下极限偏差	上极限偏差	下极限偏差	上极限偏差	下极限偏差
50	80	0	−13	0	−11	0	−9	0	−9	0	−4
80	120	0	−15	0	−13	0	−10	0	−10	0	−5
120	150	0	−18	0	−15	0	−11	0	−11	0	−5
150	180	0	−25	0	−18	0	−13	0	−13	0	−7

滚动轴承是标准件，因此其内圈与轴颈的配合应采用基孔制，外圈和轴承座孔的配合应采用基轴制。

轴承装配后起作用的尺寸是单一平面内的平均内径 d_{mp} 和平均外径 D_{mp}。因此，内、外径公差带位置是指平均内、外径的公差带位置。国家标准规定：轴承外圈单一平面平均外径 D_{mp} 的公差带上极限偏差为零，这与一般基轴制规定的公差带位置相同；单一平面平均内径 d_{mp} 的公差带上极限偏差也为零，这和一般基孔制规定的公差带位置正好相反，如图 7-2 所示。这样的规定明显增加了轴承内、外圈与轴、外壳孔配合时的小过盈配合的种类，符合轴承配合的特殊需要。因为在多数情况下轴承内圈随轴一起转动，二者之间配合必须有一定过盈，但过盈量又不宜过大，以保证拆卸方便，防止内圈应力过大。

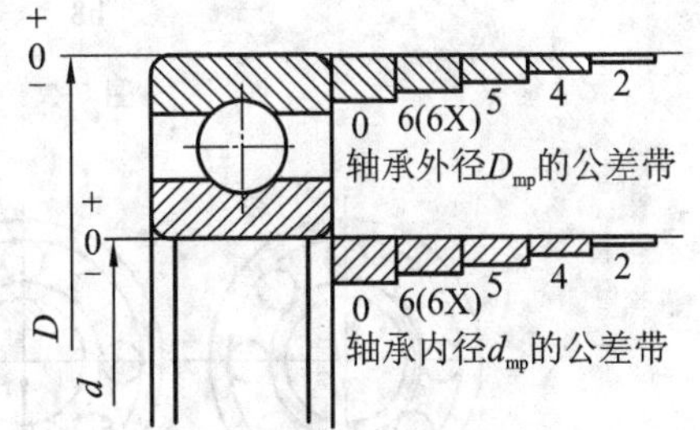

图 7-2　轴承内、外径公差带

7.2.2 轴和外壳孔与滚动轴承配合的选用

1. 轴和外壳孔的公差带

国家标准 GB/T 275—2015 对与 0 级和 6 级轴承配合的轴颈规定了 17 种公差带，对外壳孔规定了 16 种公差带，如图 7-3 所示。

2. 滚动轴承与轴和外壳孔配合的选用

合理地选择轴承与轴颈及外壳孔的配合，可以保证机器运转的质量，延长轴承的使用寿命，提高产品制造的经济性。配合的选择就是确定与轴承轴颈和外壳孔的公差带，选择时应考虑的主要因素如下。

1）轴承所受负荷的性质

(1) 局部负荷。

轴承套圈相对于负荷的方向固定，径向负荷始终作用在套圈滚道的局部区域上，如图 7-4(a) 中固定的外圈和图 7-4(b) 中固定的内圈均受到一个方向一定的径向负荷 $\boldsymbol{F}_r$ 的作用。

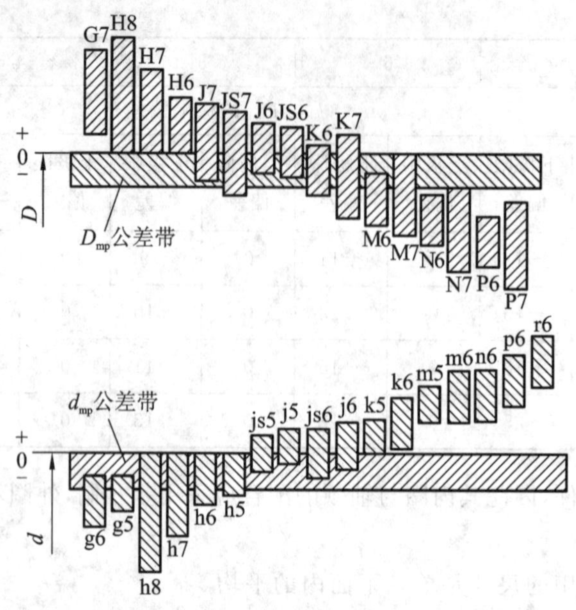

图 7-3　轴承与轴和外壳孔的配合

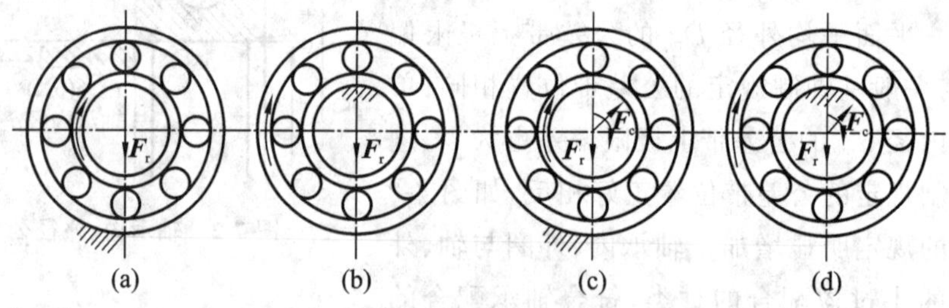

图 7-4　轴承套圈承受负荷的类型

(2) 循环负荷。

轴承套圈相对于负荷方向旋转，径向负荷相对于套圈旋转，并依次作用在套圈的整个圆周滚道上。如图 7-4(a)中的内圈和图 7-4(b)中的外圈均受到一个作用位置依次改变的径向负荷 $\boldsymbol{F}_r$的作用。

(3) 摆动负荷。

轴承套圈相对于负荷方向摆动，大小和方向按一定规律变化的径向负荷作用在套圈的部分滚道上。如图 7-4(c)中的外圈和图 7-4(d)中的内圈均受到定向负荷 $\boldsymbol{F}_r$和较小的旋转负荷 $\boldsymbol{F}_c$同时作用，二者的合成负荷为摆动负荷。

轴承套圈相对于负荷方向不同，配合的松紧程度也应不同。

对于承受局部负荷的轴承，由于负荷方向始终不变地作用在滚道的某局部区域，其配合应选择稍松些，让套圈在振动或冲击下被滚道间的摩擦力矩带动，产生缓慢转位，使磨损均匀，提高轴承的使用寿命。一般选用较松的过渡配合或具有极小间隙的间隙配合。

对于承受旋转负荷的轴承，由于负荷顺次地作用在滚道套圈的整个圆周上，为避免径向跳动引起振动和噪声，其配合应选紧一些，以防止套圈在轴颈或外壳孔的配合表面打滑，引起配合表面发热、磨损。一般选用过盈配合或较紧的过渡配合。

受摆动负荷的轴承套圈其配合的松紧程度一般与受循环负荷的轴承套圈相同或稍松些。

2）负荷的大小

负荷的大小可用径向负荷 $\boldsymbol{F}_r$ 与额定动负荷 $\boldsymbol{C}_r$ 的比值来区分，规定：$F_r \leqslant 0.07C_r$ 时，为轻负荷；$0.07C_r < F_r \leqslant 0.15C_r$ 时，为正常负荷；$F_r > 0.15C_r$ 时，为重负荷。额定动负荷 $\boldsymbol{C}_r$ 可从轴承手册中查到。

选择滚动轴承与轴和外壳孔的配合与负荷大小有关。负荷越大，过盈量应选得越大，因为在重负荷作用下，轴承套圈容易变形，使配合面受力不均匀，引起配合松动。因此，承受冲击负荷的轴承与轴颈和外壳孔的配合应比承受平稳负荷的选用较紧的配合。

3）工作温度

轴承运转时会发热，由于散热条件不同等原因，轴承内圈的温度往往高于其相配零件的温度，这样，内圈与轴的配合可能变松，外圈与孔的配合可能变紧，所以在选择配合时，必须考虑轴承工作温度的影响。

4）轴承的旋转精度和旋转速度

旋转精度要求高的轴承容易受到弹性变形和振动的影响，故不宜采用间隙配合，但也不宜过紧。对于旋转速度高的场合，应选用较紧的配合。

5）其他因素

剖分式外壳结构比整体式外壳结构的制造和安装误差大，可能会卡住轴承，宜采用较松的配合。如果既要求装拆方便，又需紧配合时，可采用分离型轴承，或采用内圈带锥孔、带紧定套或退卸套的轴承。

影响滚动轴承配合选用的因素较多，通常难以完全用计算的方法来确定，所以在实际生产中常用类比法。与滚动轴承内、外圈配合的轴颈和外壳孔的公差带选择可以参考表 7-3 和表 7-4。

表 7-3　向心轴承和轴的配合　轴公差带代号（摘自 GB/T 275—2015）

运转状态		负荷状态	深沟球轴承、调心球轴承和角接触球轴承	圆锥滚子轴承和圆柱滚子轴承	调心滚子轴承	公差带
说明	举例		轴承公称内径/mm			
旋转的内圈负荷及摆动负荷	一般通用机械、电动机、机床主轴、泵、内燃机、正齿轮传动装置、铁路机车车辆轴箱、破碎机等	轻负荷	≤18	—	—	h5
			18～100	≤40	≤40	j6[①]
			100～200	40～140	40～100	k6[①]
			—	140～200	100～200	m6[①]
		正常负荷	≤18	—	—	j5、js5
			18～100	≤40	≤40	k5[②]
			100～140	40～100	40～65	m5[②]
			140～200	100～140	65～100	m6
			200～280	140～200	100～140	n6
			—	200～400	140～280	p6
			—	—	280～500	r6
		重负荷		50～140	50～100	n6
				140～200	100～140	p6[③]
				>200	140～200	r6
				—	>200	r7

续表

运转状态		负荷状态	深沟球轴承、调心球轴承和角接触球轴承	圆锥滚子轴承和圆柱滚子轴承	调心滚子轴承	公差带
说明	举例		轴承公称内径/mm			
固定的内圈负荷	静止轴上的各种轮子、张紧轮、绳轮、振动筛、惯性振动器	所有负荷	所有尺寸			f6 g6① h6 j6
仅有轴向负荷			所有尺寸			j6、js6
圆锥孔轴承						
所有负荷	铁路机车车辆轴箱		装在退卸套上的所有尺寸			h8(IT6)④⑤
所有负荷	一般机械传动		装在紧定套上的所有尺寸			h9(IT7)④⑤

注：① 凡对精度有较高要求的场合，应用 j5，k5，…代替 j6，k6，…；

② 圆锥滚子轴承、角接触球轴承配合对游隙影响不大，可用 k6、m6 代替 k5、m5；

③ 重负荷下轴承游隙应选大于 0 组；

④ 凡有较高精度或转速要求的场合，应选用 h7(IT5)代替 h8(IT6)等；

⑤ IT6、IT7 表示圆柱度公差数值。

表 7-4　向心轴承和外壳的配合　孔公差带代号(摘自 GB/T 275—2015)

运动状态		负荷状态	其他状况	公差带①	
说明	举例			球轴承	滚子轴承
固定的外圈负荷	一般机械、铁路机车车辆轴箱、电动机、泵、曲轴主轴承	轻、正常、重	轴向易移动，可采用剖分式外壳	H7、G7②	
		冲击	轴向能移动，可采用整体式或剖分式外壳	J7、JS7	
摆动负荷		轻、正常			
		正常、重	轴向不移动，采用整体式外壳	K7	
		冲击		M7	
旋转的外圈负荷	张紧滑轮、轮毂轴承	轻		J7	K7
		正常		K7、M7	M7、N7
		重		—	N7、P7

注：① 并列公差带随尺寸的增大从左至右选择，对旋转精度有较高要求时，可相应提高一个公差等级；

② 不适用于剖分式外壳。

3. 配合表面的几何公差及表面粗糙度

轴颈或外壳孔的几何误差会使轴承安装后套圈变形或产生歪斜，因此为保证轴承正常运转，除了正确地选择轴承与轴颈及外壳孔的尺寸公差之外，还应对其配合面的几何公差和表面粗糙度提出相应要求。国家标准 GB/T 275—2015 规定了与各种轴承配合的轴颈和外壳孔表面的圆柱度公差、轴肩及外壳孔端面的轴向圆跳动公差、各表面的粗糙度要求等，如表 7-5、表 7-6 所示。

表 7-5 轴和外壳孔的几何公差 单位：μm

公称尺寸/mm		圆柱度 t				轴向圆跳动 t_1			
		轴颈		外壳孔		轴肩		外壳孔肩	
		轴承公差等级							
		0	6(6X)	0	6(6X)	0	6(6X)	0	6(6X)
大于	到	公差值							
	6	2.5	1.5	4	2.5	5	3	8	5
6	10	2.5	1.5	4	2.5	6	4	10	6
10	18	3	2	5	3	8	5	12	8
18	30	4	2.5	6	4	10	6	15	10
30	50	4	2.5	7	4	12	8	20	12
50	80	5	3	8	5	15	10	25	15
80	120	6	4	10	6	15	10	25	15
120	180	8	5	12	8	20	12	30	20
180	250	10	7	14	10	20	12	30	20
250	315	12	8	16	12	25	15	40	25
315	400	13	9	18	13	25	15	40	25
400	500	15	10	20	15	25	15	40	25

表 7-6 配合面的表面粗糙度 单位：μm

轴或轴承座直径/mm		轴或外壳孔配合表面直径公差等级								
		IT7			IT6			IT5		
		表面粗糙度								
大于	到	Rz	Ra		Rz	Ra		Rz	Ra	
			磨	车		磨	车		磨	车
	80	10	1.6	3.2	6.3	0.8	1.6	4	0.4	0.8
80	500	16	1.6	3.2	10	1.6	3.2	6.3	0.8	1.6
端面		25	3.2	6.3	25	3.2	6.3	10	1.6	3.2

7.2.3 滚动轴承配合的标注

在零件图和装配图上标注滚动轴承与轴和外壳孔的配合时，只需要标注轴和外壳孔的公差带代号。下面我们举例说明滚动轴承配合的互换性参数选择及其标注。

例 7-1 有一圆柱齿轮减速器，小齿轮轴要求较高的旋转精度，装有 0 级单列深沟球轴承，轴承尺寸为 40 mm×80 mm×18 mm，基本额定动负荷 C_r＝29 500 N，轴承承受的径向负荷 F_r＝3200 N。试确定轴颈和外壳孔的公差带代号，画出公差带图，并确定孔、轴的几何公差值和表面粗糙度，再将它们分别标注在零件图和装配图上。

解 (1) 按照已知条件可以计算

$$F_r/C_r=3200/29\,500\approx 0.108$$

即 $F_r=0.108C_r$，属于正常负荷。

(2) 根据减速器的工作状况可知，轴承内圈承受循环负荷，外圈承受局部负荷，那么内圈与轴的配合应较紧，外圈与外壳孔的配合应较松。参考表 7-3、表 7-4，考虑轴的旋转精度要求较高，应选用更紧的配合，选用轴颈公差带为 k5，外壳孔公差带为 J7。

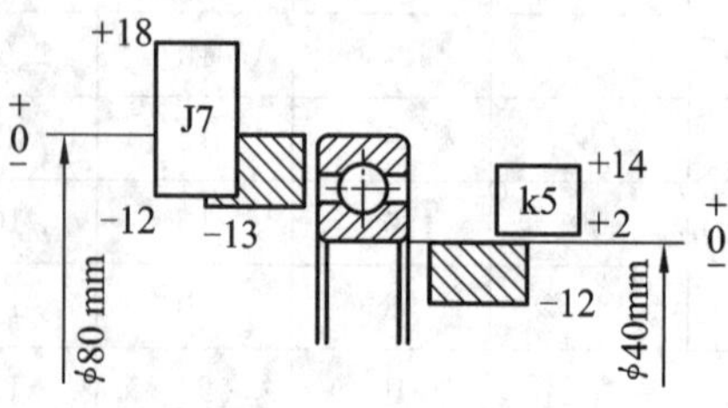

图 7-5 轴承与轴、孔配合的公差带图

(3) 由表 7-1、表 7-2 查得 0 级轴承内、外圈单一平面平均直径的上、下极限偏差，再由标准公差数值表和轴、孔基本偏差数值表查出 ϕ40k5 和 ϕ80J7 的上、下极限偏差，画出公差带图，如图 7-5 所示。

(4) 从图 7-5 公差带关系可知：内圈与轴颈配合 $Y_{max}=-0.026$ mm，$Y_{min}=-0.002$ mm；外圈与外壳孔配合 $X_{max}=+0.031$ mm，$Y_{max}=-0.012$ mm。

(5) 按表 7-5 选取几何公差值。圆柱度公差：轴颈为 0.004 mm，外壳孔为 0.008 mm。轴向圆跳动公差：轴肩为 0.012 mm，外壳孔肩为 0.025 mm。

(6) 按表 7-6 选取表面粗糙度数值，轴颈表面 $Ra\leqslant 0.4$ μm，轴肩端面 $Ra\leqslant 1.6$ μm；外壳孔表面 $Ra\leqslant 1.6$ μm，孔肩端面 $Ra\leqslant 6.3$ μm。

(7) 将选择的各项公差标注在图上，如图 7-6 所示。

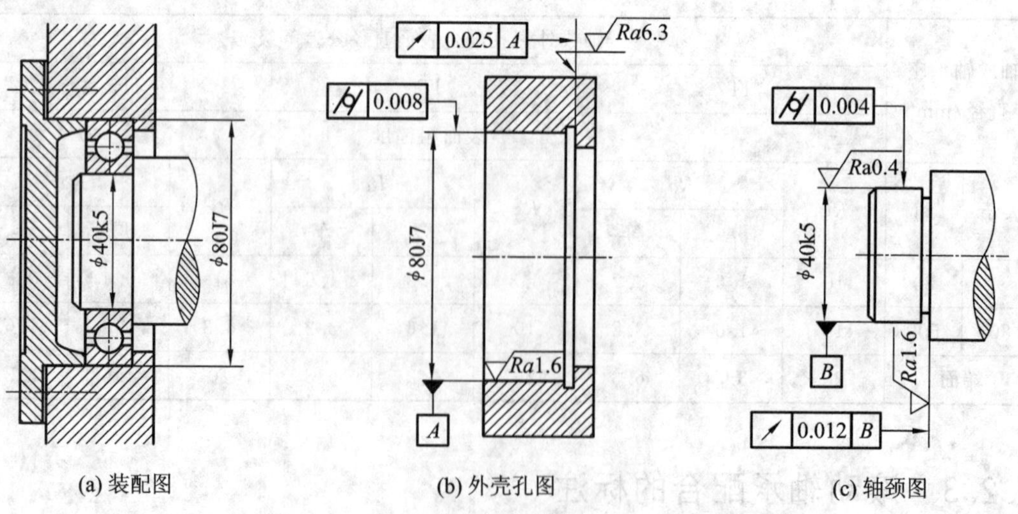

图 7-6 轴颈与外壳孔公差在图样上的标注示例

习　题

一、简答题

1.滚动轴承的互换性有何特点？其公差与一般圆柱体的公差规定有何不同？

2.滚动轴承的精度有几级？其代号是什么？用得最多的是哪些级？

3.滚动轴承内、外圈公差带有什么特点？与滚动轴承内圈相接合的轴颈应有什么几何公差要求？

4.滚动轴承受负荷的类型与选择配合有什么关系？

二、综合题

1.某一旋转机构中，选用重系列的 6 级单列向心球轴承 310(外径：ϕ110 mm。内径：ϕ50 mm)，额定动负荷 C_r＝48 400 N，若径向负荷为 5 kN，轴旋转，试确定：

(1) 与轴承配合的轴和外壳孔的公差带；

(2) 画出它们的公差与配合示意图；

(3) 计算极限间隙(或过盈)及平均间隙(或过盈)。

2.如图 7-7 所示，车床主轴某处所用的滚动轴承精度等级为 6 级，轻系列，其尺寸为：内圈孔径 d＝65 mm，外圈外径 D＝120 mm，宽度 B＝23 mm，圆角半径 r＝2.5 mm。已知该轴承的径向负荷为正常负荷，试将配合尺寸标注在装配图上，将与轴承相配合的轴颈和箱体孔的尺寸极限偏差、形状及位置公差、表面粗糙度等要求标注在零件图上(零件图自画)。

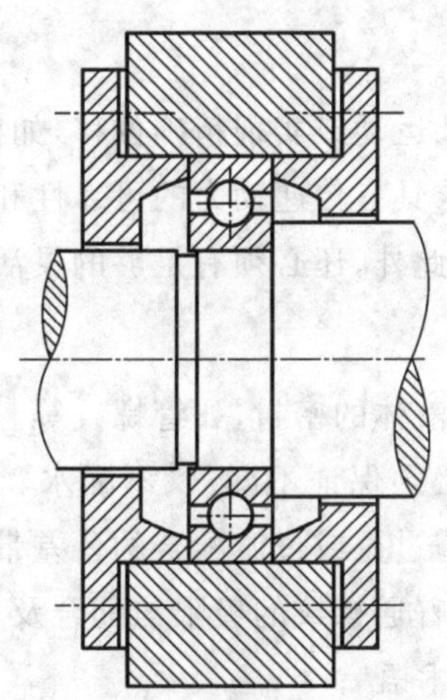

图 7-7　车床主轴所用滚动轴承

第8章 螺纹的公差与配合

8.1 概述

8.1.1 螺纹的种类和使用要求

无论在机械制造还是日常生活中，螺纹的应用都非常广泛。不同用途的螺纹对其几何精度的要求也不一样。螺纹的种类很多，若按牙型分，有三角形螺纹、梯形螺纹、锯齿形螺纹三种，若按其用途可分为以下三类。

1. 紧固螺纹

紧固螺纹主要用于连接和紧固各种机械零件，如螺钉与机体的连接、螺栓和螺母连接并紧固两个连接件等，其牙型为三角形，如普通螺纹，这是使用最广泛的一种螺纹连接形式。对紧固螺纹，要求螺纹牙侧面接触均匀、紧密，以保证一定的连接强度（不过早损坏）和接合强度（不自动松脱），同时要求具有良好的旋合性。

2. 传动螺纹

传动螺纹主要用于传递动力、运动或实现精确位移，如机床传动丝杠和量仪测微螺杆上的螺纹。对传动螺纹，主要是要求具有传递动力的可靠性和足够的位移精度，即保证传动比的准确性、稳定性及较小的空程；此外，还必须有足够的灵活性（传动轻便、效率高）。

3. 密封螺纹

密封螺纹主要用于对气体和液体的密封，如管螺纹等。对密封螺纹，要求保证具有足够的连接强度和紧密性，如管螺纹必须保证不漏气、不漏水。显然，这类螺纹接合必须有一定的过盈，因此它们的公差带位置与过盈或过渡配合的公差带位置相当。

本章主要介绍应用最广泛的普通螺纹的极限与配合及其应用。相关的国家标准如下：

GB/T 14791—2013《螺纹　术语》；

GB/T 192—2003《普通螺纹　基本牙型》；

GB/T 193—2003《普通螺纹　直径与螺距系列》；

GB/T 196—2003《普通螺纹　基本尺寸》；

GB/T 197—2003《普通螺纹　公差》；

GB/T 2516—2003《普通螺纹　极限偏差》；

GB/T 15756—2008《普通螺纹　极限尺寸》。

8.1.2 普通螺纹的基本牙型和主要几何参数

基本牙型是在螺纹轴平面内，由理论尺寸、角度和削平高度所形成的内、外螺纹共有的理论牙型。它是确定螺纹设计牙型的基础。由延长基本牙型的牙侧获得的三个连续交点所形成的三角形为原始三角形,其高度即底边到与此底边相对的原始三角形顶点间的径向距离为 H。普通螺纹的原始三角形是等边三角形,如图 8-1 所示。

1. 大径(D 或 d)

大径是指与内螺纹牙底或外螺纹牙顶相重合的假想圆柱体直径。

国标规定,大径的公称尺寸为螺纹的公称直径。D 和 d 分别表示内、外螺纹的大径,相互接合的内、外螺纹的大径的公称尺寸(内、外螺纹的公称直径)相等,即 $D=d$。

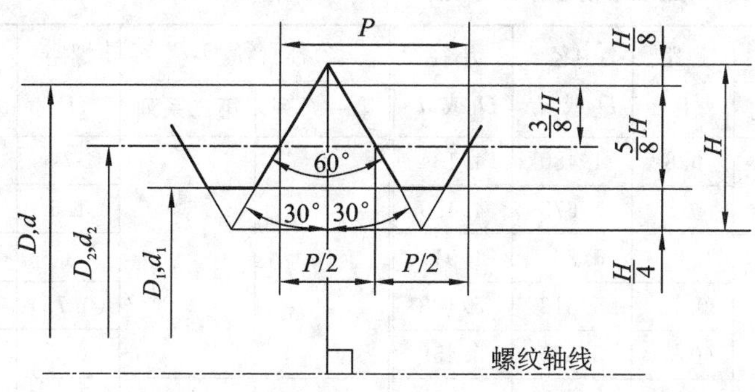

图 8-1　普通螺纹的基本牙型

2. 小径(D_1 或 d_1)

小径是指与内螺纹牙顶或外螺纹牙底相重合的假想圆柱体直径。D_1 和 d_1 分别表示内、外螺纹的小径,相互接合的内、外螺纹小径的公称尺寸相等,即 $D_1=d_1$。

为方便起见,将与牙顶相重合的螺纹直径统称为顶径,即外螺纹大径和内螺纹小径;将与牙底相重合的螺纹直径统称为底径,即外螺纹小径和内螺纹大径。

3. 中径(D_2 或 d_2)

中径是一假想的圆柱体直径,该圆柱的母线通过螺纹上牙厚与牙槽宽相等的地方。D_2 和 d_2 分别表示内、外螺纹的中径。相互接合的内、外螺纹中径的公称尺寸相等,即 $D_2=d_2$。

中径的大小决定了螺纹牙侧相对于轴线的径向位置。因此,中径是螺纹极限与配合中的主要参数之一。

4. 单一中径(D_{2s}、d_{2s})

单一中径是一假想圆柱体直径,该圆柱的母线通过实际螺纹上牙槽宽度等于基本螺距一半的地方,如图 8-2 所示。如果螺纹的螺距没有误差,其单一中径等于中径;如果螺纹的螺距有误差,其单一中径则不等于中径。通常把单一中径近似看作中径。

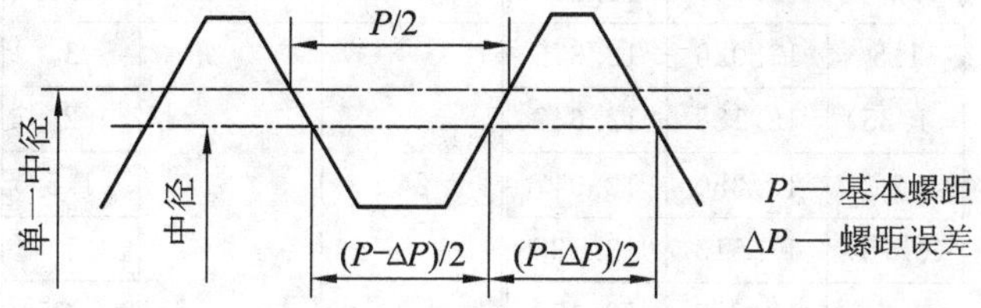

图 8-2　中径与单一中径

5. 螺距(P)和导程(Ph)

螺距是相邻两牙体上的对应牙侧与中径线相交两点间的轴向距离。

导程是指最邻近的两同名牙侧(即处在同一螺旋面上的牙侧)与中径线相交两点间的轴向距离。对单线螺纹,导程等于螺距;对多线螺纹,导程等于螺距与螺纹线数的乘积,$Ph=nP$。

螺距应按国家标准规定的系列选用,如表 8-1 所示。普通螺纹的螺距分粗牙和细牙两类。

表 8-1 普通螺纹的基本尺寸(摘自 GB/T 196—2003,GB/T 193—2003) mm

公称直径 D,d		螺距	中径	小径	公称直径 D,d		螺距	中径	小径
第一系列	第二系列	P	D_2 或 d_2	D_1 或 d_1	第一系列	第二系列	P	D_2 或 d_2	D_1 或 d_1
5		**0.8**	4.480	4.134	16		**2**	14.701	13.835
		0.5	4.675	4.459			1.5	15.026	14.374
6		**1**	5.350	4.917			1	15.350	14.917
		0.75	5.513	5.188			(0.75)	15.513	15.188
		(0.5)	5.675	5.459			0.5	15.675	15.459
	7	**1**	6.350	5.917		18	**2.5**	16.376	15.294
		0.75	6.513	6.188			2	16.701	15.835
8		**1.25**	7.188	6.647			1.5	17.026	16.376
		1	7.350	6.917			1	17.350	16.917
		0.75	7.513	7.188			(0.75)	17.513	17.188
		(0.5)	7.675	7.459			(0.5)	17.675	17.459
10		**1.5**	9.026	8.376	20		**2.5**	18.376	17.294
		1.25	9.188	8.647			2	18.701	17.835
		1	9.350	8.917			1.5	19.026	18.376
		0.75	9.513	9.188			1	19.350	18.917
		(0.5)	9.675	9.459			(0.75)	19.513	19.188
12		**1.75**	10.863	10.106			(0.5)	19.675	19.459
		1.5	11.026	10.376		22	**2.5**	20.376	19.294
		1.25	11.188	10.647			2	20.701	19.835
		1	11.350	10.917			1.5	21.026	20.376
		0.75	11.513	11.188			1	21.350	20.917
		(0.5)	11.875	11.459			(0.75)	21.513	21.188
	14	**2**	12.701	11.835			(0.5)	21.675	21.459
		1.5	13.026	12.376	24		**3**	22.051	20.752
		(1.25)	13.188	12.647			2	22.701	21.835
		1	13.350	12.917			1.5	23.026	22.376
		(0.75)	13.513	13.138			1	23.350	22.917
		(0.5)	13.675	13.459			(0.75)	23.513	23.188

注:1. 优先选用第一系列直径,其次选择第二系列直径。

2. 用黑体字表示的螺距为粗牙。

6. 牙型角(α)和牙侧角(β)

牙型角是指在螺纹牙型上相邻两牙侧间的夹角。普通螺纹理论牙型角 $\alpha=60^\circ$。

牙侧角是指在螺纹牙型上,一个牙侧与垂直于螺纹轴线的平面间的夹角。可以用 β_1 表示左牙侧角,β_2 表示右牙侧角。普通螺纹的公称牙侧角 $\beta_1=\beta_2=30^\circ$。

7. 螺纹旋合长度(l_E)

螺纹旋合长度是指两个配合螺纹的有效螺纹相互接触的轴向长度。

8. 作用中径

在规定的旋合长度内,恰好包容(没有过盈或间隙)实际螺纹牙侧的一个假想理想螺纹的中径。该理想螺纹具有基本牙型,并且包容时与实际螺纹在牙顶和牙底处不发生干涉。

9. 螺纹升角(φ)

螺纹升角是指在中径圆柱上,螺旋线的切线与垂直于螺纹轴线的平面的夹角。

10. 最大实体牙型

最大实体牙型是指由设计牙型和各直径的基本偏差及公差所决定的最大实体状态下的螺纹牙型。

11. 最小实体牙型

最小实体牙型是指由设计牙型和各直径的基本偏差及公差所决定的最小实体状态下的螺纹牙型。

8.2 普通螺纹几何参数对互换性的影响

螺纹连接的互换性要求是指装配过程中的可旋合性以及使用过程中连接的可靠性。

影响螺纹互换性的参数有五个,即螺纹的大径、中径、小径、螺距和牙侧角。由于螺纹的大径和小径处均留有间隙,一般不会影响其配合性质,而内、外螺纹连接是依靠它们旋合以后牙侧面接触的均匀性来实现的,因此,影响螺纹互换性的主要参数是螺距、牙侧角和中径。

在讨论螺距、牙侧角误差对互换性的影响之前,先来了解一下中径当量的概念。

中径当量是由螺距偏差和(或)牙侧角偏差所引起的作用中径的变化量,通常利用螺纹指示规的差示检测法进行测量。对外螺纹,中径当量是正值;对内螺纹,其中径当量是负值。中径当量也可以细分为“螺距偏差的中径当量”和“牙侧角偏差的中径当量”。

1. 螺距误差对互换性的影响

螺距误差使内、外螺纹的接合发生干涉,不但影响旋合性,而且在旋合长度内使实际接触的牙数减少,影响螺纹连接的可靠性。螺距误差包括螺距偏差 ΔP(螺距的实际值与其基本值之差)和累积螺距偏差 ΔP_Σ(在规定的螺纹长度内,任意两牙体间的实际累积螺距值与其基本累积螺距值之差中绝对值最大的那个偏差),前者与旋合长度无关,后者与旋合长度有关。其中累积螺距偏差是影响螺纹互换性的主要参数。

螺距偏差可以换算成中径的补偿值,称为螺距偏差的中径当量,用 f_P 表示。假设内螺纹为理想牙型,外螺纹的螺距有误差,为了保证旋合性,外螺纹的中径必须减小 $|f_P|$;同理,如果外螺纹为理想牙型,内螺纹的螺距有误差,则为了保证旋合性,内螺纹的中径必须增加 $|f_P|$,也就是说作用中径等于实际中径加上螺距偏差的中径当量。

2. 牙侧角误差对互换性的影响

牙侧角误差使内、外螺纹旋合时发生干涉，影响旋合性，并使螺纹接触面积减小，从而降低连接强度，牙侧角偏差 $\Delta\beta$（牙侧角的实际值与其基本值之差）也可以换算成中径的补偿值，称为牙侧角偏差的中径当量，用 f_β 表示。

假设内螺纹为理想牙型，外螺纹的牙侧角有误差，为了保证旋合性，外螺纹的中径必须减小 $|f_\beta|$；同理，如果外螺纹为理想牙型，内螺纹的牙侧角有误差，则为了保证旋合性，内螺纹的中径必须增加 $|f_\beta|$，也就是说作用中径等于实际中径加上牙侧角偏差的中径当量。

综上，螺距和牙侧角的误差可以看成是螺纹的形状误差，由于此形状误差的存在，使得外螺纹的作用中径增大，内螺纹的作用中径减小，即作用中径等于中径实际尺寸加上螺距偏差的中径当量和牙侧角偏差的中径当量。

3. 螺纹中径误差对互换性的影响

螺纹中径在制造过程中不可避免地会出现一定的误差，螺纹中径误差是指中径实际尺寸与中径基本尺寸的代数差。当外螺纹的中径大于内螺纹的中径时，会影响螺纹的旋合性；反之，若外螺纹的中径小于内螺纹的中径，则配合太松，影响螺纹的连接强度的可靠性和紧密性。另外内螺纹中径过大、外螺纹中径过小，也会影响内、外螺纹的机械强度。因此中径误差必须加以限制。

4. 大径和小径误差对互换性的影响

由于螺纹旋合后主要接触面是牙侧，螺纹的牙顶和牙底之间一般不接触，故大径和小径的误差对螺纹互换性的影响较小。

综上所述，在影响螺纹互换性的五个参数中，除了大径和小径外，螺距偏差和牙侧角偏差均可换算成中径的补偿值，因此，国家标准只规定了中径公差，而没有单独规定螺距公差和牙侧角公差，通过中径公差综合控制中径误差、螺距误差和牙侧角误差三个参数。因此，中径公差也可以称为螺纹的综合公差。

8.3 普通螺纹的极限与配合

GB/T 197—2003 对普通螺纹公差带大小（取决于公差等级）和公差带位置（取决于基本偏差）进行了标准化，规定了各种螺纹公差带。螺纹的配合由内、外螺纹的公差带决定。考虑到旋合长度对累积螺距偏差的影响，螺距精度是由螺纹公差和旋合长度共同决定的。图 8-3 示出了普通螺纹精度的决定要素。

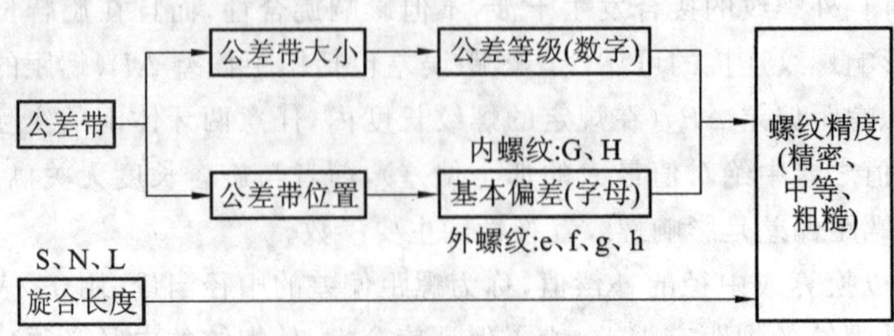

图 8-3　普通螺纹精度的决定要素

8.3.1 普通螺纹的公差带

螺纹公差带与尺寸公差带一样，也是由其大小(公差等级)和相对于基本牙型的位置(基本偏差)所组成的。

1. 普通螺纹的公差等级

螺纹公差带的大小由公差值确定，并按公差值的大小分为若干等级。国标规定了内、外螺纹中径公差(T_{D_2}，T_{d_2})、内螺纹小径公差(T_{D_1})和外螺纹大径公差(T_d)，如表 8-2 所示。

内、外螺纹中径和顶径公差等级中，3 级最高，9 级最低，6 级为基本级。考虑到内螺纹加工较困难，所以在同一公差等级中，内螺纹的中径公差 T_{D_2} 比外螺纹的中径公差 T_{d_2} 大 32%左右。

表 8-2 螺纹公差等级

项目	内螺纹		外螺纹	
螺纹直径	中径 D_2	小径(顶径)D_1	中径 d_2	大径(顶径)d
公差等级	4、5、6、7、8	4、5、6、7、8	3、4、5、6、7、8、9	4、6、8

内螺纹大径 D 和外螺纹小径 d_1 属限制性尺寸，没有规定具体的公差值，而只是规定外螺纹牙底实际轮廓的任何点，均不得超越按基本偏差所确定的最大实体牙型。

内、外螺纹各等级的顶径公差、中径公差的公差值如表 8-3 和表 8-4 所示。

表 8-3 内螺纹小径公差 T_{D_1} 和外螺纹大径公差 T_d(摘自 GB/T 197—2003) μm

螺距 P/mm	内螺纹小径公差 T_{D_1}					外螺纹大径公差 T_d		
	公差等级					公差等级		
	4	5	6	7	8	4	6	8
0.75	118	150	190	236	—	90	140	—
0.8	125	160	200	250	315	95	150	236
1	150	190	236	300	375	112	180	280
1.25	170	212	265	335	425	132	212	335
1.5	190	236	300	375	475	150	236	375
1.75	212	265	335	425	530	170	265	425
2	236	300	375	475	600	180	280	450
2.5	280	355	450	560	710	212	335	530
3	315	400	500	630	800	236	375	600
3.5	355	450	560	710	900	265	425	670
4	375	475	600	750	950	300	475	750
4.5	425	530	670	850	1060	315	500	800

表 8-4 内、外螺纹中径公差 T_{D_2}、T_{d_1}（摘自 GB/T 197—2003） μm

公称大径 D、d/mm		螺距 P/mm	内螺纹中径公差 T_{D_2}					外螺纹中径公差 T_{d_2}						
			公差等级					公差等级						
>	≤		4	5	6	7	8	3	4	5	6	7	8	9
5.6	11.2	0.75	85	106	132	170	—	50	63	80	100	125	—	—
		1	95	118	150	190	236	56	71	90	112	140	180	224
		1.25	100	125	160	200	250	60	75	95	118	150	190	236
		1.5	112	140	180	224	280	67	85	106	132	170	212	365
11.2	22.4	1	100	125	160	200	250	60	75	95	118	150	190	236
		1.25	112	140	180	224	280	67	85	106	132	170	212	265
		1.5	118	150	190	236	300	71	90	112	140	180	224	280
		1.75	125	160	200	250	315	75	95	118	150	190	236	300
		2	132	170	212	265	335	80	100	125	160	200	250	315
		2.5	140	180	224	280	355	85	106	132	170	212	265	335
22.4	45	1	106	132	170	212	—	63	80	100	125	160	200	250
		1.5	125	160	200	250	315	75	95	118	150	190	236	300
		2	140	180	224	280	355	85	106	132	170	212	265	335
		3	170	212	265	335	425	100	125	160	200	250	315	400
		3.5	180	224	280	355	450	106	132	170	212	265	335	425
		4	190	236	300	375	475	112	140	180	224	280	355	450
		4.5	200	250	315	400	500	118	150	190	236	300	375	475

2. 普通螺纹的基本偏差

螺纹的基本牙型是计算螺纹偏差的基准，内、外螺纹的公差带相对于基本牙型的位置，与圆柱体的公差带位置一样，由基本偏差来确定。对于外螺纹，基本偏差是上偏差(es)；对于内螺纹，基本偏差是下偏差(EI)。

国家标准对内螺纹规定了代号为 G、H 的两种基本偏差(见图 8-4)，对外螺纹规定了代号为 e、f、g、h 的四种基本偏差(见图 8-5)。各基本偏差的数值按一定的公式计算，其中 H、h

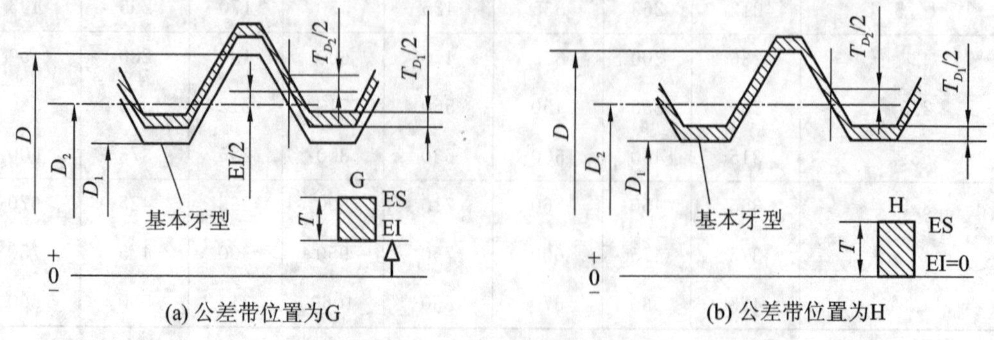

(a) 公差带位置为G (b) 公差带位置为H

图 8-4 内螺纹的基本偏差及公差带位置

的基本偏差为 0，G 的基本偏差为正值，e、f、g 的基本偏差为负值，如表 8-5 所示。

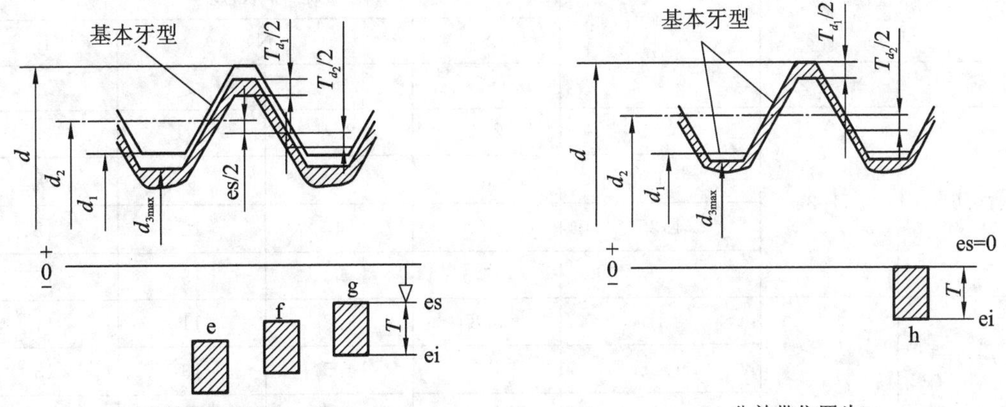

(a) 公差带位置为e、f和g　　(b) 公差带位置为h

图 8-5　外螺纹的基本偏差及公差带位置

表 8-5　内、外螺纹的基本偏差（摘自 GB/T 197—2003）

螺距 P/mm	基本偏差/μm					
	内螺纹		外螺纹			
	G	H	e	f	g	h
	EI		es			
0.75	+22		−56	−38	−22	
0.8	+24		−60	−38	−24	
1	+26		−60	−40	−26	
1.25	+28		−63	−42	−28	
1.5	+32	0	−67	−45	−32	0
1.75	+34		−71	−48	−34	
2	+38		−71	−52	−38	
2.5	+42		−80	−58	−42	
3	+48		−85	−63	−48	

8.3.2　旋合长度

根据螺纹的基本大径和螺距，GB/T 197—2003 规定了三组旋合长度，分别为短旋合长度(S)、中等旋合长度(N)和长旋合长度(L)。各组的长度范围如表 8-6 所示。

螺纹的旋合长度与螺纹的精度密切相关。当公差等级一定时，旋合长度越长，加工时产生的牙侧角偏差和累积螺距偏差就可能越大，加工也就越困难，因此，衡量螺纹的精度必须包括旋合长度。

表 8-6 螺纹的旋合长度(摘自 GB/T 197—2003) mm

公称直径 D、d		螺距 P	旋合长度			
			S	N		L
>	≤		≤	>	≤	>
5.6	11.2	0.75	2.4	2.4	7.1	7.1
		1	3	3	9	9
		1.25	4	4	12	12
		1.5	5	5	15	15
11.2	22.4	1	3.8	3.8	11	11
		1.25	4.5	4.5	13	13
		1.5	5.6	5.6	16	16
		1.75	6	6	18	18
		2	8	8	24	24
		2.5	10	10	30	30
22.4	45	1	4	4	12	12
		1.5	6.3	6.3	19	19
		2	8.5	8.5	25	25
		3	12	12	36	36
		3.5	15	15	45	45
		4	18	18	53	53
		4.5	21	21	63	63

8.3.3 普通螺纹的公差带选用

普通螺纹的精度等级为精密级、中等级和粗糙级三种。一般机械、仪器和构件选择中等级精度;要求配合性质变动较小的选择精密级精度;要求不高或制造困难的选择粗糙级精度。

在生产中,为了减少刀具、量具的规格和数量,对公差带的种类应加以限制。标准规定了常用公差带,如表 8-7 和表 8-8 所示。除了有特殊要求,不应选择标准规定以外的公差带。如果不知道螺纹旋合长度的实际值,推荐按中等旋合长度选取螺纹公差带。

表 8-7 和表 8-8 中所列的内螺纹公差带和外螺纹公差带可以任意组成各种配合。为了保存足够的接触高度,内、外螺纹最好组成 H/g、H/h、G/h 的配合。选择时主要考虑以下几种情况。

(1) 为了保证旋合性,内、外螺纹应具有较高的同轴度,并有足够的接触高度和接合强度,通常采用最小间隙为零的 H/h 配合。

(2) 对用于经常拆卸、工作温度高或需涂镀的螺纹,通常采用 H/g 或 G/h 具有保证间隙的配合。

(3) 需要镀层的螺纹,其基本偏差按所需镀层厚度确定。当内、外螺纹均需要涂镀时,则采用 G/e 或 G/f 的配合。

(4) 对于公称直径小于或等于 1.4 mm 的螺纹,应采用 5H/6h、4H/6h 或更精密的配合。

表 8-7 内螺纹的推荐公差带(摘自 GB/T 197—2003)

精度	公差带位置 G			公差带位置 H		
	S	N	L	S	N	L
精密	—	—	—	4H	5H	6H
中等	(5G)	**6G**	(7G)	**5H**	**6H**	**7H**
粗糙	—	(7G)	(8G)	—	7H	8H

注:公差带优先选用顺序为:粗字体公差带、一般字体公差带、括号内公差带。带方框的粗字体公差带用于大量生产的紧固件螺纹。

表 8-8 外螺纹的推荐公差带(摘自 GB/T 197—2003)

精度	公差带位置 e			公差带位置 f			公差带位置 g			公差带位置 h		
	S	N	L	S	N	L	S	N	L	S	N	L
精密	—	—	—	—	—	—	—	(4g)	(5g 4g)	(3h 4h)	**4h**	(5h 4h)
中等	—	**6e**	(7e 6e)	—	**6f**	—	(5g 6g)	**6g**	(7g 6g)	(5h 6h)	6h	(7h 6h)
粗糙	—	(8e)	(9e 8e)	—	—	—	—	8g	(9g 8g)	—	(8h)	—

注:公差带优先选用顺序为:粗字体公差带、一般字体公差带、括号内公差带。带方框的粗字体公差带用于大量生产的紧固件螺纹。

8.3.4 普通螺纹在图样上的标注

完整的螺纹标记依次由螺纹特征代号 M、尺寸代号、公差带代号和旋合长度代号、旋向代号组成,各项之间用符号“-”分开。

(1) 螺纹特征代号 螺纹特征代号用字母“M”表示。

(2) 尺寸代号 单线螺纹的尺寸代号为“公称直径×螺距”,公称直径和螺距的数值的单位为 mm,对粗牙螺纹,螺距可以不标注。多线螺纹的尺寸代号为“公称直径×Ph 导程 P 螺距”,公称直径、导程和螺距数值的单位为 mm。

例如:M8×1 表示公称直径为 8 mm、螺距为 1 mm 的单线细牙螺纹;

M8 表示公称直径为 8 mm、螺距为 1.25 mm 的单线粗牙螺纹;

M16×Ph3P1.5 表示公称直径为 16 mm、螺距为 1.5 mm 且导程为 3 mm 的双线螺纹。

(3) 公差带代号 公差带代号包括中径公差带和顶径公差带代号(中径公差带在前)。如果中径公差带代号和顶径公差带代号相同,则只需标注一个公差带代号。

(4) 螺纹旋合长度代号 对短旋合长度组和长旋合长度组的螺纹,应在公差带代号后标注“S”和“L”,不标注时表示中等旋合长度“N”。

(5) 旋向代号 对左旋螺纹应在旋合长度后标注“LH”代号,右旋不标注旋向代号。螺纹标记示例:

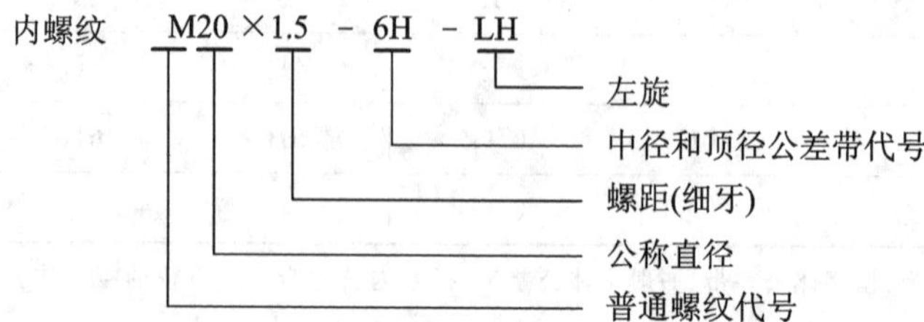

在零件图上，标注时应将规定标记注写在尺寸线或尺寸线的延长线上，尺寸界限从螺纹大径引出，如图 8-6 所示。

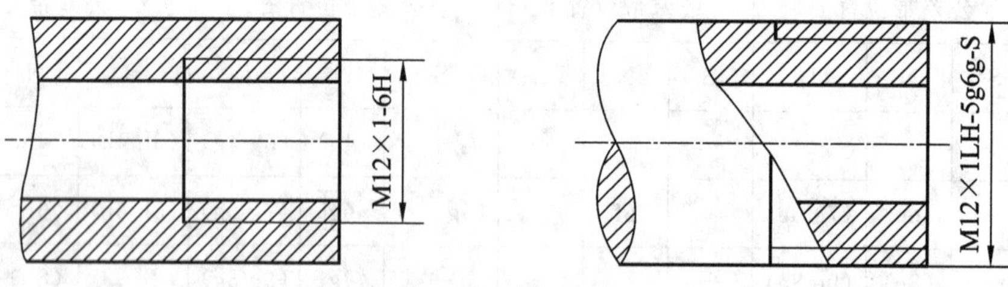

图 8-6　普通螺纹标注示例

在装配图上，标注内、外螺纹的配合要求时，应将内螺纹公差带代号写在前、外螺纹公差带代号写在后，中间用斜线分开，如 M20×2-6H/5g6g。

例 8-1　有一 M20×1-6g 的外螺纹，查表确定各参数的极限偏差和极限尺寸。

解　螺纹的公称直径(大径)为 $d=20$ mm

查表 8-1：螺纹的中径为 $d_2=19.350$ mm

螺纹的小径为 $d_1=18.917$ mm

该外螺纹的中径和大径的公差带代号均为 6g，亦即它们的公差等级均为 6 级、基本偏差均为 g。查表 8-3、表 8-4、表 8-5 可得到它们的基本偏差和公差分别为：

中径和大径的基本偏差　es＝－0.026 mm

中径公差　$T_{d_2}=0.118$ mm

大径公差　$T_d=0.180$ mm

据此可确定出其他极限偏差和极限尺寸。有关参数的最后结果如表 8-9 所示。

表 8-9　例 8-1 表

内　容	参　数	结　果
公称尺寸	大径	$d=20$ mm
	中径	$d_2=19.350$ mm
	小径	$d_1=18.917$ mm

续表

内 容	参 数	结 果	
极限偏差	大径	es＝－0.026 mm	ei＝－0.206 mm
	中径	es＝－0.026 mm	ei＝－0.144 mm
	小径	es＝－0.026 mm	按牙底形状
极限尺寸	大径	d_{max}＝19.974 mm	d_{min}＝19.794 mm
	中径	d_{2max}＝19.324 mm	d_{2min}＝19.206 mm
	小径	d_{1max}＝18.891 mm	牙底轮廓不超出 $H/8$ 削平线

8.4 螺纹检测

螺纹的检测可分为综合检测和单项检测两类。

8.4.1 综合检测

在螺纹成批生产中，大多采用光滑极限量规和螺纹量规进行综合检测，检测螺纹顶径采用光滑极限量规，检测其作用中径和底径的合格性时采用螺纹量规，并遵循泰勒原则。

同光滑极限量规一样，螺纹量规也分为通规和止规，螺纹通规控制被测螺纹的作用中径不超出最大实体牙型的中径（d_{2max} 或 D_{2min}），同时控制外螺纹小径和内螺纹大径不超出其最大实体尺寸（d_{1max} 或 D_{1min}）。通规应具有完整的牙型，其长度等于被检测螺纹的旋合长度。螺纹止规控制被测螺纹的单一中径不超出最小实体牙型中径（d_{2max} 或 D_{2min}），其牙型为截短牙型，为减少螺距误差和牙侧角误差对检测结果的影响，它只有几个牙。

若螺纹通规在旋合长度内与被检测螺纹顺利旋和，而螺纹止规不能通过被检测螺纹（允许旋进最多 2～3 牙），则被检螺纹合格。也就是说，对于一般标准螺纹，在测量外螺纹时，如果螺纹“通端”环规正好旋进，而“止端”环规旋不进，则说明被检螺纹的作用中径、底径和单一中径均合格，所加工的螺纹符合要求；反之就不合格，如图 8-7 所示。测量内螺纹时，采用螺纹塞规，以相同的方法进行测量，如图 8-8 所示。所以采用光滑极限量规和螺纹量规可综合检测内、外螺纹的顶径、作用中径、底径和单一中径是否合格。

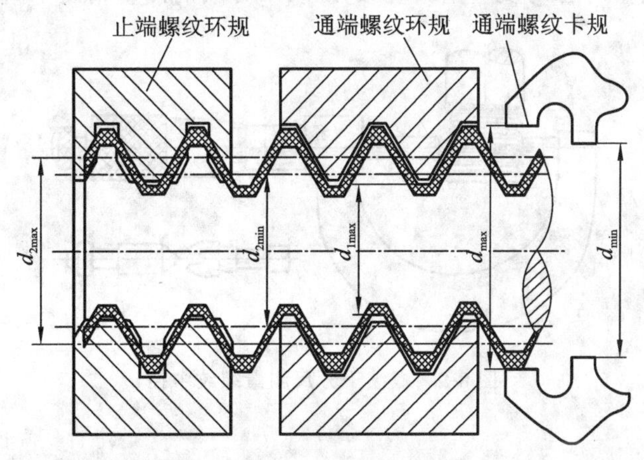

图 8-7 环规检验外螺纹

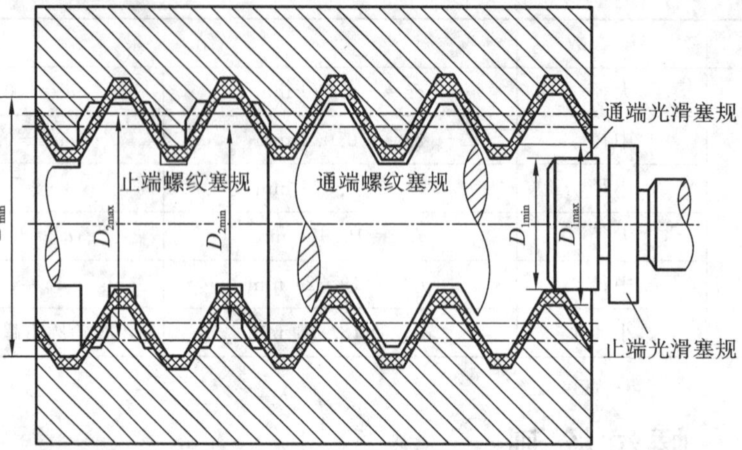

图 8-8　塞规检验内螺纹

螺纹综合检测只能评定内、外螺纹的合格性，不能测出实际参数的具体数值，但检验效率高，适用于批量生产的中等精度的螺纹。

8.4.2　单项检测

单项检测即对螺纹的各项参数分别进行测量，通常主要测量的参数有螺纹中径、螺距和牙侧角。单项检测主要用于检测精密螺纹及分析各个参数误差的产生原因。常用的方法有螺纹千分尺测量、三针测量和工具显微镜测量。

一、螺纹千分尺测量

螺纹千分尺测量一般用来测量三角形螺纹的中径，如图 8-9 所示。其结构和使用方法与外径千分尺的相同，有两个和螺纹牙型角相同的测量触头，一个呈圆锥体，一个呈凹槽状(有一系列的测量触头可供不同的牙型角和螺距选用)。测量时，将螺纹千分尺的两个触头卡在螺纹的牙型面上，所得的读数就是该螺纹中径的实际尺寸。由于被检测螺纹的牙侧角误差的影响，并且测量时容易发生偏斜现象，螺纹千分尺的测量精度不高。

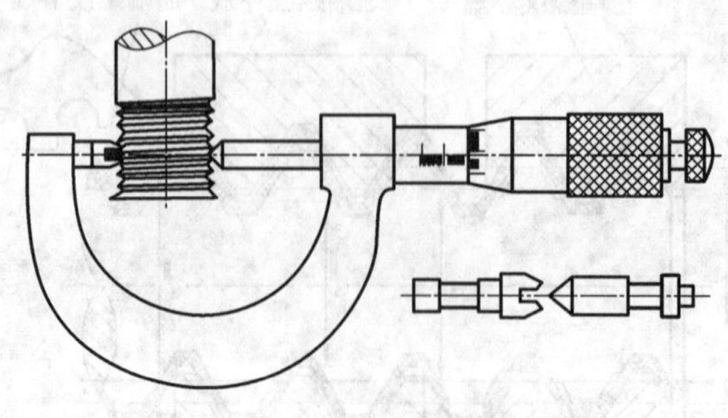

图 8-9　螺纹千分尺测量螺纹中径

二、三针测量

三针测量法是一种间接测量精密螺纹(如丝杠)中径的方法,如图 8-10 所示。测量时,将三根精度很高、直径 d_0 相同的量针放在被测螺纹的沟槽中(量针的精度分成 0 级和 1 级两种,0 级用于测量中径公差为 4～8 μm 的螺纹塞规;1 级用于测量中径公差大于 8 μm 的螺纹塞规或螺纹工件),其中两根放在同侧相邻的沟槽里,另一根放在对面与之相对应的中间沟槽内,用测量外尺寸的计量器具(如千分尺、机械比较仪、光学比较仪、测长仪等)测量螺纹的螺距 P、牙侧角 β 和量针直径 d_0,通过计算间接得到被测螺纹中径 d_2。

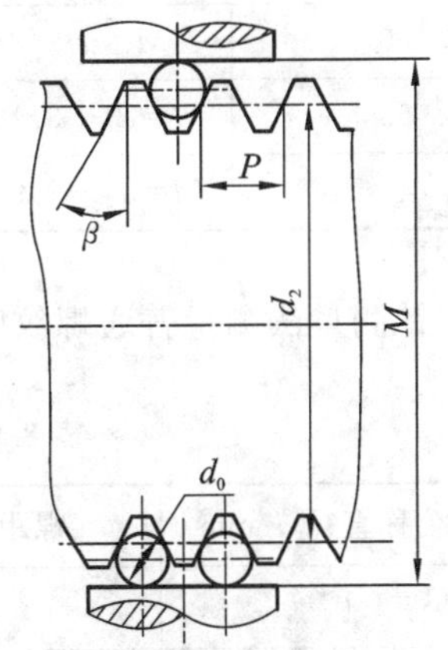

图 8-10　三针测量法测量螺纹中径

三针测量法具有精度高、方法简单的特点,选用 0 级量针和四等量块在光学比较仪上测量,其测量误差可控制在±1.5 μm 以内。

螺纹中径 d_2 的计算公式为

$$d_2=M-d_0\left(1+\frac{1}{\sin\beta}\right)+\frac{P}{2}+\cot\beta \tag{8-1}$$

式中,M 为千分尺测得的数值, mm;d_0 为量针直径, mm;β 为牙侧角,(°);P 为工件螺距或蜗杆齿距, mm。

量针直径 d_0 的计算公式为

$$d_0=\frac{P}{2\cos\beta} \tag{8-2}$$

已知对称螺纹牙型角时,牙侧角是牙型角的一半,可以按照表 8-10 所列的简化计算公式。

表 8-10　量针直径 d_0 的简化计算公式

螺纹牙型角 α/(°)	简化计算公式	螺纹牙型角 α/(°)	简化计算公式
60	$d_0=0.577P$	30	$d_0=0.518P$
55	$d_0=0.564P$	29	$d_0=0.516P$
40	$d_0=0.533P$		

通常螺纹的中径尺寸都可以从螺纹标准中查到或在加工图样上直接注明,所以只要将式(8-1)移项变换一下,便可得到千分尺应测得的读数 M 的计算式

$$M=d_2+d_0\left(1+\frac{1}{\sin\beta}\right)-\frac{P}{2}\cot\beta \tag{8-3}$$

当已知对称螺纹牙型角时,也可以按照表 8-11 所列的简化计算公式。

表 8-11　M 值的简化计算公式

螺纹牙型角 $\alpha/(°)$	简化计算公式	螺纹牙型角 $\alpha/(°)$	简化计算公式
60	$M=d_2+3d_0-0.866P$	30	$M=d_2+4.864d_0-1.866P$
55	$M=d_2+3.166d_0-0.960P$	29	$M=d_2+4.994d_0-1.933P$
40	$M=d_2+3.924d_0-1.374P$		

三针测量法测量普通螺纹时的 M 值如表 8-12 所示。

表 8-12　三针测量法测量普通螺纹时的 M 值

螺纹公称直径 d/mm	螺距 P/mm	量针直径 d_0/mm	千分尺应测得的读数 M/mm
1.0	0.2	0.118	1.051
1.0	0.25	0.142	1.047
1.2	0.2	0.118	1.251
1.2	0.25	0.142	1.247
1.4	0.2	0.118	1.451
1.4	0.3	0.170	1.455
1.7	0.2	0.118	1.751
1.7	0.5	0.201	1.773
2.0	0.25	0.142	2.047
2.0	0.4	0.232	2.090
2.3	0.25	0.142	2.347
2.3	0.4	0.232	2.390
…	…	…	…
36	1	0.572	36.200
36	1.5	0.866	36.325
36	2	1.157	36.440

三、工具显微镜测量

工具显微镜可进行一般的长度和角度测量，尤其适用于测量外形复杂的工件，如螺纹样板、刀具、冲模等。工具显微镜可分为小型、大型、万能（附件较多、精度较高）和重型（主要测量大型工件）四种，较新型的工具显微镜还带有微处理器和数显装置，其读数精度和测量效率都很高。虽然它们的测量精度和测量范围不同，但基本原理和基本特点却是一样的。在工具显微镜上测量螺纹参数的方法有影像法、轴切法、干涉法等，其中影像法应用广泛。

习 题

一、简答题

1.影响螺纹互换性的参数有哪几个?

2.一对螺纹配合代号为 M20×2－6H/5g6g,试查表确定外螺纹中径、大径和内螺纹中径、小径的公差、极限偏差和极限尺寸。

3.试说明下列螺纹标记中各代号的含义。

(1) M20-6H;

(2) M36-5g6g-L;

(3) M30×2-6H/5g6g;

(4) M20×1.5-7H-LH。

4.内、外螺纹中径是否合格的判断原则是什么?

5.普通螺纹公差与配合标准规定的中径公差是什么公差?为什么不分别规定螺纹的螺距公差和牙侧角公差?

6.普通螺纹的基本参数有哪些?

7.影响螺纹互换性的主要因素有哪些?

第9章 渐开线圆柱齿轮传动的互换性

9.1 概述

齿轮是各种机械产品中经常用到的一种重要传动零件。齿轮传动的精度与机器或仪器的工作性能、承载能力、使用寿命有密切关系。本章主要介绍渐开线圆柱齿轮传动的互换性。

9.1.1 齿轮传动的精度要求

随着生产和科技的发展,要求机械产品自身质量轻、传递的功率大、转速和工作精度高,从而对齿轮传动的精度提出了更高的要求。

各种机械所用的齿轮,对其传动精度的要求也因用途不同而异,但归纳起来有以下四项。

(1) 传递运动的准确性,即运动精度。要求主动齿轮转过某一角度时,从动齿轮应按传动比关系转过相应角度。即要求齿轮在一转范围内,最大转角误差应不超出工作情况所允许的范围,保证从动件与主动件协调一致。

(2) 传动的平稳性,即平稳性精度。要求齿轮在传动过程中的瞬时传动比变化不大,使噪声小、传动和冲击振动小,以保证传动平稳,提高工作精度。

(3) 载荷分布的均匀性,即接触精度。要求齿轮啮合时其齿面的实际接触面积要大、接触要密合,这样齿面载荷分布均匀,不易磨损,可延长齿轮使用寿命。

(4) 齿侧间隙。要求两齿轮啮合时,非工作齿面间有一定的间隙。其目的是储存润滑油,补偿齿轮传动时因弹性变形、热膨胀以及齿轮传动装置的制造误差和装配误差而产生的尺寸变化,防止传动过程中可能出现的卡死现象。

9.1.2 齿轮的加工误差分析

影响上述四项要求的误差因素,主要包括齿轮副的安装误差和齿轮的加工误差。齿轮副的安装误差来源于箱体、轴和轴承等零部件的制造和装配误差。齿轮的加工误差来源于机床、刀具、夹具误差和齿坯的制造、定位等误差。齿轮的加工误差按产生误差的方向可分为径向误差、切向误差和轴向误差。齿轮为回转传动件,其误差具有周期性。以齿轮每转一转(360°)为周期的误差称为长周期误差(低频误差),它主要影响传递运动的准确性。在齿轮每转一转的过程中反复出现的误差称为短周期误差(高频误差),它主要影响传动的平稳性,是引起振动和噪声的主要因素。

齿轮传动的类型很多,本章主要结合我国现行国家标准《圆柱齿轮 精度制 第1部分:轮齿同侧齿面偏差的定义和允许值》(GB/T 10095.1—2008)、《圆柱齿轮 精度制 第2部分:径向综合偏差与径向跳动的定义和允许值》(GB/T 10095.2—2008),从齿轮传动的使用要求出发，通过分析齿轮的加工误差、安装误差和评定指标，以阐明渐开线圆柱齿轮精度设计的内容和方法。现以滚齿加工为例，列出产生加工误差的主要因素。

1. 几何偏心

几何偏心在加工中就是齿坯的安装偏心。它包括齿坯基准孔与安装心轴之间有间隙而造成的偏心；安装心轴与机床工作台回转轴线不重合产生的偏心；齿坯的定位端面与心轴轴线不垂直而引起的偏心。三种偏心合成的结果，使齿坯的基准轴线与齿轮工作时的旋转轴线不重合。

如图 9-1 (a)所示，齿坯孔轴线 $O'O'$ 与心轴回转轴线 OO 不重合，产生偏心量 $e_{几}$。此时，滚刀至 OO 的距离在切齿过程中保持不变，因而切出的齿圈就以 OO 为轴线，使得齿圈上各齿到孔轴线距离不相等，造成齿轮在工作或测量时齿距和齿厚的不均匀，远离轴线 OO 一边的齿距变长，靠近 OO 一边的齿距变短，如图 9-1(b)所示。

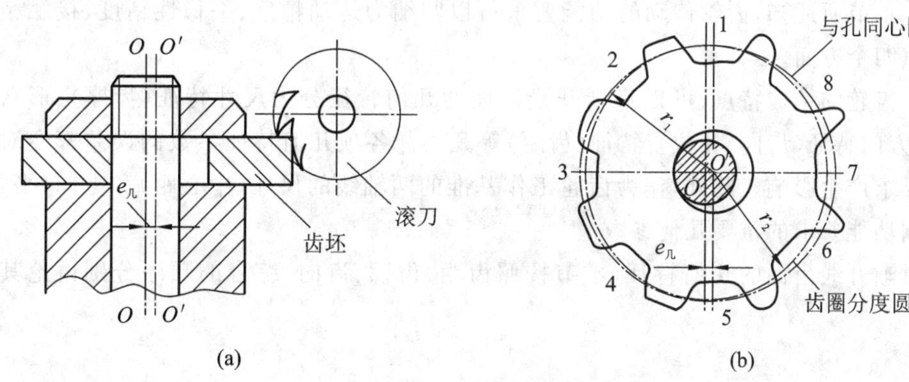

图 9-1　几何偏心

由于齿坯安装偏心造成的误差可以很容易地在平面上用简单的几何关系加以分析，故这种偏心称为几何偏心。误差反映在齿轮的直径方向，为径向误差。

2. 运动偏心

运动偏心是由于机床分度蜗轮加工误差及安装偏心引起的。如图 9-2 所示，机床分度蜗轮的回转轴线 $O'O'$ 与机床心轴回转轴线 OO 不重合形成安装偏心 $e_{蜗}$。蜗杆匀速旋转时，蜗轮和齿坯将产生不均匀回转，从而使被加工齿坯在切齿中的圆周速度以一转为周期快慢不均地变化。齿廓被多切或少切，引起齿距分布不均匀。齿坯与滚刀啮合节点半径的不断变化，使基圆半径和渐开线形状随之变化。当齿坯转速高时，齿廓被多切，节点半径减小，因而基圆半径减小，渐开线曲率增大；当齿坯转速低时，齿廓被少切，节点半径增大，基圆半径增大，渐开线曲率减小。

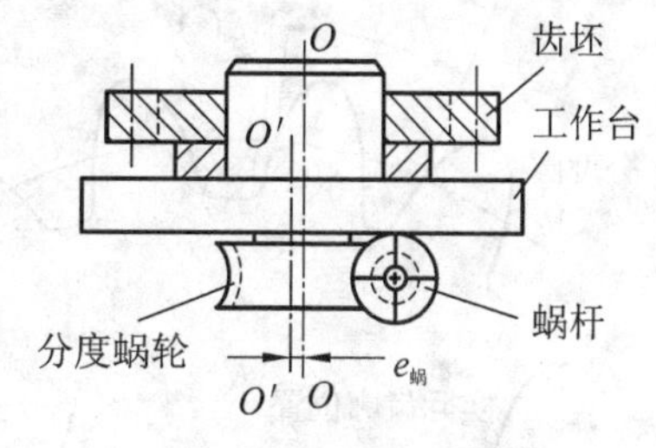

图 9-2　运动偏心

上述基圆半径的变化是连续的，对齿轮的整个齿廓来说，相当于基圆有了偏心。这种由于齿坯角速度变化引起的基圆偏心称为运动偏心，其数值为基圆半径最大值与最小值之差的一半。误差反映在齿轮圆周的切向，故为切向误差。

3. 机床传动链的短周期误差

加工直齿轮时，主要受分度链各元件误差的影响，尤其是分度蜗杆径向跳动和轴向窜动的影响；加工斜齿轮时，除分度链外，还受差动链误差的影响。

4. 滚刀的制造误差与安装误差

如滚刀的径向跳动、轴向窜动及齿形角误差等。

上述前两个因素所产生的齿轮误差以齿轮一转为周期，称为长周期误差，主要影响齿轮传动的准确性；后两个因素所产生的误差，在齿轮一转中，多次重复出现，称为短周期误差，主要影响齿轮传动的平稳性。

为便于分析齿轮各种误差对齿轮传动质量的影响，按误差相对齿轮的方向，分为径向误差、切向误差和轴向误差。

9.2 齿轮精度

由 9.1 节所述知，齿轮传动的功能要求可以归纳为运动精度、平稳性精度、接触精度和合理侧隙四个方面。

根据齿轮的结构特点，可以将渐开线齿面的几何特征分为尺寸特征（齿厚）、形状特征（齿廓）、方向特征（齿向）和位置特征（齿距）等几类。各项几何特征参数的误差都会对上述各功能要求产生影响。此外，作为齿轮工作基准的两轴线的尺寸（中心距）和方向（平行度）也是影响功能要求的重要几何参数。

针对渐开线齿面的几何特征，本节按照齿距、齿廓、齿向、综合的顺序分别讨论其精度要求。

9.2.1 齿距精度

用于控制实际齿廓圆周分布位置变动的齿距精度要求有三项，分别是单个齿距偏差 f_{pt}、齿距累积偏差 F_{pk} 和齿距累积总偏差 F_p。

1. 单个齿距偏差 f_{pt}

单个齿距偏差 f_{pt} 是指端平面上，在接近齿高中部的一个与齿轮轴线同心的圆上，实际齿距与理论齿距的代数差，如图 9-3 所示。实际齿距大于理论齿距时，齿距偏差 f_{pt} 为正；实际齿距小于理论齿距时，齿距偏差 f_{pt} 为负。

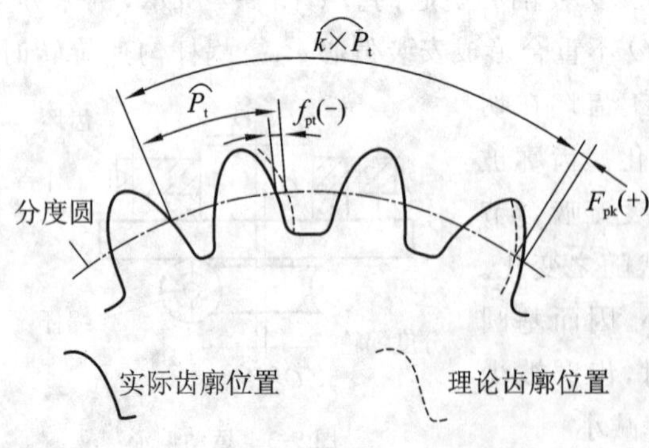

图 9-3　单个齿距偏差和七个齿距累积偏差

单个齿距偏差 f_{pt} 主要影响换齿啮合过程的传动平稳性。GB/T 10095.1—2008 给出了单个齿距偏差的允许值 $\pm f_{pt}$。

2. 齿距累积偏差 F_{pk}

齿距累积偏差 F_{pk} 是指任意 k 个齿距的实际弧长与理论弧长的代数差，如图 9-3 所示。理论上它等于这 k 个齿距的各单个齿距偏差的代数和。

除非另有规定，F_{pk}被限定在不大于 1/8 的圆周上评定。因此，F_{pk}的允许值适用于齿距数 k 为 2 到小于 $z/8$ 的弧段内。通常，取 $k=z/8$ 就足够了，如果对于特殊的应用(如高速齿轮)还需检验较小弧段，并规定相应的 k 值。

齿距累积偏差 F_{pk}反映了多齿数齿轮的齿距累积总偏差在整个齿圈上分布的均匀性，对于齿数较多的齿轮，可以作为附加要求提出。

3. 齿距累积总偏差 F_p

齿距累积总偏差 F_p是指齿轮同侧齿面任意弧段($k=1\sim z$)内的最大齿距累积偏差。它表现为齿距累积偏差曲线的总幅值，如图 9-4 所示。

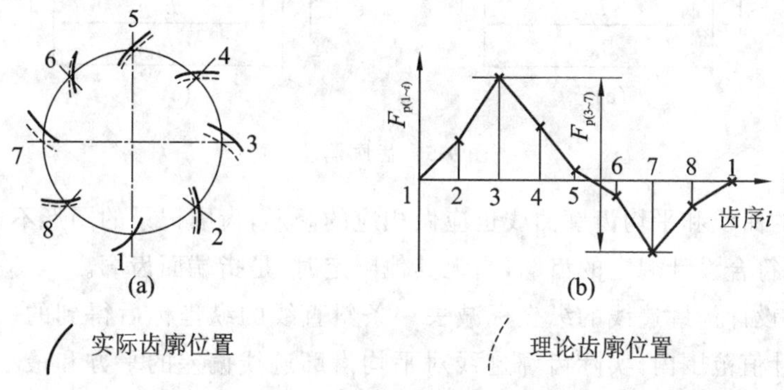

图 9-4　齿距累积总偏差

齿距累积总偏差主要影响运动精度。GB/T 10095.1—2008 给出了齿距累积总偏差 F_p 的允许值。

9.2.2　齿廓精度

用于控制实际齿廓对设计齿廓变动的齿廓精度要求有三项，分别是：齿廓总偏差 F_α、齿廓形状偏差 $f_{f\alpha}$、齿廓倾斜偏差 $f_{H\alpha}$。

1. 齿廓总偏差 F_α

在计值范围 L_α内，包容实际齿廓迹线的两条设计齿廓迹线间的距离，如图 9-5 (a)所示。齿廓计值范围的长度 L_α约占齿廓有效长度 L_{AE}的 92%。是齿廓从齿顶倒棱或倒圆的起始点 A 延伸到与之配对齿轮或基本齿条相啮合的有效齿廓的起始点 E 之间的长度。

2. 齿廓形状偏差 $f_{f\alpha}$

在计值范围 L_α内，包容实际齿廓迹线的两条与平均齿廓迹线完全相同的曲线间的距离，且两条曲线与平均齿廓迹线的距离相等，如图 9-5(b)所示。

3. 齿廓倾斜偏差 $f_{H\alpha}$

在计值范围 L_α 的两端与平均齿廓迹线相交的两条设计齿廓迹线间的距离，如图 9-5(c)所示。

在图 9-5 所示的实际齿廓记录图形中，横坐标为实际齿廓上各点的展开角，纵坐标为实际齿廓对理想渐开线的变动。由齿廓检查仪的工作原理知，当实际齿廓为理想渐开线时，其记录图形为一条平行于横坐标的直线。显然，设计齿廓为修形的渐开线(例如鼓形齿)时，定

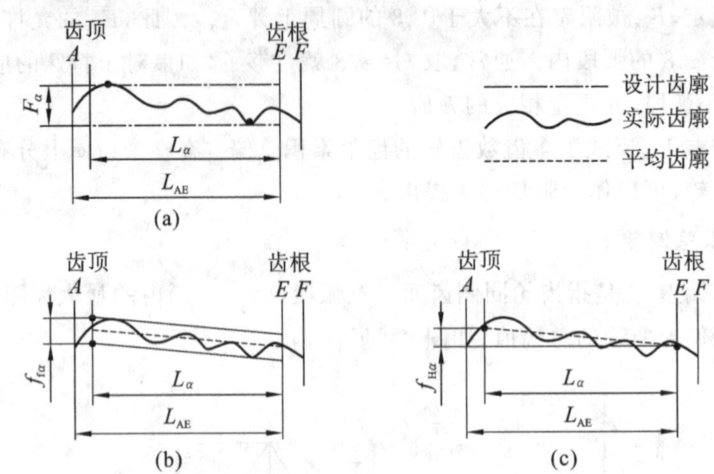

图 9-5　齿廓偏差

义齿廓总偏差的曲线和平均齿廓曲线也应做相应的修形，齿廓记录的图形不再是直线。

设计齿廓：符合设计规定的齿廓，当无其他限定时，是指端面齿廓。

平均齿廓：设计齿廓迹线的纵坐标减去一条斜直线的纵坐标后得到的一条迹线。这条斜直线使得在计值范围内，实际齿廓迹线对平均齿廓迹线偏差的平方和最小，因此，平均齿廓迹线的位置和倾斜可以用"最小二乘法"求得。平均齿廓是用来确定 $f_{f\alpha}$ 和 $f_{H\alpha}$ 的一条辅助齿廓迹线。

一般情况下，齿轮设计时仅要求齿廓总偏差 F_α 不得超出其允许值。

齿廓形状偏差 $f_{f\alpha}$ 和齿廓倾斜偏差 $f_{H\alpha}$ 不是强制性的单项检验项目，但由于二者对齿轮的传动性能有重要影响，因此 GB/T 10095.1—2008 仍在附录中规定了齿廓形状偏差允许值和齿廓倾斜偏差允许值。测量时，若实际齿廓记录图形的平均齿廓的齿顶高于齿根，即实际压力角小于理论压力角，定义齿廓倾斜偏差为正；若平均齿廓的齿顶低于齿根，即实际压力角大于理论压力角，则齿廓倾斜偏差为负。

9.2.3　齿向精度

齿向精度用于控制齿轮实际齿面方向的变动。齿向由齿面与分度圆柱面的交线即齿线(也称齿向线)表示。不修形的直齿轮的齿线为直线，不修形的斜齿轮的齿线为螺旋线。

由于直线可以看作是螺旋线的特例(升角为 90°)，所以可以只给出斜齿轮的各项齿向规范，包括螺旋线总偏差 F_β、螺旋线形状偏差 $f_{f\beta}$ 和螺旋线倾斜偏差 $f_{H\beta}$ 三项。

齿向精度主要影响齿轮传动的承载能力。

1. 螺旋线总偏差 F_β

在计值范围 L_β 内，包容实际螺旋线迹线的两条设计螺旋线迹线间的距离，如图 9-6(a)所示。这里，螺旋线计值范围 L_β 等于齿宽 b 的两端各减去齿宽的 5%或一个模数的长度(取两者中的较小值)后的齿线长度。

2. 螺旋线形状偏差 $f_{f\beta}$

在计值范围 L_β 内，包容实际螺旋线迹线的两条与平均螺旋线迹线完全相同的曲线间的距离，且两条曲线与平均螺旋线迹线的距离相等，如图 9-6(b)所示。

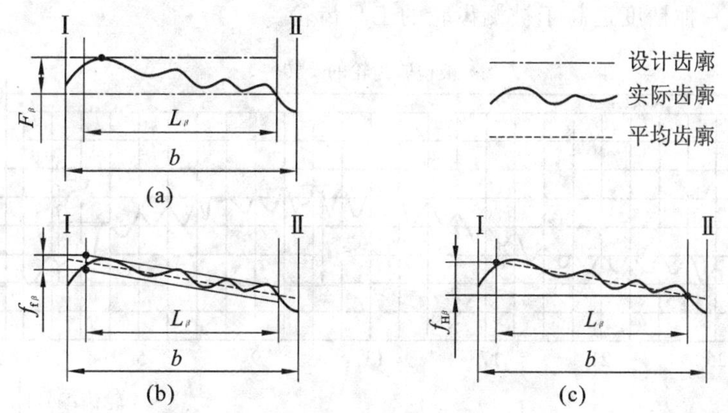

图 9-6　螺旋线偏差

3. 螺旋线倾斜偏差 $f_{H\beta}$

在计值范围 L_β的两端，与平均螺旋线迹线相交的设计螺旋线迹线间的距离，如图 9-6(c)所示。

在图 9-6 所示的实际齿线记录图形中，横坐标为齿轮轴线方向，纵坐标为实际齿线对理想齿线的变动。当实际齿线为理想螺旋线时，其记录图形为一条平行于横坐标的直线。

设计螺旋线：符合设计规定的螺旋线。未经修形的螺旋线，其记录图形迹线一般为直线。

在图 9-6 中，设计螺旋线用点画线表示。

平均螺旋线：设计螺旋线迹线的纵坐标减去一条斜直线的纵坐标后得到的一条迹线。这条斜直线使得在计值范围内，实际螺旋线迹线对平均螺旋线迹线偏差的平方和最小，因此，平均螺旋线迹线的位置和倾斜可以用“最小二乘法”求得。

当采用修形的设计齿线(例如鼓形齿)时，定义螺旋线总偏差和平均齿线的曲线也应做相应的修形。

一般情况下，齿轮设计时仅要求螺旋线总偏差 F_β不得超过其允许值。螺旋线形状偏差 $f_{f\beta}$ 和螺旋线倾斜偏差 $f_{H\beta}$ 不是强制性的单项检验项目，但由于二者对齿轮的传动性能有重要影响，因此 GB/T 10095.1—2008 仍在附录中规定了螺旋线形状偏差允许值和螺旋线倾斜偏差允许值。

9.2.4　综合精度

以上介绍的各项是渐开线齿面影响齿轮传动功能要求的形状、位置和方向等单项几何特征精度参数。考虑到各单项偏差的叠加和抵消的综合作用，还可以采用各种综合精度的指标。

综合精度主要包括切向综合总偏差 F_i'、一齿切向综合偏差 f_i'、径向综合总偏差 F_i''、一齿径向综合偏差 f_i''和径向跳动 F_r五项。

1. 切向综合总偏差 F_i'

切向综合总偏差 F_i'，是指被测齿轮与理想精确的测量齿轮单面啮合时，被测齿轮一转内齿轮分度圆上实际圆周位移与理论圆周位移的最大差值，如图 9-7 所示。这里，“理想精确的测量齿轮”是一种精度远高于被测齿轮的工具齿轮。

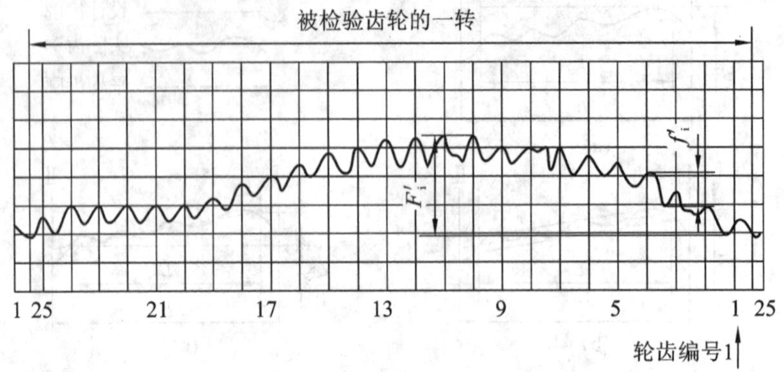

图 9-7　切向综合偏差

切向综合总偏差 F_i' 是几何偏心、运动偏心等加工误差的综合反映，是评定齿轮传递运动准确性的最佳综合评定指标。

2. 一齿切向综合偏差 f_i'

一齿切向综合偏差 f_i'，就是在一个齿距内的切向综合偏差，如图 9-7 所示。

切向综合偏差需用单面啮合齿轮综合测量仪（简称单啮仪）进行测量。单啮仪的工作原理如图 9-8 所示。与齿轮同轴安装的测角传感器分别测量两个齿轮的实际转角 θ_1 和 θ_2，如以主动轮的转角 θ_1 为基准，则从动轮的理论转角为 $\theta_2' = \theta_1 / i$（i 为传动比），从动轮的实际转角 θ_2 与理论转角 θ_2' 的差值即为传动误差。如果主动轮和从动轮其中之一是高精度的测量齿轮，那么传动误差即为被测齿轮的切向综合偏差 $\delta = \theta_2 - \theta_2' = \theta_2 - \theta_1 / i$。

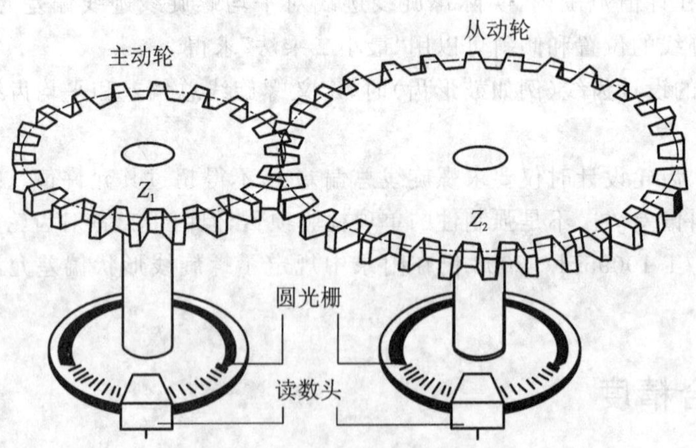

图 9-8　齿轮单面啮合测量原理

对于规格较大的齿轮，可以在机构中安装好齿轮后，测量齿轮副的综合偏差，再用数据处理的方法分离出各单个齿轮的切向综合偏差。

3. 径向综合总偏差 F_i''

径向综合总偏差 F_i'' 是在径向（双面）综合检验时，产品齿轮的左右齿面同时与测量齿轮接触，并转过一整圈时出现的中心距最大值和最小值之差，如图 9-9 所示。

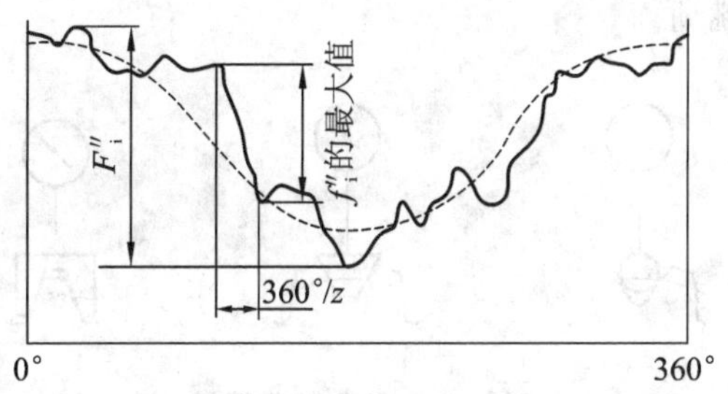

图 9-9　径向综合偏差

径向综合检查仪的工作原理如图 9-10 所示。

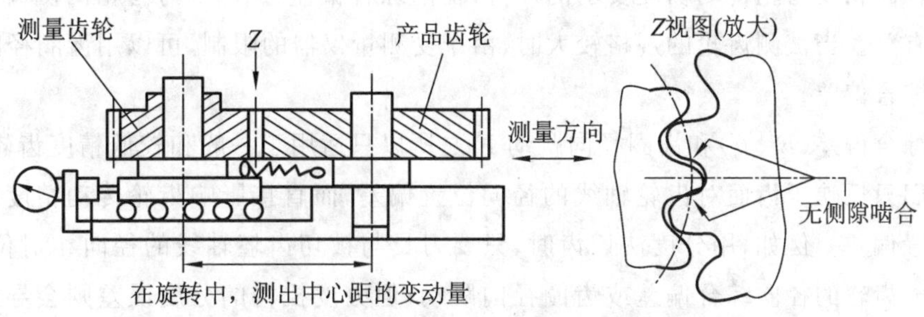

图 9-10　齿轮双面啮合测量原理

4. 一齿径向综合偏差 f_i''

一齿径向综合偏差 f_i''是当产品齿轮啮合一整圈时，对应一个齿距(360°/z)的径向综合偏差值。产品齿轮所有轮齿的 f_i''的最大值不应超过规定的允许值，如图 9-9 所示。

5. 径向跳动 F_r

齿轮径向跳动为测头(球形、圆柱形、砧形)相继置于每个齿槽内时，测头到齿轮轴线的最大和最小径向距离之差，如图 9-11 所示。

F_r反映了齿廓径向位置的变化，但并不反映由运动偏心引起的切向误差，故不能全面评价传递运动的准确性。齿圈径向跳动可以在齿圈径向跳动检查仪、万能测齿仪或普通偏摆检查仪上用指示表测量。

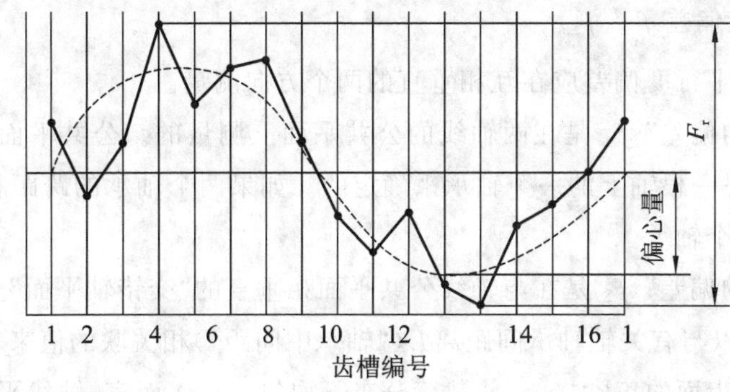

图 9-11　径向跳动

测量时，以齿轮孔为基准，将测头放入各齿槽内，如图 9-12 所示，测头与齿槽(或轮齿)双面接触，沿齿圈逐齿测量一整转，在指示表上读出测头径向位置的最大、最小示值之差，就是被测齿轮的齿圈径向跳动。

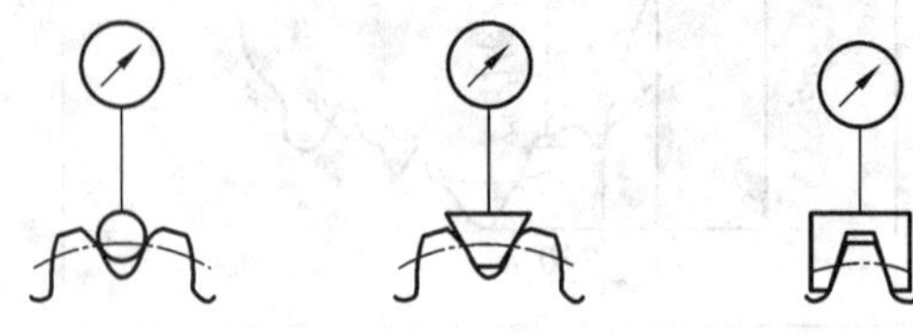

图 9-12 径向跳动测量

切向综合偏差(F_i'、f_i')只与齿轮同侧齿面的误差有关,比较接近齿轮的实际工作状态,可以满足较高精度齿轮传动功能要求的评价;径向综合偏差(F_i''、f_i'')与齿轮两侧齿面误差的综合结果有关。当被测齿轮的规格较大时,由于受测量仪器的限制,可以用齿圈径向跳动 F_r 代替径向综合偏差。

径向综合偏差(F_i''、f_i'')和齿圈径向跳动 F_r 之所以只适用于一般和较低精度齿轮的评价,是由于它们只反映了齿面对齿轮轴线的径向位置偏差,而直接影响齿轮传动精度的是齿面的切向位置偏差。例如,用分度法切齿时,只要刀具与被切齿坯轴线的径向相对位置不变,就不会造成齿轮的径向综合偏差或齿圈径向跳动;但分度机构的分度误差则会导致齿面的圆周分布(切向位置)偏差,从而直接影响齿轮的传动精度。

9.3 齿轮副的安装精度与侧隙

两个齿轮啮合传动时,影响齿轮副传动的因素是多方面的,除控制单个齿轮的精度外,还必须控制齿轮副的安装误差及齿轮配合的侧隙大小。

9.3.1 齿轮副的安装精度

为保证齿轮工作基准的精度,应该分别限制齿轮传动的两个互相垂直方向上的轴线平行度偏差 $f_{\Sigma\delta}$ 和 $f_{\Sigma\beta}$。同时,还应限制齿轮传动的中心距偏差 f_a。

1. 轴线平行度偏差 $f_{\Sigma\delta}$、$f_{\Sigma\beta}$

齿轮副轴线的平行度偏差应在互相垂直的两个方向测量。

“轴线平面内的偏差” $f_{\Sigma\delta}$ 是在两轴线的公共平面上测量的。公共平面是以两轴承跨距中较长的一个,与另一根轴上的一个轴承来确定的。如果两个轴承的跨距相同,则用小齿轮轴和大齿轮轴的一个轴承。

“垂直平面上的偏差” $f_{\Sigma\beta}$ 是在与轴线公共平面相垂直的“交错轴平面”上测量的。

$f_{\Sigma\delta}$ 和 $f_{\Sigma\beta}$ 均是以与有关轴轴承间距离 L(“轴承中间距”)相关联的值来表示的,如图 9-13 所示。两者会影响齿面的正常接触,使载荷分布不均匀。具体而言,轴线平面内的平行度偏差 $f_{\Sigma\delta}$ 影响螺旋线啮合偏差,它的影响是工作压力角的正弦函数,而垂直平面上的平行度偏差 $f_{\Sigma\beta}$ 的影响则是工作压力角的余弦函数。可见,垂直平面上的偏差比同样大小的轴线平面内的偏差导致的啮合偏差要大 2~3 倍。

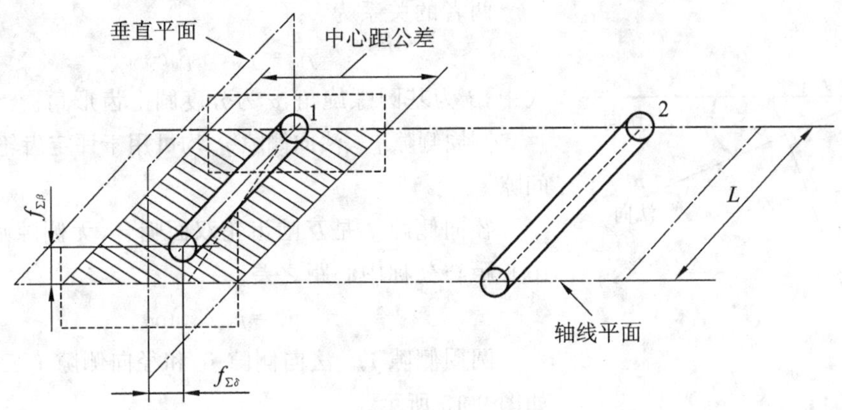

图 9-13　轴线的平行度偏差

2. 中心距偏差 f_a

中心距偏差 f_a 是指在齿轮副的齿宽中间平面内,实际中心距与公称中心距之差,如图 9-14 所示。

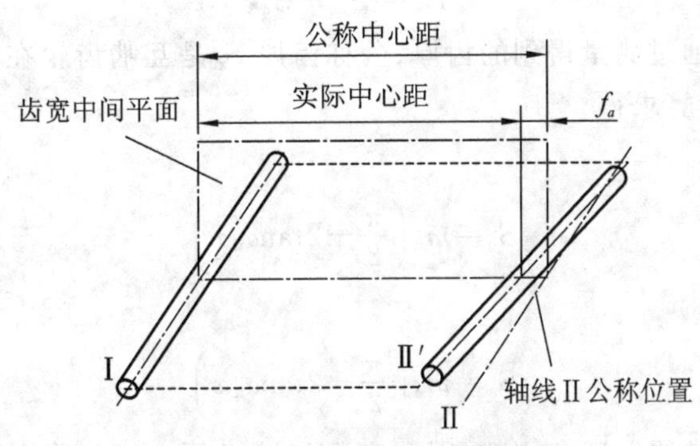

图 9-14　齿轮副中心距偏差

公称中心距是在考虑了最小侧隙及两齿轮的齿顶和其相啮合的非渐开线齿廓齿根部分的干涉后确定的。在齿轮只是单向承载运转而不经常反转的情况下,最大侧隙的控制不是一个 重要的考虑因素,此时中心距允许偏差主要取决于重合度。

控制运动用的齿轮副,其侧隙必须严格控制。当轮齿上的负载常常反向时,中心距的精度还必须仔细地考虑轴、箱体、轴承等的制造误差、安装误差等因素的影响。

9.3.2　齿轮副的配合

1. 齿轮副侧隙

齿轮副的侧隙分为圆周侧隙 j_{wt}、法向侧隙 j_{bn} 和径向侧隙 j_r。

圆周侧隙 j_{wt} 是指装配好的齿轮副,当一个齿轮固定时,另一个齿轮的圆周晃动量,以分度圆弧长计值。可以用指示表测量。

法向侧隙 j_{bn} 是指装配好的齿轮副,当工作齿面接触时,非工作齿面之间的最小距离。可以用塞尺测量。

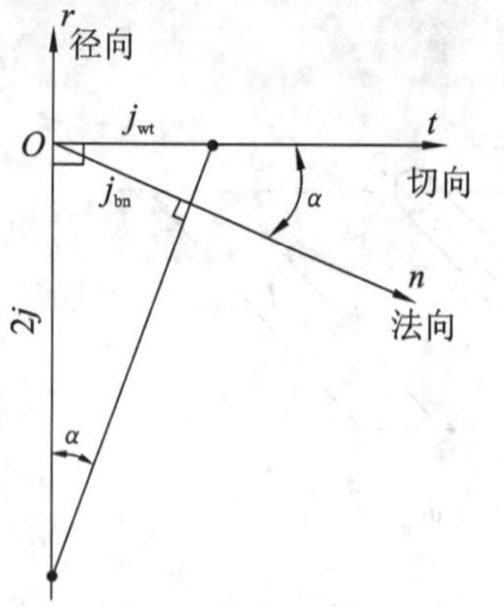

两者的关系为

$$j_{bn}=j_{wt}\cos\beta_b\cos\alpha \tag{9-1}$$

式中，β_b为基圆螺旋角，α为分度圆上齿形角。

圆周侧隙j_{wt}、法向侧隙j_{bn}均可用于评定齿轮副的齿侧间隙。

径向侧隙j_r是互啮齿轮双面啮合（无侧隙啮合）时的中心距与公称中心距之差。

$$j_r=j_{wt}/2\tan\alpha \tag{9-2}$$

圆周侧隙j_{wt}、法向侧隙j_{bn}和径向侧隙j_r三者的关系如图 9-15 所示。

图 9-15　三种齿轮副侧隙之间的关系

2. 齿厚

为了保证获得合理的侧隙，主要应控制齿轮的齿厚尺寸。通常，在设计时规定尺厚的极限偏差（上偏差E_{sns}、下偏差E_{sni}）作为齿厚偏差E_{sn}允许变化的界限值。

齿厚偏差E_{sn}是实际齿厚S_{na}与公称齿厚S_n之差，即

$$E_{sn}=S_{na}-S_n \tag{9-3}$$

式中，实际齿厚S_{na}是通过测量得到的齿厚；公称齿厚S_n是互啮齿轮在公称中心距下实现无侧隙啮合的齿厚，可计算求得。

对外齿轮

$$S_n=m_n\left(\frac{\pi}{2}+2\tan\alpha_n x\right) \tag{9-4}$$

对内齿轮

$$S_n=m_n\left(\frac{\pi}{2}-2\tan\alpha_n x\right) \tag{9-5}$$

由于齿轮传动通常须保证有侧隙，因此实际齿厚必须小于公称齿厚，即齿厚上、下偏差均应为负值，并满足

$$E_{sni}\leqslant E_{sn}\leqslant E_{sns} \tag{9-6}$$

与尺寸公差相似，齿厚公差T_{sn}等于齿厚上、下偏差之差，它是实际齿厚的允许变动量，如图 9-16 所示。

$$T_{sn}=E_{sns}-E_{sni} \tag{9-7}$$

对于斜齿轮，齿厚应在法向平面内测量。

3. 公法线长度偏差 E_{bn}

齿厚偏差也可以通过齿轮的公法线长度偏差来控制。

公法线是渐开线齿轮任两异侧齿面的公共法线，即基圆的切线。跨k个齿的公法线长度W_k等于$k-1$个基圆齿距与1个基圆齿厚之和。所以，可以规定公法线长度极限偏差（上偏差E_{bns}、下偏差E_{bni}）

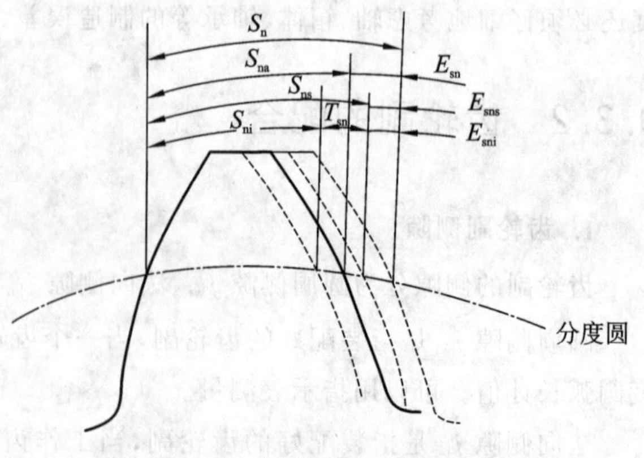

图 9-16　齿厚偏差与公差

作为公法线长度偏差 E_{bn} 的允许变化的界限值，从而间接控制齿厚偏差。

公法线长度偏差 E_{bn} 是公法线的实际长度 W_{ka} 与其公称长度 W_k 之差，即

$$E_{bn}=W_{ka}-W_k \tag{9-8}$$

式中，跨 k 个齿的公法线公称长度 W_k 可按照下式计算

$$W_k=m_n\cos\alpha_n[(k-0.5)\pi+z\text{inv}\alpha_t+2\tan\alpha_n x] \tag{9-9}$$

跨齿数 k 的选择应使公法线与两侧齿面在分度圆附近相交。

公法线长度极限偏差可由齿厚极限偏差计算得到

$$\begin{cases}E_{bns}=E_{sns}\cos\alpha_n\\E_{bni}=E_{sni}\cos\alpha_n\end{cases} \tag{9-10}$$

显然，公法线长度极限偏差也是负值，并应满足

$$E_{bni}\leqslant E_{bn}\leqslant E_{bns} \tag{9-11}$$

公法线长度公差 T_{bn} 可按下式计算

$$T_{bn}=E_{bns}-E_{bni}=T_{sn}\cos\alpha_n \tag{9-12}$$

公法线长度偏差与公差如图 9-17 所示。

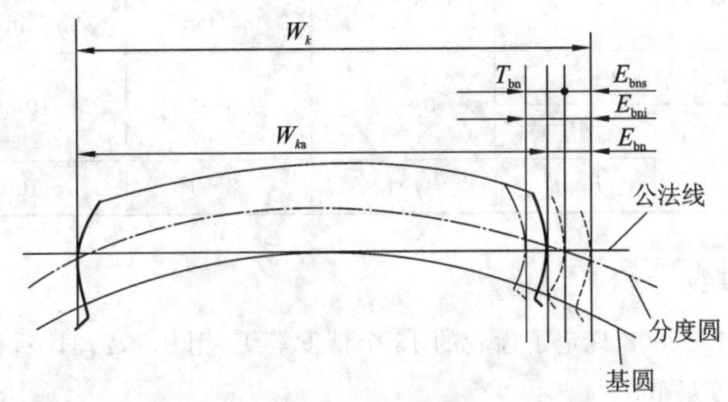

图 9-17 公法线长度偏差与公差

9.4 渐开线圆柱齿轮精度标准及应用

9.4.1 渐开线圆柱齿轮的精度标准

目前，渐开线圆柱齿轮的精度标准，主要由以下三项国家标准和四项国家标准化指导性技术文件组成。

《圆柱齿轮　精度制　第 1 部分：轮齿同侧齿面偏差的定义和允许值》(GB/T 10095.1—2008)。

《圆柱齿轮　精度制　第 2 部分：径向综合偏差与径向跳动的定义和允许值》(GB/T 10095.2—2008)。

《渐开线圆柱齿轮精度 检验细则》(GB/T 13924—2008)。

《圆柱齿轮　检验实施规范　第 1 部分：轮齿同侧齿面的检验》(GB/Z 18620.1—2008)。

《圆柱齿轮　检验实施规范　第 2 部分：径向综合偏差、径向跳动、齿厚和侧隙的检验》(GB/Z 18620.2—2008)。

《圆柱齿轮　检验实施规范　第 3 部分：齿轮坯、轴中心距和轴线平行度的检验》(GB/Z 18620.3—2008)。

《圆柱齿轮　检验实施规范　第 4 部分：表面结构和轮齿接触斑点的检验》(GB/Z 18620.4—2008)。

1. 适用范围

GB/T 10095.1—2008 规定了单个渐开线圆柱齿轮轮齿同侧齿面的精度制，包括齿距(位置)、齿廓(形状)、齿向(方向)和切向综合偏差的精度。GB/T 10095.2—2008 规定了单个渐开线圆柱齿轮径向综合偏差与径向跳动的精度制。两标准均只适用于单个齿轮的各要素，而不包括相互啮合的齿轮副的精度。规定的精度等级和参数范围如表 9-1 所示。

表 9-1　GB/T 10095 的适用范围

<table>
<tr><th colspan="2">标准编号</th><th>精度等级</th><th>法向模数
m_n/mm</th><th>分度圆直径
d/mm</th><th>齿宽
b/mm</th></tr>
<tr><td colspan="2">GB/T 10095.1—2008</td><td rowspan="2">0～12</td><td rowspan="2">0.5～70</td><td rowspan="2">5～10 000</td><td>4～1000</td></tr>
<tr><td rowspan="2">GB/T 10095.2—2008</td><td>F_r</td><td rowspan="2">—</td></tr>
<tr><td>F''_i、f''_i</td><td>4～12</td><td>0.2～10</td><td>5～1000</td></tr>
</table>

2. 齿轮精度等级

GB/T 10095.1—2008 规定了齿轮的 13 个精度等级，用 0，1，2，3，…，12 表示，其中 0 级精度最高，12 级精度最低。

GB/T 10095.2—2008 中的径向综合总偏差 F''_i 和一齿径向综合偏差 f''_i 只规定了 4～12 共 9 个精度等级。其中 4 级精度最高，12 级精度最低。

标准规定的齿轮各项目参数与齿轮传动功能要求的关系如表 9-2 所示。

表 9-2　各项目参数与齿轮传动功能要求的关系

功 能 要 求	精 度 项 目
运动精度	F_p，$\pm F_{pk}$，F'_i，F''_i，F_r
传动平稳性	F_α($f_{f\alpha}$、$\pm f_{H\alpha}$)、$\pm f_{pt}$、f'_i、f''_i
承载能力	F_β($f_{f\beta}$、$\pm f_{H\beta}$)、$f_{\Sigma\delta}$、$f_{\Sigma\beta}$

齿轮各项目参数的精度等级一般取成相同等级，特殊情况也可取成不同级(一般相差 1 级)。齿轮精度等级的选择应综合考虑齿轮的用途、使用要求及工作条件等。此外，还应考虑工艺的可行性与经济性。目前多采用经过实践验证的齿轮精度所适用的产品性能、工作条件等经验资料，进行齿轮精度类比法的选择。

表 9-3 列出了一些机械采用的齿轮精度等级范围，表 9-4 列出了部分齿轮精度等级的适

用范围，供选用时参考。

表 9-3 一些机械采用的齿轮精度等级范围

应用范围	精度等级	应用范围	精度等级
单啮仪、双啮仪	2～5	载重汽车	6～9
汽轮机减速器	3～5	通用减速器	6～8
金属切削机床	3～8	轧钢机	5～10
航空发动机	4～7	矿用绞车	6～10
内燃机车、电气机车	5～8	起重机	6～9
轻型汽车	5～8	拖拉机	6～10

表 9-4 渐开线圆柱齿轮精度等级的适用范围

精度等级		4	5	6	7	8	9
工作条件与应用范围		用于特殊精密分度机构的齿轮；在速度极高、要求最平稳及无噪声情况下工作的齿轮；高速汽轮机的齿轮；检验 6～7 级精度齿轮的测量齿轮	用于精密分度机构的齿轮；在高速、要求高平稳性及无噪声情况下工作的齿轮；高速汽轮机的齿轮；检验 8～9 级精度齿轮的测量齿轮	用于高速情况下平稳工作，要求最高效率及无噪声的齿轮；航空制造业特殊、重要的小齿轮；读数设备中特殊精密传动的齿轮	在增高了速度与适度功率或相反的情况下工作的齿轮，金属切削机床中的进给齿轮（要求运动协调）；具有一定速度的减速器中的齿轮，读数设备中的传动及具有一定速度的非直齿齿轮传动，航空制造业中的齿轮	一般机器制造业中，不要求特殊精度的齿轮；分度链以外的机床用齿轮；航空与汽车拖拉机制造业中不重要的小齿轮；起重机构的齿轮；农业机器中的小齿轮；普通减速器的齿轮	用于不提出精度要求的粗糙工作的齿轮；按照大载荷设计，且用于轻载的齿轮
圆周速度 m/s	直齿	<35	<20	<15	<10	<6	<2
	斜齿	<70	<40	<30	<15	<10	<4

3. 精度项目的选用

精度项目的选用主要考虑精度等级、项目间的协调、被检产品的批量和检测费用等因素。

精度等级较高的齿轮，应该选用同侧齿面的精度项目，如齿距偏差、齿廓偏差、齿向偏差、切向综合偏差等。精度等级较低的齿轮，可以选用径向综合偏差或径向跳动偏差等双侧齿面的精度项目。因为同侧齿面的精度项目比较接近齿轮的实际工作状态，而双侧齿面的精度项目受非工作齿面精度的影响，反映齿轮实际工作状态的可靠性较差。

当运动精度的要求选用切向综合总偏差 F_i'时，传动平稳性的要求最好选用一齿切向综合偏差 f_i'；当运动精度的要求选用齿距累积总偏差 F_p时，传动平稳性的要求最好选用单个

齿距偏差 f_{pt}。因为两种功能要求可以用同一种方法进行测量和检验。

生产批量较大时，宜采用综合性项目，如切向综合偏差和径向综合偏差，以减少测量费用。精度项目的选定还应考虑测量设备等实际条件，在保证满足齿轮功能要求的前提下，要考虑测量过程的经济性。表 9-5 列出了各类齿轮推荐选用的精度项目组合。表 9-6 列出了各精度项目组合所使用的测量器具及应用说明。

表 9-5　齿轮参数的精度项目组合

用　途		分度机构、读数设备	航空、汽车、机床		拖拉机、减速器、农用机械	蜗轮机、轧钢机	
精度等级		3～5	4～6	6～8	7～12	3～6	6～8
功能要求	运动精度	F_i'或 F_p	F_i'或 F_p	F_r 或 F_i''	F_r 或 F_i''	F_p	
	传动平稳	f_i'或 F_α 与 f_{pt}	f_i'或 F_α 与 f_{pt}	f_i''	f_{pt}	F_α 与 f_{pt}	f_{pt}
	承载能力	F_β					

表 9-6　各精度项目组合的测量器具及应用说明

精度项目			精度等级	测量仪器	应用说明
运动精度	传动平稳	承载能力			
F_i'	f_i'	F_β	3～6	万能齿轮测量机、齿向仪	属高、精仪器，反映误差真实、准确，并能分析单项误差，适用于精密仪器、分度机构、读数设备的齿轮及高速运转齿轮、测量齿轮等齿轮和齿轮刀具
			5～8	整体误差测量仪	能反映转角误差和轴向误差，也能分析单项误差，适用于机床、汽车等的齿轮
			6～8	单面啮合仪、齿向仪	用测量齿轮作基准件，接近齿轮工作状态，反映转角真实误差，适用于大批量齿轮，易于实现自动化
F_p	F_α f_{pt}		3～7	半自动齿距仪、渐开线检查仪、齿向仪	准确度高，有助于齿轮机床调整、做工艺分析，适用于中高精度、磨削后的齿轮，宽斜、人字齿轮，还适用于剃、插齿刀
F_i''	f_i''		6～9	双面啮合仪、齿向仪	接近加工状态，经济性好，适用于大量或成批生产的汽车、拖拉机齿轮
F_p	f_{pt}		7～9	万能测齿仪、齿向仪	适用于大尺寸齿轮，或多齿数的滚切齿轮
F_r	F_α		5～7	跳动仪、齿形仪、齿向仪	准确度高，有助于齿轮机床调整，便于做工艺分析，适用于中高精度、磨削后的齿轮，宽斜、人字齿轮，还适用于剃、插齿刀，适用于滚齿、剃齿、插齿
F_r	f_{pt}		8～12	跳动仪、齿距仪、齿向仪	适用于中、低精度齿轮、多齿数滚切齿轮，便于工艺分析

需要注意的是，在齿轮精度设计时，如果给出按 GB/T 10095.1—2008 的某级精度而无其他规定时，则该齿轮的同侧齿面的各精度项目均按该精度等级确定其公差或偏差的最大允许值。

GB/T 10095.1—2008 还规定，根据供需双方的协议，齿轮的工作齿面和非工作齿面可以给出不同的精度等级。也可以只给出工作齿面的精度等级，而不对非工作齿面提出精度要求。

此外，GB/T 10095.2—2008 规定的径向综合偏差（F_i''、f_i''）和径向跳动偏差（F_r）不一定要选用与 GB/T 10095.1—2008 规定的同侧齿面的精度项目相同的精度等级。因此，在技术文件中说明齿轮精度等级时，应注明标准编号（GB/T 10095.1—2008 或 GB/T 10095.2—2008）。

4. 各项参数偏差的允许值

齿轮各项参数偏差的最大允许值，分别如表 9-7～表 9-17 所示。

表 9-7 渐开线圆柱齿轮齿距累积总偏差 F_p 的允许值 （μm）

分度圆直径 d /mm	法向模数 m_n/mm	精度等级				
		5	6	7	8	9
$5 \leqslant d \leqslant 20$	$0.5 \leqslant m_n \leqslant 2$	11.0	16.0	23.0	32.0	45.0
	$2 < m_n \leqslant 3.5$	12.0	17.0	23.0	33.0	47.0
$20 < d \leqslant 50$	$0.5 \leqslant m_n \leqslant 2$	14.0	20.0	29.0	41.0	57.0
	$2 < m_n \leqslant 3.5$	15.0	21.0	30.0	42.0	59.0
	$3.5 < m_n \leqslant 6$	15.0	22.0	31.0	44.0	62.0
	$6 < m_n \leqslant 10$	16.0	23.0	33.0	46.0	65.0
$50 < d \leqslant 125$	$0.5 \leqslant m_n \leqslant 2$	18.0	26.0	37.0	52.0	74.0
	$2 < m_n \leqslant 3.5$	19.0	27.0	38.0	53.0	76.0
	$3.5 < m_n \leqslant 6$	19.0	28.0	39.0	55.0	78.0
	$6 < m_n \leqslant 10$	20.0	29.0	41.0	58.0	82.0
$125 < d \leqslant 280$	$0.5 \leqslant m_n \leqslant 2$	24.0	35.0	49.0	69.0	98.0
	$2 < m_n \leqslant 3.5$	25.0	35.0	50.0	70.0	100.0
	$3.5 < m_n \leqslant 6$	25.0	36.0	51.0	72.0	102.0
	$6 < m_n \leqslant 10$	26.0	37.0	53.0	75.0	106.0
$280 < d \leqslant 560$	$0.5 \leqslant m_n \leqslant 2$	32.0	46.0	64.0	91.0	129.0
	$2 < m_n \leqslant 3.5$	33.0	46.0	65.0	92.0	131.0
	$3.5 < m_n \leqslant 6$	33.0	47.0	66.0	94.0	133.0
	$6 < m_n \leqslant 10$	34.0	48.0	68.0	97.0	137.0

表 9-8 渐开线圆柱齿轮单个齿距偏差的允许值 $\pm f_{pt}$ (μm)

分度圆直径 d /mm	法向模数 m_n/mm	精度等级				
		5	6	7	8	9
$5 \leqslant d \leqslant 20$	$0.5 \leqslant m_n \leqslant 2$	4.7	6.5	9.5	13.0	19.0
	$2 < m_n \leqslant 3.5$	5.0	7.5	10.0	15.0	21.0
$20 < d \leqslant 50$	$0.5 \leqslant m_n \leqslant 2$	5.0	7.0	10.0	14.0	20.0
	$2 < m_n \leqslant 3.5$	5.5	7.5	11.0	15.0	22.0
	$3.5 < m_n \leqslant 6$	6.0	8.5	12.0	17.0	24.0
	$6 < m_n \leqslant 10$	7.0	10.0	14.0	20.0	28.0
$50 < d \leqslant 125$	$0.5 \leqslant m_n \leqslant 2$	5.5	7.5	11.0	15.0	21.0
	$2 < m_n \leqslant 3.5$	6.0	8.5	12.0	17.0	23.0
	$3.5 < m_n \leqslant 6$	6.5	9.0	13.0	18.0	26.0
	$6 < m_n \leqslant 10$	7.5	10.0	15.0	21.0	30.0
$125 < d \leqslant 280$	$0.5 \leqslant m_n \leqslant 2$	6.0	8.5	12.0	17.0	24.0
	$2 < m_n \leqslant 3.5$	6.5	9.0	13.0	18.0	26.0
	$3.5 < m_n \leqslant 6$	7.0	10.0	14.0	20.0	28.0
	$6 < m_n \leqslant 10$	8.0	11.0	16.0	23.0	32.0
$280 < d \leqslant 560$	$0.5 \leqslant m_n \leqslant 2$	6.5	9.5	13.0	19.0	27.0
	$2 < m_n \leqslant 3.5$	7.0	10.0	14.0	20.0	29.0
	$3.5 < m_n \leqslant 6$	8.0	11.0	16.0	22.0	31.0
	$6 < m_n \leqslant 10$	8.5	12.0	17.0	25.0	35.0

表 9-9 渐开线圆柱齿轮的齿廓总偏差 F_α 的允许值 (μm)

分度圆直径 d /mm	法向模数 m_n/mm	精度等级				
		5	6	7	8	9
$5 \leqslant d \leqslant 20$	$0.5 \leqslant m_n \leqslant 2$	4.6	6.5	9.0	13.0	18.0
	$2 < m_n \leqslant 3.5$	6.5	9.5	13.0	19.0	26.0
$20 < d \leqslant 50$	$0.5 \leqslant m_n \leqslant 2$	5.0	7.5	10.0	15.0	21.0
	$2 < m_n \leqslant 3.5$	7.0	10.0	14.0	20.0	29.0
	$3.5 < m_n \leqslant 6$	9.0	12.0	18.0	25.0	35.0
	$6 < m_n \leqslant 10$	11.0	15.0	22.0	31.0	43.0
$50 < d \leqslant 125$	$0.5 \leqslant m_n \leqslant 2$	6.0	8.5	12.0	17.0	23.0
	$2 < m_n \leqslant 3.5$	8.0	11.0	16.0	22.0	31.0
	$3.5 < m_n \leqslant 6$	9.5	13.0	19.0	27.0	38.0
	$6 < m_n \leqslant 10$	12.0	16.0	23.0	33.0	46.0

续表

分度圆直径 d /mm	法向模数 m_n/mm	精度等级				
		5	6	7	8	9
$125<d\leqslant 280$	$0.5\leqslant m_n\leqslant 2$	7.0	10.0	14.0	20.0	28.0
	$2<m_n\leqslant 3.5$	9.0	13.0	18.0	25.0	36.0
	$3.5<m_n\leqslant 6$	11.0	15.0	21.0	30.0	42.0
	$6<m_n\leqslant 10$	13.0	18.0	25.0	36.0	50.0
$280<d\leqslant 560$	$0.5\leqslant m_n\leqslant 2$	8.5	12.0	17.0	23.0	33.0
	$2<m_n\leqslant 3.5$	10.0	15.0	21.0	29.0	41.0
	$3.5<m_n\leqslant 6$	12.0	17.0	24.0	34.0	48.0
	$6<m_n\leqslant 10$	14.0	20.0	28.0	40.0	56.0

表 9-10　渐开线圆柱齿轮齿廓形状偏差 $f_{f\alpha}$ 的允许值　(μm)

分度圆直径 d /mm	法向模数 m_n/mm	精度等级				
		5	6	7	8	9
$5\leqslant d\leqslant 20$	$0.5\leqslant m_n\leqslant 2$	3.5	5.0	7.0	10.0	14.0
	$2<m_n\leqslant 3.5$	5.0	7.0	10.0	14.0	20.0
$20<d\leqslant 50$	$0.5\leqslant m_n\leqslant 2$	4.0	5.5	8.0	11.0	16.0
	$2<m_n\leqslant 3.5$	5.5	8.0	11.0	16.0	22.0
	$3.5<m_n\leqslant 6$	7.0	9.5	14.0	19.0	27.0
	$6<m_n\leqslant 10$	8.5	12.0	17.0	24.0	34.0
$50<d\leqslant 125$	$0.5\leqslant m_n\leqslant 2$	4.5	6.5	9.0	13.0	18.0
	$2<m_n\leqslant 3.5$	6.0	8.5	12.0	17.0	24.0
	$3.5<m_n\leqslant 6$	7.5	10.0	15.0	21.0	29.0
	$6<m_n\leqslant 10$	9.0	13.0	18.0	25.0	36.0
$125<d\leqslant 280$	$0.5\leqslant m_n\leqslant 2$	5.5	7.5	11.0	15.0	21.0
	$2<m_n\leqslant 3.5$	7.0	9.5	14.0	19.0	28.0
	$3.5<m_n\leqslant 6$	8.0	12.0	16.0	23.0	33.0
	$6<m_n\leqslant 10$	10.0	14.0	20.0	28.0	39.0
$280<d\leqslant 560$	$0.5\leqslant m_n\leqslant 2$	6.5	9.0	13.0	18.0	26.0
	$2<m_n\leqslant 3.5$	8.0	11.0	16.0	22.0	32.0
	$3.5<m_n\leqslant 6$	9.0	13.0	18.0	26.0	37.0
	$6<m_n\leqslant 10$	11.0	15.0	22.0	31.0	43.0

表 9-11　渐开线圆柱齿轮齿廓倾斜偏差的允许值 $\pm f_{H\alpha}$　（μm）

分度圆直径 d /mm	法向模数 m_n/mm	精度等级 5	6	7	8	9
$5 \leqslant d \leqslant 20$	$0.5 \leqslant m_n \leqslant 2$	2.9	4.2	6.0	8.5	12.0
	$2 < m_n \leqslant 3.5$	4.2	6.0	8.5	12.0	17.0
$20 < d \leqslant 50$	$0.5 \leqslant m_n \leqslant 2$	3.3	4.6	6.5	9.5	13.0
	$2 < m_n \leqslant 3.5$	4.5	6.5	9.0	13.0	18.0
	$3.5 < m_n \leqslant 6$	5.5	8.0	11.0	16.0	22.0
	$6 < m_n \leqslant 10$	7.0	9.5	14.0	19.0	27.0
$50 < d \leqslant 125$	$0.5 \leqslant m_n \leqslant 2$	3.7	5.5	7.5	11.0	15.0
	$2 < m_n \leqslant 3.5$	5.0	7.0	10.0	14.0	20.0
	$3.5 < m_n \leqslant 6$	6.0	8.5	12.0	17.0	24.0
	$6 < m_n \leqslant 10$	7.5	10.0	15.0	21.0	29.0
$125 < d \leqslant 280$	$0.5 \leqslant m_n \leqslant 2$	4.4	6.0	9.0	12.0	18.0
	$2 < m_n \leqslant 3.5$	5.5	8.0	11.0	16.0	23.0
	$3.5 < m_n \leqslant 6$	6.5	9.5	13.0	19.0	27.0
	$6 < m_n \leqslant 10$	8.0	11.0	16.0	23.0	32.0
$280 < d \leqslant 560$	$0.5 \leqslant m_n \leqslant 2$	5.5	7.5	11.0	15.0	21.0
	$2 < m_n \leqslant 3.5$	6.5	9.0	13.0	18.0	26.0
	$3.5 < m_n \leqslant 6$	7.5	11.0	15.0	21.0	30.0
	$6 < m_n \leqslant 10$	9.0	13.0	18.0	25.0	35.0

表 9-12　渐开线圆柱齿轮螺旋线总偏差 F_β 的允许值　（μm）

分度圆直径 d /mm	齿宽 b/mm	精度等级 5	6	7	8	9
$5 \leqslant d \leqslant 20$	$4 \leqslant b \leqslant 10$	6.0	8.5	12.0	17.0	24.0
	$10 < b \leqslant 20$	7.0	9.5	14.0	19.0	28.0
	$20 < b \leqslant 40$	8.0	11.0	16.0	22.0	31.0
	$40 < b \leqslant 80$	9.5	13.0	19.0	26.0	37.0
$20 < d \leqslant 50$	$4 \leqslant b \leqslant 10$	6.5	9.0	13.0	18.0	25.0
	$10 < b \leqslant 20$	7.0	10.0	14.0	20.0	29.0
	$20 < b \leqslant 40$	8.0	11.0	16.0	23.0	32.0
	$40 < b \leqslant 80$	9.5	13.0	19.0	27.0	38.0
	$80 < b \leqslant 160$	11.0	16.0	23.0	32.0	46.0

续表

分度圆直径 d /mm	齿宽 b/mm	精度等级				
		5	6	7	8	9
$50<d\leqslant125$	$4\leqslant b\leqslant10$	6.5	9.0	13.0	19.0	27.0
	$10<b\leqslant20$	7.5	11.0	15.0	21.0	30.0
	$20<b\leqslant40$	8.5	12.0	17.0	24.0	34.0
	$40<b\leqslant80$	10.0	14.0	20.0	28.0	39.0
	$80<b\leqslant160$	12.0	17.0	24.0	33.0	47.0
	$160<b\leqslant250$	14.0	20.0	28.0	40.0	56.0
$125<d\leqslant280$	$4\leqslant b\leqslant10$	7.0	10.0	14.0	20.0	29.0
	$10<b\leqslant20$	8.0	11.0	16.0	22.0	32.0
	$20<b\leqslant40$	9.0	13.0	18.0	25.0	36.0
	$40<b\leqslant80$	10.0	15.0	21.0	29.0	41.0
	$80<b\leqslant160$	12.0	17.0	25.0	35.0	49.0
	$160<b\leqslant250$	14.0	20.0	29.0	41.0	58.0
$280<d\leqslant560$	$10<b\leqslant20$	8.5	12.0	17.0	24.0	34.0
	$20<b\leqslant40$	9.5	13.0	19.0	27.0	38.0
	$40<b\leqslant80$	11.0	15.0	22.0	31.0	44.0
	$80<b\leqslant160$	13.0	18.0	26.0	36.0	52.0
	$160<b\leqslant250$	15.0	21.0	30.0	43.0	60.0

表 9-13 渐开线圆柱齿轮螺旋线形状偏差 $f_{f\beta}$和螺旋线倾斜偏差$\pm f_{H\beta}$的允许值 (μm)

分度圆直径 d /mm	齿宽 b/mm	精度等级				
		5	6	7	8	9
$5\leqslant d\leqslant20$	$4\leqslant b\leqslant10$	4.4	6.0	8.5	12.0	17.0
	$10<b\leqslant20$	4.9	7.0	10.0	14.0	20.0
	$20<b\leqslant40$	5.5	8.0	11.0	16.0	22.0
	$40<b\leqslant80$	6.5	9.5	13.0	19.0	26.0
$20<d\leqslant50$	$4\leqslant b\leqslant10$	4.5	6.5	9.0	13.0	18.0
	$10<b\leqslant20$	5.0	7.0	10.0	14.0	20.0
	$20<b\leqslant40$	6.0	8.0	12.0	16.0	23.0
	$40<b\leqslant80$	7.0	9.5	14.0	19.0	27.0
	$80<b\leqslant160$	8.0	12.0	16.0	23.0	33.0

续表

分度圆直径 d /mm	齿宽 b/mm	精度等级				
		5	6	7	8	9
50＜d≤125	4≤b≤10	4.8	6.5	9.5	13.0	19.0
	10＜b≤20	5.5	7.5	11.0	15.0	21.0
	20＜b≤40	6.0	8.5	12.0	17.0	24.0
	40＜b≤80	7.0	10.0	14.0	20.0	28.0
	80＜b≤160	8.5	12.0	17.0	24.0	34.0
	160＜b≤250	10.0	14.0	20.0	28.0	40.0
125＜d≤280	4≤b≤10	5.0	7.0	10.0	14.0	20.0
	10＜b≤20	5.5	8.0	11.0	16.0	23.0
	20＜b≤40	6.5	9.0	13.0	18.0	25.0
	40＜b≤80	7.5	10.0	15.0	21.0	29.0
	80＜b≤160	8.5	12.0	17.0	25.0	35.0
	160＜b≤250	10.0	15.0	21.0	29.0	41.0
280＜d≤560	10＜b≤20	6.0	8.5	12.0	17.0	24.0
	20＜b≤40	7.0	9.5	14.0	19.0	27.0
	40＜b≤80	8.0	11.0	16.0	22.0	31.0
	80＜b≤160	9.0	13.0	18.0	23.0	37.0
	160＜b≤250	11.0	15.0	22.0	30.0	43.0

表 9-14　渐开线圆柱齿轮一齿切向综合偏差 f_i'/K 的允许值　(μm)

分度圆直径 d /mm	法向模数 m_n/mm	精度等级				
		5	6	7	8	9
5≤d≤20	0.5≤m_n≤2	14.0	19.0	27.0	38.0	54.0
	2＜m_n≤3.5	16.0	23.0	32.0	45.0	64.0
20＜d≤50	0.5≤m_n≤2	14.0	20.0	29.0	41.0	58.0
	2＜m_n≤3.5	17.0	24.0	34.0	48.0	68.0
	3.5＜m_n≤6	19.0	27.0	38.0	54.0	77.0
	6＜m_n≤10	22.0	31.0	44.0	63.0	89.0
50＜d≤125	0.5≤m_n≤2	16.0	22.0	31.0	44.0	62.0
	2＜m_n≤3.5	18.0	25.0	36.0	51.0	72.0
	3.5＜m_n≤6	20.0	29.0	40.0	57.0	81.0
	6＜m_n≤10	23.0	33.0	47.0	66.0	93.0

续表

分度圆直径 d /mm	法向模数 m_n/mm	精度等级				
		5	6	7	8	9
$125<d\leqslant280$	$0.5\leqslant m_n\leqslant2$	17.0	24.0	34.0	49.0	69.0
	$2<m_n\leqslant3.5$	20.0	28.0	39.0	56.0	79.0
	$3.5<m_n\leqslant6$	22.0	31.0	44.0	62.0	88.0
	$6<m_n\leqslant10$	25.0	35.0	50.0	70.0	100.0
$280<d\leqslant560$	$0.5\leqslant m_n\leqslant2$	19.0	27.0	39.0	54.0	77.0
	$2<m_n\leqslant3.5$	22.0	31.0	44.0	62.0	87.0
	$3.5<m_n\leqslant6$	24.0	34.0	48.0	68.0	96.0
	$6<m_n\leqslant10$	27.0	38.0	54.0	76.0	108.0

注：f_i'值由表中值乘以 K 得出。当 $\varepsilon_r<4$ 时，$K=0.2(\varepsilon_r+4)/\varepsilon_r$；当 $\varepsilon_r\geqslant4$ 时，$K=0.4$；

ε_r——总重合度。

表 9-15　渐开线圆柱齿轮径向综合总偏差 F_i''的允许值　(μm)

分度圆直径 d /mm	法向模数 m_n/mm	精度等级				
		5	6	7	8	9
$5\leqslant d\leqslant20$	$0.5\leqslant m_n\leqslant0.8$	12	16	23	33	46
	$0.8<m_n\leqslant1.0$	12	18	25	35	50
	$1.0<m_n\leqslant1.5$	14	19	27	38	54
	$1.5<m_n\leqslant2.5$	16	22	32	45	63
	$2.5<m_n\leqslant4.0$	20	28	39	56	79
$20<d\leqslant50$	$0.5\leqslant m_n\leqslant0.8$	14	20	28	40	56
	$0.8<m_n\leqslant1.0$	15	21	30	42	60
	$1.0<m_n\leqslant1.5$	16	23	32	45	64
	$1.5<m_n\leqslant2.5$	18	26	37	52	73
	$2.5<m_n\leqslant4.0$	22	31	44	63	89
	$4.0<m_n\leqslant6.0$	28	39	56	79	111
	$6.0<m_n\leqslant10.0$	37	52	74	104	147
$50<d\leqslant125$	$0.5\leqslant m_n\leqslant0.8$	17	25	35	49	70
	$0.8<m_n\leqslant1.0$	18	26	36	52	73
	$1.0<m_n\leqslant1.5$	19	27	39	55	77
	$1.5<m_n\leqslant2.5$	22	31	43	61	86
	$2.5<m_n\leqslant4.0$	25	36	51	72	102
	$4.0<m_n\leqslant6.0$	31	44	62	88	124
	$6.0<m_n\leqslant10.0$	40	57	80	114	161

续表

分度圆直径 d /mm	法向模数 m_n/mm	精度等级				
		5	6	7	8	9
$125<d\leqslant280$	$0.5\leqslant m_n\leqslant0.8$	22	31	44	63	89
	$0.8<m_n\leqslant1.0$	23	33	46	65	92
	$1.0<m_n\leqslant1.5$	24	34	48	68	97
	$1.5<m_n\leqslant2.5$	26	37	53	75	103
	$2.5<m_n\leqslant4.0$	30	43	61	86	121
	$4.0<m_n\leqslant6.0$	36	51	72	102	144
	$6.0<m_n\leqslant10.0$	45	64	90	127	180
$280<d\leqslant560$	$0.5\leqslant m_n\leqslant0.8$	29	40	57	81	114
	$0.8<m_n\leqslant1.0$	29	42	59	83	117
	$1.0<m_n\leqslant1.5$	30	43	61	86	122
	$1.5<m_n\leqslant2.5$	33	46	65	92	131
	$2.5<m_n\leqslant4.0$	37	52	73	104	146
	$4.0<m_n\leqslant6.0$	42	60	84	119	169
	$6.0<m_n\leqslant10.0$	51	73	103	145	205

表 9-16　渐开线圆柱齿轮一齿径向综合偏差 f_i'' 的允许值　(μm)

分度圆直径 d /mm	法向模数 m_n/mm	精度等级				
		5	6	7	8	9
$5\leqslant d\leqslant20$	$0.5\leqslant m_n\leqslant0.8$	2.5	4.0	5.5	7.5	11
	$0.8<m_n\leqslant1.0$	3.5	5.0	7.0	10	14
	$1.0<m_n\leqslant1.5$	4.5	6.5	9.0	13	18
	$1.5<m_n\leqslant2.5$	6.5	9.5	13	19	26
	$2.5<m_n\leqslant4.0$	10	14	20	29	41
$20<d\leqslant50$	$0.5\leqslant m_n\leqslant0.8$	2.5	4.0	5.5	7.5	11
	$0.8<m_n\leqslant1.0$	3.5	5.0	7.0	10	14
	$1.0<m_n\leqslant1.5$	4.5	6.5	9.0	13	18
	$1.5<m_n\leqslant2.5$	6.5	9.5	13	19	26
	$2.5<m_n\leqslant4.0$	10	14	20	29	41
	$4.0<m_n\leqslant6.0$	15	22	31	43	61
	$6.0<m_n\leqslant10.0$	24	34	48	67	95

续表

分度圆直径 d /mm	法向模数 m_n/mm	精度等级				
		5	6	7	8	9
50＜d≤125	0.5≤m_n≤0.8	3.0	4.0	5.5	8.0	11
	0.8＜m_n≤1.0	3.5	5.0	7.0	10	14
	1.0＜m_n≤1.5	4.5	6.5	9.0	13	18
	1.5＜m_n≤2.5	6.5	9.5	13	19	26
	2.5＜m_n≤4.0	10	14	20	29	41
	4.0＜m_n≤6.0	15	22	31	43	61
	6.0＜m_n≤10.0	24	34	48	67	95
125＜d≤280	0.5≤m_n≤0.8	3.0	4.0	5.5	8.0	11
	0.8＜m_n≤1.0	3.5	5.0	7.0	10	14
	1.0＜m_n≤1.5	4.5	6.5	9.0	13	18
	1.5＜m_n≤2.5	6.5	9.5	13	19	27
	2.5＜m_n≤4.0	10	15	21	29	41
	4.0＜m_n≤6.0	15	22	31	44	62
	6.0＜m_n≤10.0	24	34	48	67	95
280＜d≤560	0.5≤m_n≤0.8	3.0	4.0	5.5	8.0	11
	0.8＜m_n≤1.0	3.5	5.0	7.5	10	15
	1.0＜m_n≤1.5	4.5	6.5	9.0	13	18
	1.5＜m_n≤2.5	6.5	9.5	13	19	27
	2.5＜m_n≤4.0	10	15	21	29	41
	4.0＜m_n≤6.0	15	22	31	44	62
	6.0＜m_n≤10.0	24	34	48	68	96

表 9-17　渐开线圆柱齿轮径向跳动 F_r 的允许值　(μm)

分度圆直径 d /mm	法向模数 m_n/mm	精度等级				
		5	6	7	8	9
5≤d≤20	0.5≤m_n≤2	9.0	13	18	25	36
	2＜m_n≤3.5	9.5	13	19	27	38
20＜d≤50	0.5≤m_n≤2	11	16	23	32	46
	2＜m_n≤3.5	12	17	24	34	47
	3.5＜m_n≤6	12	17	25	35	49
	6＜m_n≤10	13	19	26	37	52

续表

分度圆直径 d /mm	法向模数 m_n/mm	精度等级				
		5	6	7	8	9
$50<d\leqslant125$	$0.5\leqslant m_n\leqslant2$	15	21	29	42	59
	$2<m_n\leqslant3.5$	15	21	30	43	61
	$3.5<m_n\leqslant6$	16	22	31	44	62
	$6<m_n\leqslant10$	16	23	33	46	65
$125<d\leqslant280$	$0.5\leqslant m_n\leqslant2$	20	28	39	55	78
	$2<m_n\leqslant3.5$	20	28	40	56	80
	$3.5<m_n\leqslant6$	20	29	41	58	82
	$6<m_n\leqslant10$	21	30	42	60	85
$280<d\leqslant560$	$0.5\leqslant m_n\leqslant2$	26	36	51	73	103
	$2<m_n\leqslant3.5$	26	37	52	74	105
	$3.5<m_n\leqslant6$	27	38	53	75	106
	$6<m_n\leqslant10$	27	39	55	77	109

切向综合总偏差 F_i' 的允许值可按下式计算得到

$$F_i'=F_p+f_i' \tag{9-13}$$

另外，齿轮中心距偏差和轴线平行度偏差的允许值如表 9-18 和表 9-19 所示。

表 9-18　渐开线圆柱齿轮中心距偏差 $\pm f_a$ 的允许值　(μm)

齿轮副中心距 a/mm	精度等级		
	5～6	7～8	9～10
$6<a\leqslant10$	±7.5	±11	±18
$10<a\leqslant18$	±9	±13.5	±21.5
$18<a\leqslant30$	±10.5	±16.5	±26
$30<a\leqslant50$	±12.5	±19.5	±31
$50<a\leqslant80$	±15	±23	±37
$80<a\leqslant120$	±17.5	±27	±43.5
$120<a\leqslant180$	±20	±31.5	±50
$180<a\leqslant250$	±23	±36	±57
$250<a\leqslant315$	±26	±40.5	±65
$315<a\leqslant400$	±28.5	±44.5	±70
$400<a\leqslant500$	±31.5	±48.5	±77.5
$500<a\leqslant630$	±35	±55	±87
$630<a\leqslant800$	±40	±62	±100
$800<a\leqslant1000$	±45	±70	±115

表 9-19 渐开线圆柱齿轮轴线的平行度偏差 $f_{\Sigma\delta}$、$f_{\Sigma\beta}$ 的允许值

公差项目	代号	公差计算式
公共平面内的平行度公差	$f_{\Sigma\delta}$	$f_{\Sigma\delta}=2f_{\Sigma\beta}$
垂直平面内的平行度公差	$f_{\Sigma\beta}$	$f_{\Sigma\beta}=0.5F_{\beta}(L/b)$

注：L——较大的轴承跨距；b——齿宽。

由于实际接触斑点的形状常常与图 9-18 所示的不同，其评估结果更多地取决于实际经验。因此，接触斑点的评定不能替代标准规定的精度项目的评定。

表 9-20 给出了接触斑点的数值规定。

表 9-20 接触斑点 （%）

接触斑点	精度等级			
	6	7	8	9
按高度不小于	50 (40)	45 (35)	40 (30)	30
按长度不小于	70	60	50	40

注：1. 接触斑点的分布位置应趋近齿面中部，齿顶和两端部棱边处不允许接触；

2. 括号内数值用于轴向重合度 $\varepsilon_{\beta}>0.8$ 的斜齿轮。

5. 接触斑点

除了按标准规定选用适当的精度等级及精度项目，以满足齿轮的功能要求以外，工程上还可以用轮齿的接触斑点的检验来控制齿轮轮齿在齿长和齿高方向上的精度，以保证满足承载能力的要求。

齿轮副接触斑点的检验应安装在箱体中进行，也可以在齿轮副滚动试验机上或齿轮式单面啮合检查仪上进行。有光泽法和着色法两种检验方法。光泽法是在被测齿轮副齿面上不涂涂料进行测量，经足够时间的啮合运转，使齿面能见到清晰的擦亮痕迹。着色法是先在齿轮副的小齿轮部分齿面上涂以适当厚度的涂料，扳动小齿轮轴使齿轮副做工作齿面的啮合，直到齿面上出现清晰的涂料被擦掉的痕迹。

接触斑点主要用作齿线精度的评估，也受齿廓精度的影响。接触斑点的检验具有简易、快捷、测试结果的可再现性等特点，特别适用于大型齿轮、圆锥齿轮和航天齿轮。接触斑点用于测量齿轮对产品齿轮的检验，也可用于相配齿轮副的直接检验。

齿轮副的接触斑点应以小齿轮齿面的斑点为准，并以小齿轮齿面上接触斑点面积最小的齿面所计算的接触斑点的大小作为测量结果。

接触斑点的大小是以在齿面上接触痕迹沿齿长方向的长度（扣除超过模数值的断开部分）和沿齿高方向的平均高度分别相对于工作长度和工作高度之比的百分数来确定的，如图 9-18 所示。

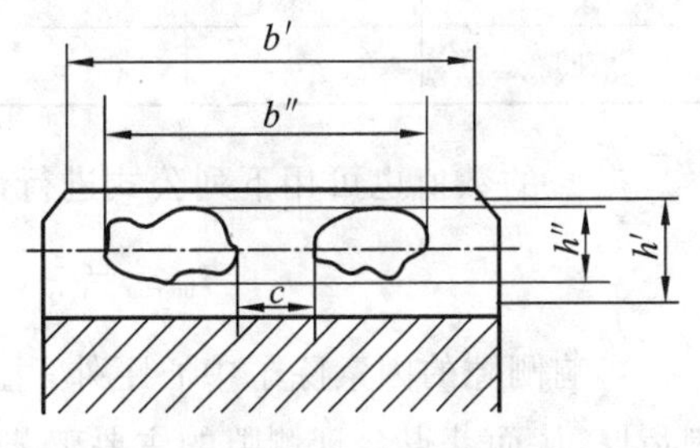

图 9-18 接触斑点的评定

沿齿长方向接触痕迹的百分比为

$$\frac{b''-c}{b'}\times 100\% \tag{9-14}$$

式中，b''为接触痕迹的总长度(包括断开部分)，单位为 mm；c 为超过模数值的断开部分的长度，单位为 mm；b'为工作长度，单位为 mm。

沿齿高方向接触痕迹的百分比为

$$\frac{h''}{h'}\times 100\% \tag{9-15}$$

式中，h''为接触痕迹的平均高度，单位为 mm；h'为工作高度，单位为 mm。

6. 齿轮副侧隙及其确定

在标准中心距条件下安装的齿轮副，若两齿轮的分度圆齿厚都为公称值 $\pi m/2$，则齿轮将为无间隙啮合，即齿侧间隙为零。要使齿轮传动具有所必需的侧隙，通常在加工中采取减薄齿厚或增加吃刀深度来获得齿侧间隙。影响侧隙的误差因素，对单个齿轮来说，就是刀具切齿时的径向深度不精确。此外，齿轮副的中心距偏差 f_a 也直接影响装配后的侧隙大小。

齿厚极限偏差的确定一般采用计算法，步骤如下。

1) 首先确定齿轮副所需的最小法向侧隙

齿轮副的侧隙按齿轮的工作条件决定，与齿轮的精度等级无关。在工作时有较大温升的齿轮，为避免发热卡死，要求有较大的侧隙。对于需要正反转或有读数机构的齿轮，为避免空程影响，则要求较小的侧隙。

设计选定的最小法向侧隙 $j_{\text{bn min}}$ 应足以补偿齿轮传动时温升所引起的变形，并保证正常润滑。必要时可以将法向侧隙折算成圆周侧隙或径向侧隙。

齿轮副的最小法向侧隙 $j_{\text{bn min}}$ 可参考表 9-21 给出的推荐值。

表 9-21　中、大模数齿轮最小法向侧隙 $j_{\text{bn min}}$ 的推荐值　(mm)

法向模数 m_n	最小中心距 a_i					
	50	100	200	400	800	1600
1.5	0.09	0.11	—	—	—	—
2	0.10	0.12	0.15	—	—	—
3	0.12	0.14	0.17	0.24	—	—
5	—	0.18	0.21	0.28	—	—
8	—	0.24	0.27	0.34	0.47	—
12	—	—	0.35	0.42	0.55	—
18	—	—	—	0.54	0.61	0.94

$j_{\text{bn min}}$ 的数值也可用下列公式进行计算

$$j_{\text{bn min}}=\frac{2}{3}(0.06+0.0005a_i+0.03m_n) \tag{9-16}$$

影响侧隙的因素除了中心距外，主要是齿轮的齿厚。径向进给量的调整是切齿过程控制齿厚，从而获得合理侧隙的主要工艺手段。

确定齿轮副中两个齿轮齿厚的上偏差 E_{sns1} 和 E_{sns2} 时，应考虑除保证形成齿轮副所需的

最小侧隙外，还要补偿由于齿轮的制造误差和安装误差所引起的侧隙减少量，即

$$E_{sns1}+E_{sns2}=-\left(2f_a\tan\alpha_n+\frac{j_{bn\,min}+J_n}{\cos\alpha_n}\right) \tag{9-17}$$

式中，f_a 为中心距偏差的允许值；J_n 为补偿齿轮加工误差和安装误差引起的侧隙减少量，按下式计算

$$J_n=\sqrt{(f_{pt1}^2+f_{pt2}^2\cos^2\alpha_n+2F_\beta^2)} \tag{9-18}$$

求出两个齿轮齿厚上偏差之和以后，可将此值等值分配给小齿轮和大齿轮，即

$$E_{sns1}=E_{sns2}=E_{sns}$$

如果采用不等值分配，一般大齿轮的齿厚减薄量略大于小齿轮的齿厚减薄量，以尽量增大小齿轮轮齿的强度。

2）*确定齿厚公差 T_{sn} 和齿厚下偏差 E_{sni}*

齿厚公差 T_{sn} 由径向跳动偏差 F_r 的允许值和切齿时径向进刀公差 b_r 两项组成，将它们按随机误差合成，即

$$T_{sn}=\sqrt{F_r^2+b_r^2}\cdot 2\tan\alpha_n \tag{9-19}$$

径向进刀公差的大小由表 9-22 确定。

表 9-22　渐开线圆柱齿轮径向进刀公差 b_r 的推荐值

切齿方法	精度等级	b_r
磨	4	1.26IT7
	5	IT8
	6	1.26IT8
滚、插	7	IT9
	8	1.26IT9
铣	9	IT10

注：IT 值根据齿轮分度圆直径由 GB/T 1800 查得。

由于齿厚下偏差只影响齿轮副的最大侧隙，所以通常可以由工艺保证。齿厚合格条件可以简化为

$$E_{sn}\leqslant E_{sns} \tag{9-20}$$

由于齿厚测量通常以齿顶圆作为测量定位基准，测量准确度不高，所以可以用公法线长度偏差代替齿厚偏差。相应地，规定公法线长度偏差 E_{bn} 满足式(9-11)。

7. 齿坯公差的确定

齿坯公差包括齿轮内孔(或齿轮轴的轴颈)、齿顶圆和端面的尺寸公差、几何公差及各表面的粗糙度要求等。

齿轮内孔或轴颈常常作为加工、测量和安装基准，应按齿轮精度对它们的尺寸和形状提出一定的精度要求。

齿顶圆在加工时也常作安装基准(尤其是单件生产或尺寸较大的齿轮)，或以它作为测量基准(如测量齿厚)，而在使用时又以内孔或轴颈作为基准，这种基准不一致的情况会影响传动质量，所以对齿顶圆直径及其相对于内孔或轴颈的径向跳动都要提出一定的精度要求。

端面在加工时常作定位基准，如前所述，若端面与孔中心线不垂直，就会引起齿向误差，所以也要提出一定的位置要求。

以上各项公差的确定如表 9-23 所示。齿坯各表面的粗糙度按表 9-24 选取。

表 9-23　渐开线圆柱齿轮齿坯几何公差的推荐值

公差项目		精度值
圆度		$0.04(L/b)F_\beta$ 或 $0.06\sim0.1F_p$
圆柱度		$0.04\left(\frac{L}{b}\right)F_\beta$ 或 $0.1F_p$
平面度		$0.06(d/b)F_\beta$
圆跳动	径向圆跳动	$0.15(L/b)F_\beta$ 或 $0.3F_p$
	轴向圆跳动	$0.2(d/b)F_\beta$

注：L——较大的轴承跨距；b——齿宽；d——端面直径。

表 9-24　渐开线圆柱齿轮齿坯各表面粗糙度 Ra 的推荐值　(μm)

表面种类	齿轮精度等级				
	5	6	7	8	9
齿面	0.5～0.63	0.8～1.0	1.25～1.6	2.0～2.5	3.2～4.0
基准孔	0.32～0.63	1.25	2.5		
基准轴	0.32	0.63	1.25		2.5
基准端面	1.25～2.5	2.5～5		5	
顶圆柱面	1.25～2.5	5			

9.4.2　渐开线圆柱齿轮的精度设计及图样标注

例 9-1　已知某通用减速器中有一对直齿圆柱齿轮副，模数 $m=4$ mm，小齿轮齿数 $z_1=30$，大齿轮齿数 $z_2=96$，齿形角 $\alpha=20°$，两齿轮宽度 $b_1=b_2=40$ mm，主动齿轮小齿轮转速 $n_1=1000$ r/min，小批生产。试确定小齿轮的精度等级、精度项目，列出其各偏差的允许值以及齿厚偏差和齿坯精度要求。

解　(1) 确定精度等级。

通用减速器中，齿轮可根据圆周速度确定精度等级。齿轮圆周速度 v 为

$$v=\pi d n_1/(1000\times60)=(\pi\times4\times30\times1000)/(1000\times60)\ \text{m/s}=6.28\ \text{m/s}$$

查表 9-4，选定该齿轮的精度等级为 7 级。并选定 GB/T 10095.1—2008 和 GB/T 10095.2—2008 的各精度项目具有相同的精度等级。

(2) 确定精度项目偏差的允许值。

参照表 9-5，选定 F''_i、f''_i 和 F_β 三个精度项目，小、大齿轮偏差允许值如表 9-25 所示。

表 9-25　例 9-1 表

精度项目	所查表格	小齿轮偏差允许值	大齿轮偏差允许值
径向综合偏差 F_i''	表 9-15	$F_{i1}''=0.051$ mm	$F_{i2}''=0.073$ mm
一齿径向综合偏差 f_i''	表 9-16	$f_{i1}''=0.020$ mm	$f_{i2}''=0.021$ mm
螺旋线总偏差 F_β	表 9-12	$F_{\beta1}=0.017$ mm	$F_{\beta2}=0.019$ mm

(3) 确定齿厚上、下偏差。

由 $j_{\text{bn min}}=\frac{2}{3}(0.06+0.0005a_i+0.03m_n)$ 计算最小侧隙得

$$j_{\text{bn min}}=\frac{2}{3}(0.06+0.0005\times252+0.03\times4)\ \text{mm}=0.204\ \text{mm}$$

为计算侧隙减少量 J_n，可由表 9-8 查得

$$f_{\text{pt1}}=0.013\ \text{mm},\quad f_{\text{pt2}}=0.016\ \text{mm}$$

$$\begin{aligned}J_n&=\sqrt{(f_{\text{pt1}}^2+f_{\text{pt2}}^2)\cos^2\alpha_n+2F_{\beta1}^2}=\sqrt{(0.013^2+0.016^2)\cos^2 20+2\times0.017^2}\ \text{mm}\\&=0.031\ \text{mm}\end{aligned}$$

又由表 9-18 查得：$f_a=0.0405$ mm。$\alpha_n=20°$。

设大、小两个齿轮齿厚上偏差相等，则

$$\begin{aligned}E_{\text{sns1}}&=-\left(f_a\tan\alpha_n+\frac{j_{\text{bn min}}+J_n}{2\cos\alpha_n}\right)=-\left(0.0405\tan20°+\frac{0.204+0.031}{2\cos20°}\right)\ \text{mm}\\&=-0.140\ \text{mm}\end{aligned}$$

查表 9-22、表 9-17 得 $b_{r1}=\text{IT9}=0.087$ mm，$F_{r1}=0.031$ mm，代入齿厚公差计算式 $T_{sn}=\sqrt{F_{r1}^2+b_{r1}^2}\cdot2\tan\alpha_n$ 得

$$T_{\text{sn1}}=\sqrt{0.031^2+0.087^2}\cdot2\tan20°\ \text{mm}=0.067\ \text{mm}$$

齿厚下偏差为

$$E_{\text{sni1}}=E_{\text{sns1}}-T_{\text{sn1}}=(-0.140-0.067)\ \text{mm}=-0.207\ \text{mm}$$

(4) 确定公法线平均长度极限偏差。

用公法线平均长度偏差代替齿厚偏差来检验侧隙情况，需要进行换算。公法线长度偏差可由齿厚偏差计算得到

$$E_{\text{bns1}}=E_{\text{sns1}}\cos\alpha_n=-0.140\cos20°\ \text{mm}=-0.132\ \text{mm}$$

$$E_{\text{bni1}}=E_{\text{sni1}}\cos\alpha_n=-0.207\cos20°\ \text{mm}=-0.195\ \text{mm}$$

跨 k 个齿的公法线公称长度 W_k 可按照下式计算

$$\begin{aligned}W_k&=m[1.476\times(2k-1)+0.014z_1]\\&=4\times[1.476\times(2\times4-1)+0.014\times30]\ \text{mm}\\&=43.008\ \text{mm}\end{aligned}$$

跨齿数 k 可从《机械设计手册》查到，或按下式计算

$$k=\frac{z_1}{9}+0.5=\frac{30}{9}+0.5\approx4$$

所以，公法线长度及其极限偏差应为：$W_k=43.008^{-0.132}_{-0.195}$

（5）确定齿坯技术要求。

由表 9-23 及相关资料可确定齿轮孔或轴的尺寸公差和形状公差、顶圆直径公差、齿坯基准面径向圆跳动和轴向圆跳动。小齿轮内孔尺寸公差取 H7，为 $\phi40^{+0.025}_{0}$；圆柱度公差取 0.004 mm；轴向圆跳动取 0.010 mm。齿顶圆既不作加工基准，也不作测量基准，其尺寸公差取 h11，即 $\phi128^{0}_{-0.25}$。

小齿轮各表面的粗糙度要求可由表 9-24 查得。

将选取的齿轮精度等级、精度项目、公差值（或偏差的允许值）和齿坯技术要求等标注在小齿轮的工作图上。通常，除各表面的尺寸和上、下偏差以及粗糙度、几何公差等直接标注在视图上外，其余数据可用表格列出并置于图样的右上角。绘制的小齿轮工作图如图 9-19 所示。

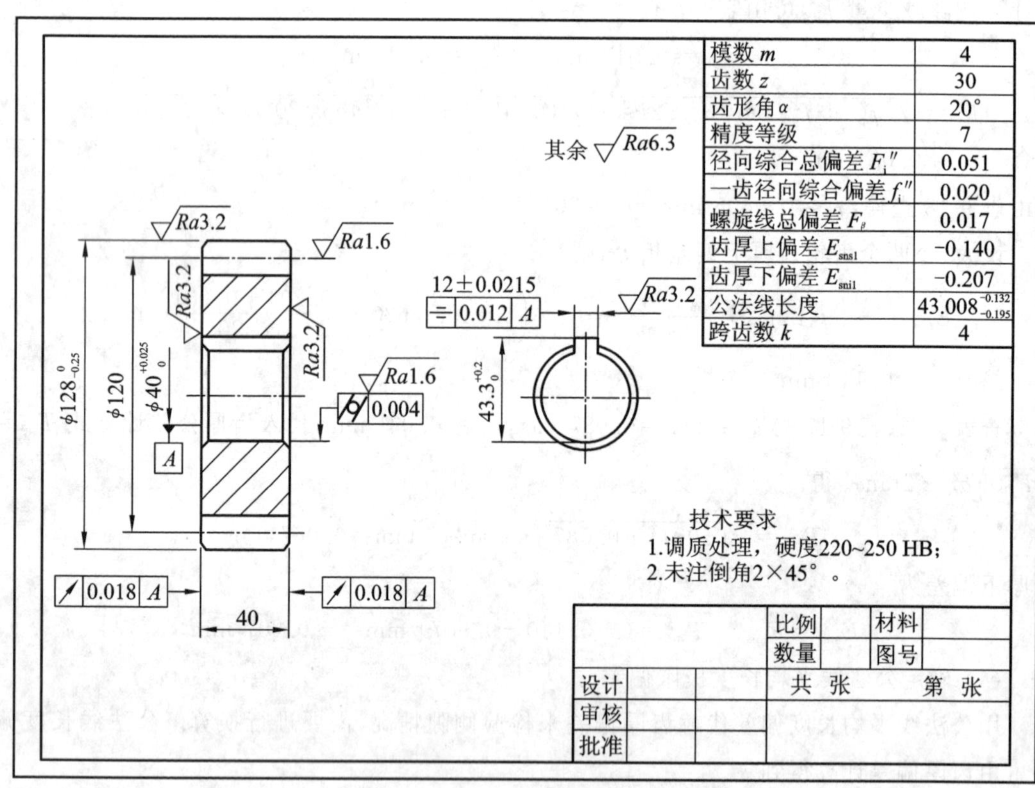

图 9-19 小齿轮工作图

习 题

一、简答题

1. 齿轮加工误差产生的原因有哪些？

2. 为什么要对齿坯提出精度要求？齿坯精度主要包括哪些方面？

3. 齿轮副侧隙有什么作用？获得齿轮副侧隙的方法有哪些？可以表征齿轮副侧隙的指

标有哪些？

二、综合题

1. 有一直齿圆柱齿轮，$m=2.5$ mm，$z=40$，$b=25$ mm，$\alpha=20°$。经检验知其各参数实际偏差值为：$F_\alpha=12\ \mu m$，$f_{pt}=-10\ \mu m$，$F_p=35\ \mu m$，$F_\beta=20\ \mu m$。问该齿轮可达几级精度？

2. 某减速器中有一直齿圆柱齿轮，模数 $m=3$ mm，齿数 $z=32$，齿宽 $b=60$ mm，基准齿形角 $\alpha=20°$，传递最大功率为 5 kW，转速为 960 r/min。该齿轮在修配厂小批生产，试确定：

(1) 齿轮精度等级；

(2) 齿轮的齿廓、齿距、齿向精度项目中各项参数的偏差允许值。

3. 某直齿圆柱齿轮副，模数 $m=5$ mm，齿宽 $b=50$ mm，基准齿形角 $\alpha=20°$，齿数 $z_1=20$，$z_2=50$。已知其精度等级为 6 级(GB/T 10095)。假设生产批量为大批生产，试确定齿轮副的精度项目组合及其偏差的允许值。

4. 某普通车床主轴变速箱中的一个直齿圆柱齿轮如图 9-20 所示，传递功率 $P=7.5$ kW，转速 $n=750$ r/min，模数 $m=3$ mm，齿数 $z=50$，基准齿形角 $\alpha=20°$，齿宽 $b=25$ mm，齿轮内孔直径 $d=45$ mm。齿轮副中心距 $a=180$ mm，最小侧隙 $j_{bn\,min}=0.13$ mm。生产类型为成批生产，试确定：

(1) 齿轮精度等级和齿厚偏差；

(2) 齿轮的精度项目中各项参数的偏差允许值；

(3) 齿坯的尺寸公差和几何公差；

(4) 孔键槽宽度和深度的公称尺寸和极限偏差；

(5) 齿轮齿面和其他主要表面的粗糙度允许值。

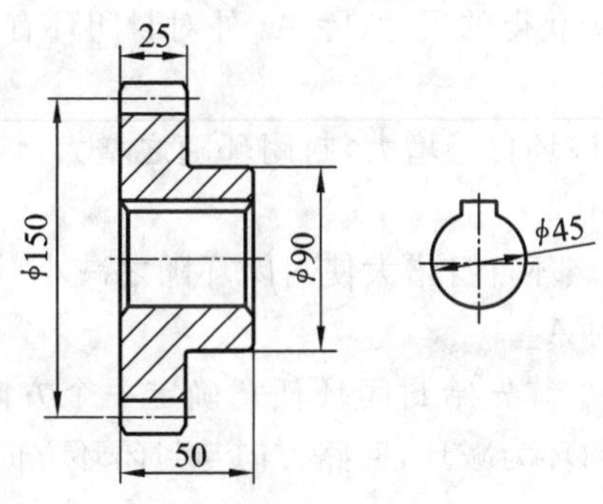

图 9-20 直齿圆柱齿轮

第10章 尺寸链

10.1 概述

尺寸链是研究机械产品中尺寸之间的相互关系，分析影响装配精度与技术要求的因素，确定各有关零部件尺寸和位置的适宜公差，从而求得保证产品达到设计精度要求的经济合理的方法。

10.1.1 尺寸链的定义

在一个零件或一台机器的结构中，构成封闭形式、相互联系的尺寸组合，称为尺寸链。

10.1.2 尺寸链的组成

尺寸链由一个封闭环和若干个组成环组成。其环为列入尺寸链中的每一个尺寸。

1. 封闭环 A_0

在加工或装配过程中间接获得的派生尺寸（最后自然形成的尺寸），称为封闭环，如图10-1中的 A_0。

2. 组成环 A_i

在加工或装配过程中直接获得的尺寸（除 A_0 外对封闭环有影响的其他全部各环），如图10-1中的 A_1，A_2。

(1) 增环　在组成环中，该环自身增大，封闭环随之增大；该环自身减小，封闭环随之减小的组成环，如图 10-1 中的 A_1。

(2) 减环　在组成环中，该环自身增大使封闭环随之减小，该环自身减小使封闭环随之增大的组成环，如图 10-1 中的 A_2。

(3) 增、减环的确定方法　首先给封闭环任意确定一个方向，然后沿此方向作一回路。回路方向与封闭环方向一致的环为减环，回路方向与封闭环方向相反的环为增环，如图 10-2 所示。

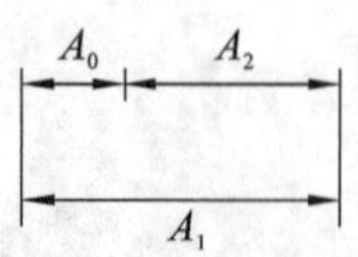

图 10-1　尺寸链

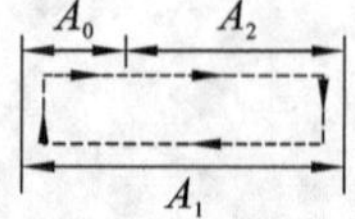

图 10-2　增、减环的确定

10.1.3 尺寸链的种类

1. 按研究对象分

(1) 零件尺寸链　由零件上的设计尺寸组成的尺寸链，称为零件尺寸链。图 10-3(a)反映了齿轮轴零件轴向的设计尺寸之间的关系，构成了一个零件尺寸链，如图 10-3(b)所示。

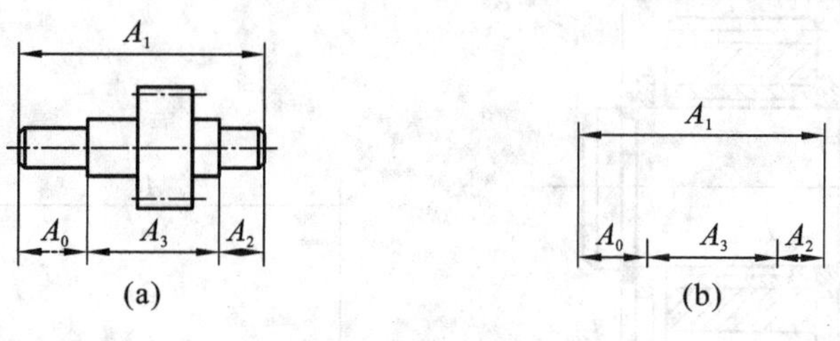

图 10-3 零件尺寸链

(2) 工艺尺寸链　由同一零件上的工艺尺寸形成的尺寸链，称为工艺尺寸链。图 10-4(a)中的阶梯工件在加工过程中，已加工尺寸 A_2 和本工序尺寸 A_1 直接影响设计尺寸 A_0，反映了工艺尺寸之间的关系，构成了一个工艺尺寸链，如图 10-4(b)所示。

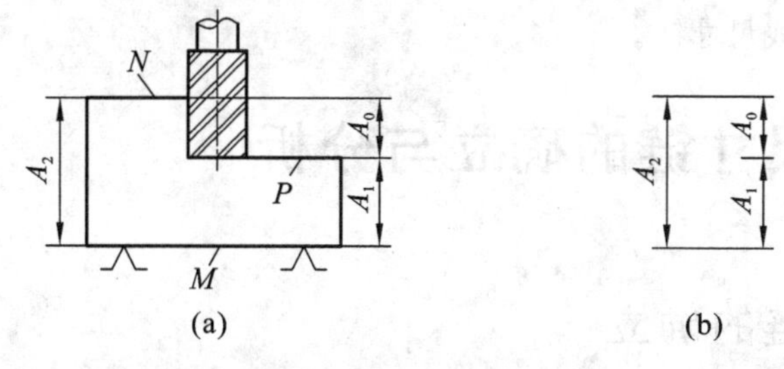

图 10-4 工艺尺寸链

(3) 装配尺寸链　由不同零件设计尺寸所形成的尺寸链，称为装配尺寸链。在图 10-5(a)齿轮与轴的装配关系中，A_1，A_2，A_3，A_4，A_5 分别为 5 个不同零件的轴向设计尺寸，A_0 是各个零件装配后，齿轮右端面与挡圈端面之间形成的间隙，A_0 受其他 5 个零件轴向设计尺寸变化的影响。因而，A_0 和 A_1，A_2，A_3，A_4，A_5 构成一个装配尺寸链，如图 10-5(b)所示。

2. 按形态分

(1) 直线尺寸链　全部组成环都平行于封闭环的尺寸链，称为直线尺寸链(见图 10-3 至图 10-5)。

(2) 平面尺寸链　全部组成环位于一个或几个平行平面内，但某些组成环不平行于封闭环，这样的尺寸链称为平面尺寸链。

(3) 空间尺寸链　组成环位于几个不平行的平面内，这样的尺寸链称为空间尺寸链。

尺寸链中常见的是直线尺寸链，平面尺寸链和空间尺寸链可以用坐标投影法转换为直线尺寸链。

3. 按几何特征分

(1) 长度尺寸链　链中各环均为长度尺寸的尺寸链，称为长度尺寸链(见图 10-3 至图 10-5)。

(2) 角度尺寸链　链中各环均为角度尺寸的尺寸链，称为角度尺寸链。

4. 按相互关系分

(1) 独立尺寸链　链中的所有组成环和封闭环都只属于一个尺寸链，不参与其他尺寸链的组成。

(2) 相关尺寸链　链中的某些环不只属于这一个尺寸链，还参与其他尺寸链的组成。

(a)

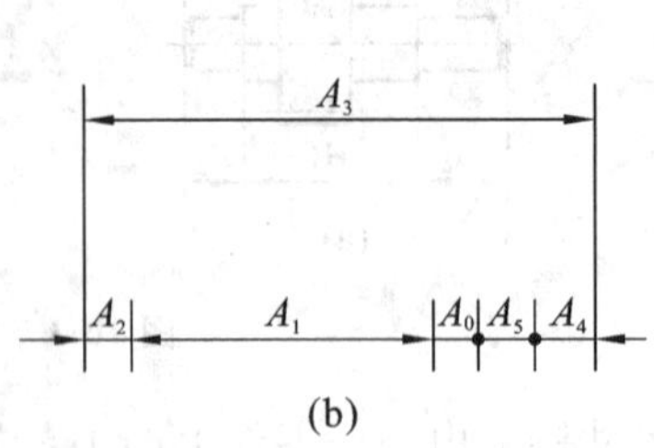

(b)

图 10-5 装配尺寸链

相关尺寸链还可分为并联、串联和混联尺寸链。

本章重点讨论直线尺寸链。

10.2 尺寸链的确立与分析

10.2.1 尺寸链的确立

正确地查明尺寸链的组成，是进行尺寸链计算的依据。其具体步骤如下。

1. 确定封闭环

建立尺寸链，首先要正确地确定封闭环。

零件尺寸链的封闭环应为公差等级要求最低的环，一般在零件图上不进行标注，以免引起加工中的混乱。例如，图 10-3(a)中的尺寸 A_0 是不标注的。

工艺尺寸链的封闭环是在加工中最后自然形成的环，一般为被加工零件要求达到的设计尺寸或工艺过程中需要的余量尺寸。加工顺序不同，封闭环也不同。所以，工艺尺寸链的封闭环必须在加工顺序确定之后才能判断。

装配尺寸链的封闭环是在装配之后形成的，往往是机器上有装配精度要求的尺寸，如保证机器可靠工作的相对位置尺寸或保证零件相对运动的间隙等。在着手建立尺寸链之前，必须查明在机器装配和验收的技术要求中规定的所有几何精度要求项目，这些项目往往就是某些尺寸链的封闭环。

2. 查找组成环

组成环是对封闭环有直接影响的那些尺寸，与此无关的尺寸要排除在外。一个尺寸链的环数应尽量少。

查找装配尺寸链的组成环时，先从封闭环的任意一端开始，找相邻零件（设为第一个零件）的尺寸，然后再找与第一个零件相邻的第二个零件的尺寸，这样一环接一环，直到封闭环的另一端为止，从而形成封闭的尺寸组。

一个尺寸链中最少要有两个组成环。组成环中，可能只有增环没有减环，但不能只有减环没有增环。

在封闭环有较高技术要求或几何误差（形状、位置误差）较大的情况下，建立尺寸链时，还要考虑几何误差对封闭环的影响。

3. 绘制尺寸链图

为了讨论问题方便，更清楚地表达尺寸链的组成，通常不需要画出零件或部件的具体结构，也不必按照严格的比例，只需将链中各尺寸依次画出，形成封闭的图形即可，如图 10-1、图 10-2、图 10-3(b)、图 10-4(b)、图 10-5(b)所示。

10.2.2 尺寸链的分析及尺寸链计算要解决的问题

尺寸链的计算，包括分析确定封闭环与组成环公称尺寸之间及其公差或极限偏差之间的关系等。组成环公称尺寸是设计给定的尺寸，通常都是已知量，通过尺寸链分析计算，主要是校核各组成环公称尺寸是否有误。对组成环的公差与极限偏差，通常情况下可直接给出经济可行的数值，但需应用尺寸链的分析计算来审核所给数值能否满足封闭环的技术要求，从而决定达到封闭环技术要求的工艺方法。因此，尺寸链计算可分为下列 3 种情况。

(1) 正计算　已知组成环，求解封闭环。这种情况简称正计算，用于验算、校核及某些需要解算封闭环的情况。可以看出，正计算时封闭环的计算结果是唯一确定的。

(2) 反计算　已知封闭环，求解各组成环。这种情况简称反计算，用于产品设计、加工和装配工艺计算等方面。在计算中，将封闭环公差正确合理地分配到各组成环(包括公差大小和公差带分布位置)，不是一个单纯计算的问题，而是需要按具体情况选择最佳方案的问题。

(3) 中间计算　已知封闭环及部分组成环，求解其余各组成环。它用于设计、工艺计算及校验等场合。

通常正计算又称为校核计算，反计算和中间计算又称为设计计算。

10.3 尺寸链的计算方法

根据产品互换程度的不同要求，装配分为以下几种方法，不同的装配方法应采用不同的尺寸链计算方法。

10.3.1 完全互换装配法

在机械产品中，装配时各组成零件不需挑选或改变其大小或位置，装入后即能达到装配精度要求，该法称完全互换装配法。

完全互换装配法的特点是：装配质量稳定可靠，装配过程简单，生产率高，易于实现装配工作机械化、自动化，便于组织流水作业和零部件的协作与专业化生产；但当装配精度要求较高，尤其是组成环较多时，则零件难以按经济精度加工。因此它常用于高精度及少环尺寸链或低精度、多环尺寸链以及大批量生产中的装配场合。

采用完全互换装配法时，装配尺寸链采用极值法计算。

1. 公称尺寸的计算公式

设 A_0 表示封闭环的公称尺寸，A_i 表示第 i 个组成环的公称尺寸，m 表示组成环的环数，ξ_i 表示第 i 个组成环的传递系数。根据封闭环与组成环之间的函数关系，得

$$A_0 = \sum_{i=1}^{m} \xi_i A_i \tag{10-1}$$

对于直线尺寸链，增环的传递系数 $\xi_z=+1$，减环的传递系数 $\xi_j=-1$。设增环数为 n，则减环数为 $m-n$，若以下标 z 表示增环序号，j 表示减环序号，则式(10-1)可以写成

$$A_0=\sum_{z=1}^{n}A_z-\sum_{j=n+1}^{m}A_j \tag{10-2}$$

式(10-2)表明，对于直线尺寸链，封闭环的公称尺寸等于所有增环公称尺寸之和减去所有减环公称尺寸之和。

2. 极限尺寸的计算公式

封闭环的上极限尺寸 $A_{0\max}$ 等于所有增环的上极限尺寸 $A_{z\max}$ 之和减去所有减环下极限尺寸 $A_{j\min}$ 之和；封闭环的下极限尺寸 $A_{0\min}$ 等于所有增环的下极限尺寸 $A_{z\min}$ 之和减去所有减环的上极限尺寸 $A_{j\max}$ 之和。即

$$\left.\begin{aligned}A_{0\max}&=\sum_{z=1}^{n}A_{z\max}-\sum_{j=n+1}^{m}A_{j\min}\\A_{0\min}&=\sum_{z=1}^{n}A_{z\min}-\sum_{j=n+1}^{m}A_{j\max}\end{aligned}\right\} \tag{10-3}$$

3. 极限偏差的计算公式

封闭环的上极限偏差 ES_0 等于所有增环的上极限偏差 ES_z 之和减去所有减环的下极限偏差 EI_j 之和；封闭环的下极限偏差 EI_0 等于所有增环的下极限偏差 EI_z 之和，减去所有减环的上极限偏差 ES_j 之和。即

$$\left.\begin{aligned}\mathrm{ES}_0&=\sum_{z=1}^{n}\mathrm{ES}_z-\sum_{j=n+1}^{m}\mathrm{EI}_j\\\mathrm{EI}_0&=\sum_{z=1}^{n}\mathrm{EI}_z-\sum_{j=n+1}^{m}\mathrm{ES}_j\end{aligned}\right\} \tag{10-4}$$

4. 公差的计算公式

由式(10-3)或由式(10-4)可得各组成环与封闭环公差之间的关系：封闭环的公差 T_0 等于各组成环的公差 T_i 之和，即

$$T_0=\sum_{i=1}^{m}T_i \tag{10-5}$$

式(10-5)是直线尺寸链公差的计算公式，又称为极值公差公式。由此可知，尺寸链各环公差中封闭环的公差最大，所以封闭环是尺寸链中精度最低的环。

例 10-1 图 10-4(a)所示工件设计要求 M 面到 N 面之间的尺寸为 $60_{-0.10}^{\ 0}$ mm，N 面到 P 面之间的尺寸为 $25_{\ 0}^{+0.25}$ mm。加工中，在前面工序中已加工出平面 M、N，并已保证 M 面到 N 面之间的尺寸为 $60_{-0.10}^{\ 0}$ mm。现欲以平面 M 定位加工平面 P（调整法加工）。试确定本工序的工序尺寸及极限偏差（即铣刀端面至夹具定位面的尺寸调整为多少时，才能保证零件加工后的设计尺寸 $25_{\ 0}^{+0.25}$ mm）。

解 本题是解工艺尺寸链问题，依据题意画出尺寸链图，如图 10-4(b)所示。在该尺寸链中，尺寸 $60_{-0.10}^{\ 0}$ mm 是本工序未加工之前已经具有的，尺寸（P 面到 M 面之间的尺寸）A_1 是本工序加工时直接保证的，只有尺寸 $25_{\ 0}^{+0.25}$ mm 是依赖于前两个尺寸而间接形成的。所以 $A_0=25_{\ 0}^{+0.25}$ mm 为封闭环。尺寸 $A_2=60_{-0.10}^{\ 0}$ mm 为组成环的增环，尺寸 $A_1=x$ 为组成环的减环。并且该尺寸链显然是直线尺寸链，即 $\xi_1=-1$，$\xi_2=+1$。

(1) 求未知尺寸 A_1。

按式(10-2)计算减环 A_1 的公称尺寸。因为

$$A_0 = A_2 - A_1$$

所以 $$A_1 = A_2 - A_0 = (60-25)\ \text{mm} = 35\ \text{mm}。$$

(2) 计算尺寸 A_1 的极限偏差。按式(10-4)计算极限偏差。因为

$$ES_0 = ES_2 - EI_1,\quad EI_0 = EI_2 - ES_1$$

所以 $$EI_1 = ES_2 - ES_0 = [0-(+0.25)]\ \text{mm} = -0.25\ \text{mm}$$

$$ES_1 = EI_2 - EI_0 = (-0.10-0)\ \text{mm} = -0.10\ \text{mm}$$

所以本例欲求的工序尺寸及极限偏差为:$A_1 = 35^{-0.10}_{-0.25}$ mm。

将其按入体原则标注,则为:$A_1 = 34.9^{\ 0}_{-0.15}$ mm。

10.3.2 大数互换装配法

在绝大多数(通常为99.73%)的产品中,装配时各组成零件不需挑选或改变其大小或位置,装入后即能达到装配精度要求,该法称大数互换装配法。

大数互换装配法的装配特点与完全互换装配法的相同。但由于零件所规定的公差要大于完全互换装配法所规定的公差,有利于零件的经济加工。装配过程与完全互换装配法一样简单、方便,结果使绝大多数产品能保证装配精度要求。对于极少量不合格的,予以报废或采取措施进行修复。

大数互换装配法以概率论为理论根据,从保证大数互换着眼,在正常生产条件下,零件加工尺寸获得极限尺寸的可能性是较小的,而在装配时,各零部件的误差同时为极大、极小的组合,其可能性就更小。因此,在尺寸链环数较多,封闭环精度又要求较高时,就不适宜用完全互换装配法,而应使用大数互换装配法。

大数互换装配法适用于大批量生产、装配精度要求较高、组成环数多的情况。采用大数互换装配法时,装配尺寸链采用统计法计算。

1. 公称尺寸的计算公式

封闭环与组成环的公称尺寸关系仍按式(10-1)或式(10-2)计算。

2. 公差的计算公式

当各组成环的实际尺寸服从正态分布时,封闭环公差为

$$T_0 = \sqrt{\sum_{i=1}^{m} \xi_i^2 T_i^2} \tag{10-6}$$

对于直线尺寸链,增环的传递系数 $\xi_z = +1$,减环的传递系数 $\xi_j = -1$。则式(10-6)可以写成

$$T_0 = \sqrt{\sum_{i=1}^{m} T_i^2} \tag{10-7}$$

各组成环平均公差为

$$T_{av} = \frac{T_0}{\sqrt{m}} \tag{10-8}$$

3. 中间偏差的计算公式

各环的中间偏差等于其上极限偏差与下极限偏差的平均值,并且封闭环的中间偏差 Δ_0 还等于所有增环的中间偏差 Δ_z 之和减去所有减环的中间偏差 Δ_j 之和。即

$$\left.\begin{aligned}\Delta_i &= \frac{1}{2}(ES_i + EI_i)\\ \Delta_0 &= \frac{1}{2}(ES_0 + EI_0)\\ \Delta_0 &= \sum_{z=1}^{n}\Delta_z - \sum_{j=n+1}^{m}\Delta_j\end{aligned}\right\} \tag{10-9}$$

式(10-9)同样适用于极值法。

4. 极限偏差的计算公式

各环的上极限偏差等于其中间偏差加上该环公差之半；各环的下极限偏差等于其中间偏差减去该环公差之半，即

$$\left.\begin{aligned}ES_0 = \Delta_0 + \frac{T_0}{2},\quad EI_0 = \Delta_0 - \frac{T_0}{2}\\ ES_i = \Delta_i + \frac{T_i}{2},\quad EI_i = \Delta_i - \frac{T_i}{2}\end{aligned}\right\} \tag{10-10}$$

式(10-10)同样适用于极值法。

例 10-2 如图 10-5(a)所示的装配关系，轴是固定的，齿轮在轴上回转，要求保证齿轮与挡圈之间的轴向间隙为 0.10～0.35 *mm*。已知：$A_1=30$ mm、$A_2=5$ mm、$A_3=43$ mm、$A_4=3_{-0.05}^{\ 0}$ mm(标准件——轴用挡圈)，$A_5=5$ mm。组成环的分布皆服从正态分布，且分布中心与公差带中心重合，分布范围与公差范围相同。现采用大数互换装配法装配，试确定各组成环公差和极限偏差。

解 本题是公差的合理分配问题。

(1) 画出装配尺寸链图，校验各环公称尺寸。按题意，轴向间隙为 0.10～0.35 mm，则封闭环 $A_0=0_{+0.10}^{+0.35}$ mm，封闭环公差 $T_0=0.25$ mm，本尺寸链共有 5 个组成环，其中 A_3 为增环，A_1，A_2，A_4，A_5 都是减环，装配尺寸链如图 10-5(b)所示。

封闭环公称尺寸为

$$A_0 = \sum_{i=1}^{m}\xi_i A_i = A_3 - (A_1 + A_2 + A_4 + A_5) = [43-(30+5+3+5)] = 0 \text{ mm}$$

由计算可知，各组成环公称尺寸的已定数值无误。

(2) 确定各组成环的公差。首先按式(10-8)计算各组成环平均公差

$$T_{av} = \frac{T_0}{\sqrt{m}} = \frac{0.25}{2.23} \text{ mm} \approx 0.11 \text{ mm}$$

然后调整各组成环公差。A_3为一轴类零件，与其他组成环相比较加工难度较大，先选择较难加工尺寸 A_3 为协调环，再根据各组成环公称尺寸和零件加工难易程度，以平均公差为基础，相对从严选取各组成环公差：$T_1=0.14$ mm，$T_2=T_5=0.08$ mm，其公差等级约为 IT11，$A_4=3_{-0.05}^{\ 0}$ mm(标准件)，$T_4=0.05$ mm。由式(10-7)可得

$$\begin{aligned}T_3 &= \sqrt{T_0^2-(T_1^2+T_2^2+T_4^2+T_5^2)}\\ &= \sqrt{0.25^2-(0.14^2+0.08^2+0.05^2+0.08^2)} \text{ mm}\\ &= 0.16 \text{ mm(只舍不入)}\end{aligned}$$

(3) 确定各组成环的极限偏差。A_1，A_2，A_5 皆为外尺寸，按偏差入体原则确定其极限偏差

$$A_1=30_{-0.14}^{\ 0} \text{ mm},\quad A_2=5_{-0.08}^{\ 0} \text{ mm},\quad A_5=5_{-0.08}^{\ 0} \text{ mm}$$

按式(10-9)求得封闭环 A_0 和组成环 A_1，A_2，A_4，A_5 的中间偏差分别为 $\Delta_0=+0.225$ mm，

$\Delta_1=-0.07$ mm，$\Delta_2=-0.04$ mm，$\Delta_4=-0.025$ mm，$\Delta_5=-0.04$ mm。

按式(10-9)求得协调环 A_3 的中间偏差为

$$\begin{aligned}\Delta_3&=\Delta_0+(\Delta_1+\Delta_2+\Delta_4+\Delta_5)\\&=[+0.225+(-0.07-0.04-0.025-0.04)]\ \text{mm}\\&=+0.05\ \text{mm}\end{aligned}$$

按式(10-10)求得协调环的极限偏差为

$$ES_3=\Delta_3+\frac{1}{2}T_3=\left(+0.05+\frac{1}{2}\times 0.16\right)\ \text{mm}=+0.13\ \text{mm}$$

$$EI_3=\Delta_3-\frac{1}{2}T_3=\left(+0.05-\frac{1}{2}\times 0.16\right)\ \text{mm}=-0.03\ \text{mm}$$

所以 A_3 的极限尺寸为

$$A_3=43^{+0.13}_{-0.03}\ \text{mm}$$

10.3.3 分组装配法

分组装配法是在成批或大量生产中，将产品各配合副的零件按实测尺寸分组，装配时按组进行互换装配，以达到装配精度的方法。

分组装配法适用于封闭环精度要求很高、生产批量很大而且组成环环数较少的情况。分组装配法是先将组成环的公差相对于互换装配法所求之值放大若干倍，使其能经济地加工出来；然后，将各组成环按其实际尺寸大小分为若干组，并按对应组进行互换装配，从而达到封闭环公差要求。例如，汽车、拖拉机上发动机的活塞销孔与活塞销的配合，活塞销与连杆小头孔的配合，以及滚动轴承的内圈、外圈和滚动体间的配合，还有某些精密机床中轴与孔的精密配合等，就是用分组装配法达到配合要求的。

分组装配法的优点是组成环能获得经济可行的制造公差；缺点是增加了分组工序，生产组织较复杂，存在一定失配零件。

选用分组装配法时应注意以下两点。

(1) 要保证分组后各组的配合性质、精度与原来的要求相同，因此配合件的公差范围应相等，公差增大时要向同方向增大，增大的倍数就是以后的分组数。

(2) 分组数不宜太多，尺寸公差只要放大到经济加工精度就可以了。否则，由于零件的测量、分组、保管等工作量增加，会使组织工作过于复杂，易造成生产混乱。

分组装配法通常用极值法计算公差。

例 10-3 活塞与活塞销的装配如图 10-6(a)所示。活塞与活塞销在冷态装配时，要求有 0.0025～0.0075 mm 的过盈量。若活塞销孔与活塞销直径的公称尺寸为 28 mm，加工经济公差为 0.01 mm。现采用分组装配法进行装配，试确定活塞销孔与活塞销直径分组数目和分组尺寸。

解 本题是分组互换问题。

(1) 由题意得知

$$Y_{min}=D_{max}-d_{min}=-0.0025\ \text{mm}$$

$$Y_{max}=D_{min}-d_{max}=-0.0075\ \text{mm}$$

(2) 依题意画出尺寸链图，如图 10-6(b)所示。

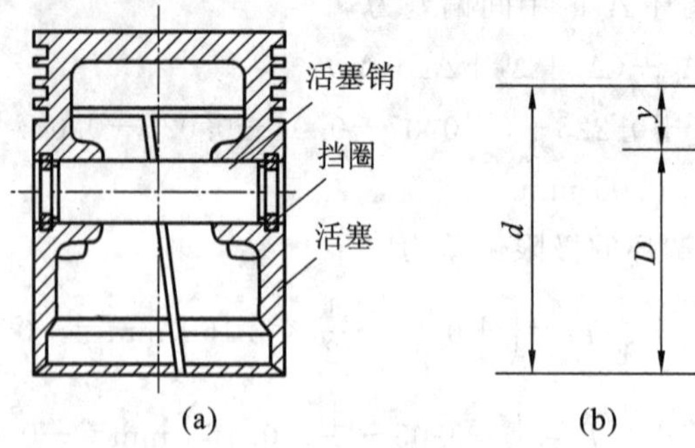

图 10-6　活塞与活塞销组件图

(3) 求各环公差及极限偏差。

封闭环公差(配合公差)

$$T_y=|Y_{max}-Y_{min}|=|-0.0025)-(-0.0075)|\ \text{mm}=0.005\ \text{mm}$$

活塞销与活塞销孔的平均公差

$$T_{av}=\frac{T_y}{2}=\frac{0.005}{2}\ \text{mm}=0.0025\ \text{mm}$$

选用基轴制，则

$$d=28_{-0.0025}^{\ 0}\ \text{mm},\quad D=28_{-0.0075}^{-0.0050}\ \text{mm}$$

活塞销与活塞销孔的公差在相同方向上扩大 4 倍，达到经济加工公差 0.01，则

$$d=28_{-0.0100}^{\ 0}\ \text{mm},\quad D=28_{-0.0150}^{-0.0050}\ \text{mm}$$

活塞销与活塞销孔分组公差带位置如图 10-7 所示。

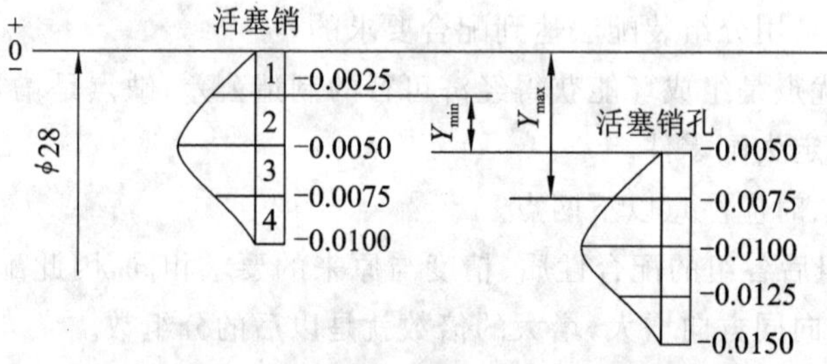

图 10-7　活塞销与活塞销孔分组公差带位置

(4) 分组尺寸。分 4 组后各组的尺寸如表 10-1 所示。

表 10-1　活塞销与活塞销孔的分组尺寸　　mm

组　别	活塞销直径 $d=\phi28_{-0.0100}^{\ 0}$	活塞销孔直径 $D=\phi28_{-0.0150}^{-0.0050}$	配合情况	
			最小过盈	最大过盈
1	28～27.9975	27.9950～27.9925	0.0025	0.0075
2	27.9975～27.9950	27.9925～27.9900		
3	27.9950～27.9925	27.9900～27.9875		
4	27.9925～27.9900	27.9875～27.9850		

习　题

一、简答题

1.什么是尺寸链？尺寸链具有什么特征？

2.正计算、反计算和中间计算的特点和应用场合是什么？

3.极值法和统计法计算尺寸链的根本区别是什么？

二、综合题

1.某轴磨削加工后表面镀铬，镀铬层深为0.025～0.040 mm。镀铬后轴的直径尺寸为$\phi 28_{-0.045}^{\ 0}$ mm。试用极值法求该轴镀铬前的尺寸。

2.装配关系如图10-5(a)所示，已知$A_1=30_{-0.06}^{\ 0}$ mm，$A_2=5_{-0.04}^{\ 0}$ mm，$A_3=43_{\ 0}^{+0.07}$ mm，$A_4=3_{-0.05}^{\ 0}$ mm，$A_5=5_{-0.13}^{-0.10}$ mm。组成环的分布皆服从正态分布，且分布中心与公差带中心重合，分布范围与公差范围相同。试用统计法求封闭环的公称尺寸、公差值及分布。

3.加工一台阶轴，如图10-8所示，若先加工$A_1=55\pm 0.2$ mm，$A_2=40\pm 0.1$ mm，求尺寸A_0及其偏差。

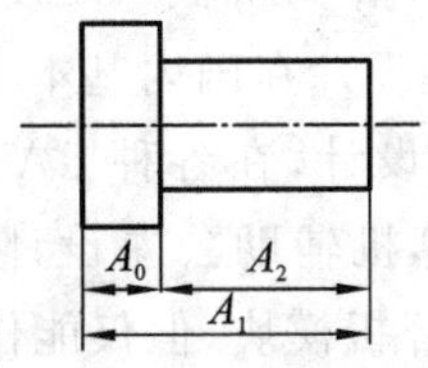

图10-8　台阶轴

第11章 计算机辅助公差设计

11.1 概述

11.1.1 计算机辅助公差设计的意义

计算机辅助公差设计(computer aided tolerancing,CAT)是指在机械产品的设计、加工、装配、检测等过程中,利用计算机对产品及其零部件的尺寸和公差进行并行的优化选择和监控,力图用最低的成本,设计并生产出满足用户精度要求的产品的过程。

计算机辅助公差设计是CAD/CAM集成的关键技术之一,它不仅影响产品的质量,而且对制造成本有着很重要的影响。作为机械产品设计和制造过程设计中的一项重要内容,机械零件的公差设计和工序公差设计在国内基本上还是依靠设计人员的经验或图表,采用类比的方法进行人工或半人工设计,在各种CAD软件中仅能实现公差的标注。目前,国内外已有许多学者开展了计算机辅助公差设计的研究,但尚未达到完全实用的程度,如IDEAS等软件中已出现公差分析模块,但仅能作公差分析之用。因此,公差设计的现状无法与CAD、CAM及其集成技术的发展相适应,已成为制约它们进一步发展的关键问题。

20世纪80年代中期以来,并行工程(concurrent engineering)作为一种新的产品开发方法在工程界出现,并引起了强烈的反响。在并行工程环境中CAD、CAPP、CAM的集成,不仅仅要求在整个系统内数据的共享与交换,还要求相互评价、相互协调以实现并行设计,因此就需要各种分析与评价手段。设计公差与工序公差并行设计以及公差分析技术是CAD、CAPP、CAM集成中的重要内容,又是它们相互评价和协调的手段。公差的设计结果不仅影响产品的精度,也影响到产品的加工成本,而公差设计所涉及的因素较多,如何合理分配公差是一个复杂的问题。计算机辅助公差设计是实现CAD、CAPP、CAM集成化和并行工程设计的重要内容。

鉴于计算机辅助公差设计的现状,杨叔子院士指出:众所周知,公差设计在机械产品设计中占有重要的地位,但公差分析和设计的研究远远落后于CAD、CAPP、CAM自身的研究,使其无法与目前的CAD/CAM集成、CIMS的发展相适应,从而已成为制约它们进一步发展的一大关键所在。国内外许多学者均持有上述相同看法,指出CAT在CAD/CAM集成中的重要性。由此可见,CAT作为CAD/CAM集成中的一大关键技术,是国内外先进制造技术发展中急需解决的问题。

11.1.2 计算机辅助公差设计的发展

1978年,英国剑桥大学的Hillyard博士在其博士论文《几何形状设计中的尺寸和公差》中首次提出利用计算机,辅助确定零件的形状、尺寸公差和几何公差的概念,建议用数学方程式来描述零件的几何形状,并以此来进行零件的尺寸和公差设计。同年,丹麦的 Bjorke 教授发表专著《计算机辅助公差设计》,提出利用计算机化的尺寸链进行设计和制造公差的控制,这是计算机辅助公差设计发展的开端。

1983 年,Requicha 发表了《几何公差理论基础》一文,提出漂移公差带理论。该理论奠定了计算机辅助公差设计的理论基础。

到 1987 年,美国的 Turner 博士发表博士论文《计算机辅助几何设计中的公差问题》,建立了一套具有实用意义的公差数学理论和公差分析方法。而 Ahmad 同年提出用专家系统方法进行 ISO 互换性配合公差的选择。

1988 年,Weill 发表的研究论文 *Tolerancing for Function*(面向功能的公差设计)成为计算机辅助公差设计史上的一个转折点,掀起了计算机辅助公差设计的研究热潮。

后来,有人提出把公差分配问题转化为带有限制条件的多元约束优化问题;通过使用数据库、规则推理及用户的交互作用来进行公差设计;建立计算机跟踪方程式,运用优化策略来确定零件的工序公差等方面的理论。

1996 年,K. L. Ting 提出对机构性能质量灵敏度及公差鲁棒设计技术,通过设计公差对性能质量影响的模拟,控制关键环的公差,放松其他环的公差,从而使性能质量得到大大改进。此后,C. X. Feng 和 A. Kusiak 等人进一步阐述了鲁棒公差设计的方法与实施,他们从减小制造过程的公差灵敏度和最佳制造成本出发,通过正交试验法进行公差分配。

1997 年,A. O. Nassef 采用不匹配率理论来进行计算机辅助几何公差求解。G. willhelm 等人提出了并行工程环境中进行公差综合的观点,阐述了公差综合的框架,以及公差的一致性、充分性和有效性的检验准则。我国学者张根保教授与 M. Porcher 对并行公差设计做了进一步的论述,把产品的设计、制造和质检三个阶段统一对待,设计出满足要求的加工公差和检验规程,并于 1998 年给出了并行公差设计的数学模型。1998 年,S. H. Park 和 K. W. Lee 采用区域细分的方法给出当在计算机中储存了零件几何模型、装配状态及公差信息后,进行可装配性验证的方法,从而实现了设计阶段的装配验证,对并行工程的实现有着重要的意义。

目前,随着计算机技术的迅速发展,国内外学者在公差建模与计算机表示、公差分析、公差分配等技术领域展开了系统深入的研究。此外,在计算机检测、几何质量控制、公差数学定义与标准等方面亦有广泛的研究。

11.1.3 计算机辅助公差设计的基本概念

1. 公差(tolerance)

零件尺寸和几何参数的允许变动量称为公差。包括尺寸公差和几何公差等。

2. 公差链(tolerance link)

在机器装配或零件加工过程中,由相互连接的尺寸形成的封闭的尺寸组称为公差链,也称尺寸链。它具有封闭性和关联性两个基本特征。

3. 链环(link)

在尺寸链中,构成封闭形的每个尺寸称为链环。链环又分为封闭环和组成环。

4. 公差设计(tolerance design)

包括公差分析与公差综合。主要是根据已知封闭环尺寸的上、下偏差求解各组成环尺寸的上、下偏差和根据各组成环尺寸的上、下偏差求解封闭环尺寸的上、下偏差。公差设计是建立在公差设计函数基础之上的。

所谓公差设计函数(tolerance design function),就是指装配技术要求、产品的功能要求等与有关尺寸之间的函数关系,如孔轴配合件的配合间隙等的数学表示。

5. 公差分析(tolerance analysis)

也称公差验证(tolerance verification),是指已知各组成环的尺寸和公差,确定最终装配后需保证的封闭环公差。公差分析方法主要有极值法和统计法。极值法是针对零件尺寸处于上、下极限值的极端情况进行的公差分析,因此设计出的零件合格率为100%,但各组成环的公差很小,从而提高了加工成本。统计法公差分析中较著名的有均方根法、可靠性指标法、蒙特卡罗模拟法、田口玄一实验法等。

6. 公差综合(tolerance synthesis)

是指在保证产品装配技术要求下,确定各组成环尺寸经济合理的公差。公差的最优化分配(设计)法是指建立公差模型(加工成本公差模型、装配失效模型等)和约束条件(装配功能要求、工序选择条件等),利用各种优化算法进行公差分配。这是一个典型的随机优化过程,可采用近似法和装配成功率估算法。其实质上是一个以尺寸链(或传动链)组成的零(部)件制造成本最小为目标,以设计技术条件和预期装配成功率为约束的数学规划问题,也是一个多随机变量的优化问题。

11.1.4 计算机辅助公差设计的分类

1. 按公差设计所应用的对象分类

公差设计可分为装配级的公差设计和零件级的公差设计。装配级的公差设计,研究装配中各有关零件误差的积累对产品性能的影响。为了利用计算机进行公差设计,首先要对零件和装配进行描述。对装配进行描述采用的技术有计算机化的装配图(直接由零件图组装而成)、树状描述法和网络图描述法。对零件的描述采用线框建模技术、表面建模技术和实体建模技术,而实体建模技术又可分为CSG模型、Brep模型、组合模型、特征基础模型、变量几何模型和参数化模型等。

2. 按计算机表达尺寸和公差的方法分类

一类方法直接将尺寸和标准公差依附在零件的几何表达上,目前应用较多;另一类采用STEP标准描述公差,目前仍在完善中;第三类方法试图采用数学重新定义公差,从而从理论上彻底解决公差的计算机辅助设计问题。

3. 按使用的研究技术分类

包括利用实体建模和变量几何技术进行公差设计的方法、基于工艺分析的设计方法和利用人工智能、专家系统进行设计的方法。

4. 按公差设计的应用领域分类

按公差设计的应用领域可将其分为5类:①产品定义阶段的公差设计,主要是利用田口玄一实验法进行产品功能或装配公差的设计;②产品装配图阶段的公差设计,主要是研究零件误差积累对产品性能的影响,包括尺寸标注模式设计和公差设计;③CAPP阶段的公差设计,包括对输入CAPP系统的零件公差进行相容性检验,并进行从设计尺寸和公差到加工尺寸和公差的转换;④制造阶段的公差设计,包括对加工过程进行监控,利用统计公差模型进行过程控制,使加工过程产生的误差小于或等于设计公差;⑤质量控制和检测阶段的公差设计,包括根据设计公差确定CMM检测规程,对检测结果进行评估等。

5. 按公差设计的目标分类

包括公差分析和公差综合、公差相容性检验、功能尺寸标注模式设计、设计尺寸和公差到加工尺寸和公差的转换以及并行公差设计等。

公差分析是已知零件的设计公差,根据误差在系统中的传递路线(由系统的装配结构而定)确定装配公差是否满足。公差综合则是个相反的过程,已知产品装配公差值,将该公差按一定的规则分配到各有关零件上去。为了进行公差分析和综合,必须建立表达装配误差(或产品性能变化)和零件设计公差之间关系的功能方程、表达制造价格和公差关系的成本模型、表达加工误差和工序公差之间关系的方程。

公差相容性检验主要验证尺寸、公差和表面粗糙度之间的相互兼容问题,这种检验过程对保证生成一个可行的工艺规程至关重要。

功能尺寸标注模式设计确定零件图上尺寸标注方式,以保证系统装配功能和低制造价格。

11.2 计算机辅助公差设计理论

11.2.1 公差信息的表示

ISO公差系统已在实践中应用多年,很适合人工设计环境,但随着计算机技术在设计和制造中的推广应用,ISO公差系统已越来越显示出它的不足,最突出的缺陷在于ISO公差很不适合计算机的表达、处理以及在各个阶段的数据传递。

公差信息的表示是指在计算机中对某一实体模型或特征模型进行准确无误的公差表述。公差的表示模型不仅要能够支持公差数据的存储,而且更要对公差的语义进行支持。为了使公差设计与产品设计真正集成在一起,并实现设计与制造信息的集成,需要在CAD中完整、准确、方便地表达公差信息。但目前的CAD系统普遍缺乏这一功能,从而制约了CAD的进一步发展。

公差在计算机中的表示是指首先建立一个概念"公差是形状的属性",然后建立一个合适的、能被计算机所接受的数学模型,并且要求表示完整、有效、清楚、正确。

尺寸和公差在计算机中的表示方法主要有以下几种。

1. 基于CSG(constructive solid geometry,构造实体几何法)的公差表示模型

该模型把公差作为物体特征的属性,用VGraph(variational graph,变量几何图)把这些信息表示出来。VGraph的属性定义可以在CSG树的生成过程中交互形成,即将属性定义在基本的面元(NFace)上,通过NFace把VGraph与实体模型联系起来。

2. 基于 B-rep（boundary-representation，边界表示法）的公差表示模型

一种较自然的建立独立表示模型的思路是把实体造型系统视为一个高层的虚拟模型，软件系统提供一种接口，通过这个接口将表示模型与实体模型相连接。基于上述思想，R. F. Johnson 在基于 B-rep 的 CAM-I 系统中提出了在实体模型中附加公差信息的问题，公差表示模型模块用 EDT（evaluated dimension and tolerance）模型来表述，用户先定义好名义实体，再通过模板交互地定义模型。模型的数据结构由四个节点构成：尺寸与公差节点（D/T）、实体连接节点（EL）、基准参考框架节点（DRF）、生成数据节点（ED）。EDT 模型只能支持 B-rep 实体造型方式。

3. 基于 CSG/B-rep 的公差表示模型

CSG 表达方式中，实体被表达成体素的集合操作的组合，由于 CSG 树可以使用预先设计好的“特征”作为体素来进行构造，故高层次的特征表述和确认是可能的，但 CSG 表达方式有不唯一性和冗余性，不利于尺寸和公差信息的表达。B-rep 对于表达底层特征信息有利，但所有信息均在同一层次上，不利于高层特征信息的表达，且没有显示表达“空间约束”的信息。因此，采用 CSG/B-rep 混合表达造型是较好的方法。Roy 和 Liu 在基于特征造型的系统中讨论了公差信息的表示问题，使用了层次结构来组织特征，在构造实体的过程中可同时加入表示信息（如公差信息等）。CSG 树中节点可以是体素和特征，集合操作可以在层次结构的任一层进行。B-rep 的表示使用邻面图（FAG）来表达，面作为定义物体的实体，面-边关系作为体元之间的基本关系。CSG 与 B-rep 结合是通过层次邻面图来实现的，特征添加的针对其他特征的尺寸/公差等信息都是在同一层次上或针对同一预定义的基准框架的。公差信息是通过“查询面表”（reference face list，RFL）附在实体模型之上的。

4. 基于 TTRS 的公差信息表示模型

Clement 等人从研究建立独立于造型系统的公差信息表示模型的角度出发，提出了基于 TTRS（topologically and technologically related surface，TTRS）的公差信息表示方法。它首先从 CAD 系统中提取必需的信息，将零件的各表面以二叉树的形式组织，形成零件的 TTRS 二叉树结构，接着构造此 TTRS 的最小几何基准元（minimum geometric datum element，MGDE）。根据 MGDE 及其相互之间的关系，可以确定出公差的类型。公差信息就可以添加于 MGDE 上。Clement 等对 TTRS 及 MGDE 的构造规则做了较为深入的研究。该模型最大的特色之处在于提出了 TTRS 的概念及其组织方式，对 CAD 系统所提供的几何信息重新进行了组织，以便于实现公差信息的添加。但在其具体实现时主要是考虑了拓扑上表面的关联，对于技术上表面的关联则未真正考虑。

5. 基于公差元的公差信息表示模型

Guilford 在变动几何造型系统 GEOS 中提出了表示元（representational primitive）的概念。在该模型中，表示元及公差基准均是以类的形式定义，公差的所有信息如公差类型、大小、作用对象及所引用的基准等均以类属性的形式给出，通过定义类方法引用这些属性并将公差添加于 CAD 系统中。通过定义少量的表示元及其组合来表达标准中绝大部分类型的公差，但还不能完全地表达标准中所有的公差信息。Willhelm 和 Lu 在并行工程环境中发展了基于条件公差的公差元（tolerance primitive）概念来表示公差。表示元与公差元都是面向对象的概念，适合并行工程下的特征造型系统，表示元侧重于公差表示，公差元侧重于公差设计。

基于公差元的公差信息表示模型主要侧重于公差本身信息的组织，对于其如何在CAD系统中添加考虑较少，即对CAD系统中的几何信息未重新进行组织处理，只是将公差信息直接添加于相应的对象上。

6. 基于特征建模的分层公差建模系统

该系统是由J. J. Shall所提出的，主要采用特征、面向对象等技术进行公差表示。L. Rivest进行了三维公差带可视化研究，即采用在三维CAD中进行公差动态建模方法。该方法通过对每个公差带定义一个局部坐标系，给出相对于基准坐标的参数来进行公差的建模。这种方法很适合于公差三维分析，并能在三维空间中显示公差带。

11.2.2 公差并行设计

一般的计算机辅助公差设计是将设计公差和工序公差分步进行设计的。在设计阶段，以装配成功概率或装配技术要求、公差标准化为约束条件，以满足总加工成本最小为目标函数进行设计公差的分配；在工艺文件编制阶段，采用工艺尺寸链技术进行工序公差的优化分配。当不能保证设计公差时，则须将这些信息反馈给设计人员，由设计人员重新调整设计公差。这种公差的分步设计方法，设计周期长，不利于CAD/CAM的集成和并行工程的发展，同时，目前在CAPP中还没有进行各种工艺路线优劣比较的技术经济指标评价方法。

并行公差设计是指一种设计公差和工序公差同时进行设计的方法，在设计阶段就应直接求出满足设计要求的加工公差和检验规程来。

公差并行设计一般将成本作为公差设计优劣的评价指标，其目标是在加工成本最低并保证装配技术要求和合理的加工方法下，设计出尽可能大的设计公差、工序公差和最优的工艺路线，因此公差并行设计数学模型的目标函数是总成本最小。设计公差和工序公差并行设计时的约束条件是指将这两者分别设计时的约束条件同时进行考虑，合并其中共同的约束。设计公差的约束条件主要考虑装配功能要求以及生产批量等；工序公差设计的约束条件主要有设计公差约束、加工方法选择、加工余量公差约束、经济加工精度约束，以上所有约束即为总模型的约束条件。

设计公差和工序公差并行设计的数学模型考虑装配功能要求、加工方法选择、加工余量公差、经济加工精度范围等约束因素，这种数学模型使公差设计在设计阶段就已全面考虑加工方法、成本、质量等因素。由于该数学模型考虑了各种加工方法，因此它将为各种工艺路线优劣比较提供一种技术经济指标定量评价手段，以确定出最优的工艺路线，对于促进并行工程实施以及CAD/CAM集成有着重要意义。

把日本著名质量管理专家田口玄一博士提出的田口质量观的质量损失成本引入到并行公差设计中，并行公差设计的数学模型是以总成本最小为目标函数，以装配功能要求、加工余量公差和经济加工精度为约束条件，其中总成本包括各组成尺寸的每一道工序的加工成本和封闭环尺寸的质量损失成本。

1. 目标函数

$$\min Cs = \sum_{i=1}^{n}\sum_{j=1}^{o_j}\sum_{k=1}^{p_{ij}}\mu_{ijk}C_{ijk}(T_{ijk})$$

式中，n 为装配尺寸链中的组成环尺寸的总数；o_j 为第 i 个组成环尺寸的加工工序数；p_{ij} 为第 i 个组成环尺寸第 j 道工序可提供选择的加工方法数目；μ_{ijk} 为加工方法选择系数，第 i 个组成环尺寸第 j 道工序选中第 k 种加工方法时，$\mu_{ijk}=1$，否则 $\mu_{ijk}=0$；$C_{ijk}(T_{ijk})$ 为第 i 个组成环尺寸第 j 道工序选中第 k 种加工方法时的成本-公差函数。

2. 约束条件

1）每一道工序可选择的经济加工精度范围

$$T_{ijk}^{-} < T_{ijk} < T_{ijk}^{+}$$

式中，T_{ijk}^{-}、T_{ijk}^{+} 为第 i 个组成环尺寸第 j 道工序选中第 k 种加工方法时工序尺寸公差的下、上边界。

2）加工余量公差约束

所谓加工余量是指在机械加工过程中从被加工表面上所切除的金属层的厚度。由于工序尺寸存在公差，因此加工余量也存在公差，其约束为第 i 个组成环尺寸前后两道相邻的工序公差之和必须小于或等于后一道工序的加工余量公差 T_{zij}，即

$$T_{ij} + T_{i(j-1)} \leqslant T_{zij}$$

因此，第 i 个组成环尺寸各工序优选加工方法是加工余量公差约束为

$$\sum_{k=1}^{p_{ij}}\mu_{ijk}T_{ijk} + \sum_{k=1}^{p_{i(j-1)}}\mu_{i(j-1)k}T_{i(j-1)k} \leqslant T_{zij}$$

式中，T_{zij} 为第 i 个组成环尺寸第 j 道工序的加工余量公差；T_{ijk}、$T_{i(j-1)k}$ 分别为第 i 个组成环尺寸第 j、$j-1$ 道相邻两工序选用加工方法后的工序公差；p_{ij}、$p_{i(j-1)}$ 分别为第 i 个组成环尺寸第 j、$j-1$ 道相邻两工序选用的加工方法数。

3）加工方法选择约束

$$\sum_{k=1}^{P_{ij}}\mu_{ijk} = 1 \quad (i=1,\cdots,n;j=1,\cdots,o_j)$$

上式确保对应每一工序仅选中一种加工方法。

4）装配尺寸链功能(精度）要求约束

(1) 极值法约束。

第 i 个组成环尺寸公差在终加工工序中优选加工方法后为

$$T_i = \sum_{k=1}^{P_{io_i}}\mu_{io_ik}T_{io_ik}$$

式中，o_i 为第 i 个组成环尺寸的终加工工序编号；p_{io_i} 为第 i 个组成环尺寸终加工工序可供选择的加工方法数；T_{io_ik} 为第 i 个组成环尺寸终加工工序第 k 种加工方法的公差；μ_{io_ik} 为第 i 个组成环尺寸终加工工序第 k 种加工工序的选择系数，选中时 $\mu_{io_ik}=1$，否则 $\mu_{io_ik}=0$。

则装配尺寸链功能要求约束为

$$\sum_{i=1}^{n}\sum_{k=1}^{p_{io_i}}\mu_{io_ik}T_{io_ik}\leqslant T_{\sum}$$

式中，$T_{\sum}$ 为装配尺寸链封闭环的设计公差。

(2) 统计法约束。

第 i 个组成环尺寸公差表示为

$$T_i^2 = r_i^2\sum_{k=1}^{p_{io_i}}\mu_{io_ik}\frac{T_{io_ik}^2}{\gamma_{io_ik}^2}$$

则装配功能要求约束为

$$r_{\Sigma}^2\sum_{i=1}^{n}\sum_{k=1}^{p_{io_i}}\mu_{io_ik}\frac{T_{io_ik}^2}{\gamma_{io_ik}^2}\leqslant T_{\Sigma}^2$$

式中，r_i 为第 i 个组成环尺寸的置信系数；r_{Σ} 为装配尺寸链封闭环尺寸的置信系数；γ_{io_ik} 为第 i 个组成环尺寸终加工工序第 k 种加工方法的置信系数。

(3) 装配成功率约束。

$$p_R\geqslant p_u$$

可按照不同的应用场合选取相应的基于极值法、统计法或二阶矩装配成功率估算方法来确定本约束条件。上述公差并行设计优化模型通过一些改变也可以用于单个零件的工序公差优化设计。

3. 实例仿真

有一齿轮组件如图 11-1 所示，齿轮端面与挡环 6 之间要求间隙 d_6 为 0.10～0.35 mm(即其公差为 0.25 mm)。已知各组成环基本尺寸分别为 $d_1=d_2=5$ mm，$d_3=30$ mm，$d_4=3$ mm，$d_5=43$ mm，求为保证间隙 d_6 的要求，各组成环尺寸的工序公差。

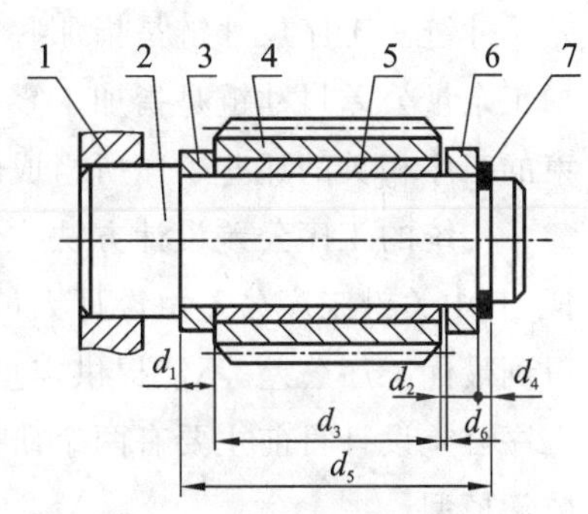

图 11-1　齿轮组件

1—机体；2—轴；3—挡环；4—齿轮；5—轴套；6—挡环；7—弹簧挡圈

弹簧挡圈属标准件，其公差 T_4($T_4=0.05$ mm)是给定的。经简化后的轴、轴套和挡环的轴向尺寸的加工均为端面加工(见图 11-2)，其主要的加工工序、经济加工精度范围、加工余量公差约束如表 11-1 所示。假设 d_4、d_6 与 d_5 的分布均为对称的正态分布，d_1、d_2、d_3 的分布均为对称的三角分布，则该并行公差优化模型的每一道最优工序公差见表 11-1。

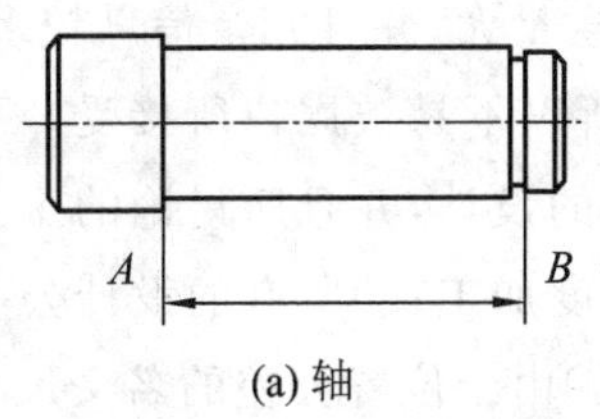

(a) 轴

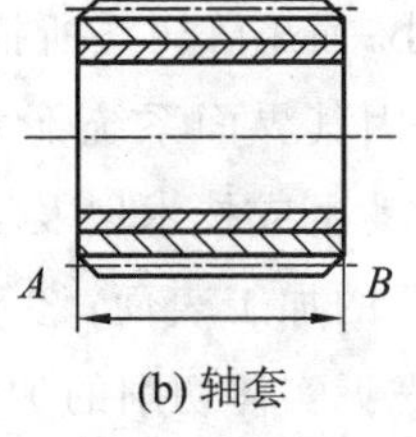

(b) 轴套

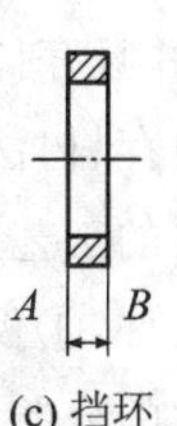

(c) 挡环

图 11-2　组成零件及加工面

表 11-1 各组成零件的主要加工工序及最优的工序公差

项目	工序号	加工方法	定位面	加工面	经济加工精度	余量公差	最优工序公差
挡环	1	磨	*A*	*B*	0.05～0.08		0.075
	2	磨	*B*	*A*	0.05～0.08	0.16	0.075
轴套	1	粗车	*B*	*A*	0.21～0.28		0.22
	2	粗车	*A*	*B*	0.21～0.28		0.22
	3	精车	*B*	*A*	0.11～0.16	0.39	0.15
	4	精车	*A*	*B*	0.11～0.16	0.39	0.15
轴	1	粗车	*A*	*B*	0.15～0.22		0.17
	2	精车	*A*	*B*	0.085～0.15	0.33	0.1

11.2.3 工序公差设计

精密零件的CAPP中的一个重要问题是确定工序尺寸和工序公差问题。工序公差设计主要基于工艺尺寸链技术。所谓工艺尺寸链技术是基于相互平行的加工尺寸的一维尺寸链的工序设计技术，用图来描述零件加工过程的所有尺寸。它能将复杂的工序尺寸和公差问题进行分解，是控制公差累积，检验工艺计划是否有效、加工余量是否合适的一种有用工具。采用一定的跟踪算法可以从工艺尺寸链中标识出各种尺寸链，如工序尺寸链和加工余量公差尺寸链。工序尺寸链是指那些与加工零件上某一设计尺寸有关的工序所组成的尺寸链。加工余量公差尺寸链是指加工零件尺寸与有加工余量公差约束或有最大、最小加工余量约束的工序相关的那些工序所组成的尺寸链。

传统的工序公差设计方法主要是采用手工图解法进行设计公差和工序公差关系的验证，其中关键工序公差由设计人员的经验来确定，其他的工序公差通过计算得到。该法不能得到最优工序公差，不能提供定量的加工费用和最优的工艺路线。随着计算机技术的发展，工序公差设计目前主要有两个研究方向：工艺尺寸链结构优化和用于工序公差优化分配的数学模型。

传统的工艺尺寸链技术采用手工绘制，该法枯燥、费时、易出错，不易被计算机所识别。不少学者在研究工序公差优化分配的同时，也致力于研究工艺尺寸链结构的优化，其目的是在计算机中容易描述工艺尺寸链结构，并从该结构中易于自动产生各种尺寸链。目前已采用有向图法、矩阵树法、树法、块孔法来描述工艺尺寸链结构。其中，有向图法较全面地描述加工路线，并且存储数据量小；而矩阵树法所描述的信息量大，并且冗余信息较多，占用更多的计算机内存；树法、块孔法因其界面系统不太友好，所以不易被用户所接受。下面描述基于有向图法的工艺尺寸链自动生成技术以及工序尺寸的设计，并且所讨论的工艺尺寸链有如下约束条件：①仅考虑重要的加工表面；②不考虑角度加工；③所有的设计公差和工序公差都为对称的公差；④不考虑无实体切削的加工方法；⑤由于位置公差的名义尺寸数值可认为是零，不影响工序尺寸的计算，因此在工艺尺寸链中可以不考虑这些因素，同时，位置公差只对装配尺寸链的封闭环尺寸和公差有影响，不影响零件的余量公差和设计公差。

1. 工序公差设计的约束条件

在一般的工序公差确定时，应考虑如下一些限制条件：①公差不应超出经济加工精度范围；②应考虑零件的设计精度；③精加工或半精加工的工序公差应考虑加工余量的大小，因为公差的界限决定加工余量的最大与最小值。这些限制条件同样适用于计算机辅助工序公差设计中。

1）经济加工精度的约束条件

经济加工精度是指在正常的生产条件下，采用某一加工方法，零件被加工表面所能得到的尺寸精度、几何形状和位置精度及表面粗糙度的范围。

工序尺寸的经济加工精度边界为

$$T_j^- < T_j < T_j^+$$

式中，T_j^-、T_j^+ 为第 j 道工序的某种加工方法所对应的最小、最大尺寸公差；T_j 为第 j 道工序公差。

位置公差的经济加工精度边界为

$$T_j^{o-} < T_j^o < T_j^{o+}$$

式中，T_j^{o-}、T_j^{o+} 为第 j 道工序的某种加工方法所对应的最小、最大位置公差；T_j^o 为第 j 道工序的位置公差。

位置公差的经济加工精度的约束条件一般用于在装配尺寸链中有位置公差的组成环中。

2）设计公差的约束条件

对于某零件上某一工序尺寸链，一般采用公差的极限公式，则设计公差的约束条件为在该设计尺寸的工序尺寸链中各工序尺寸公差之和必须小于或等于该设计尺寸的公差值，即有

$$\sum_{r=1}^{BP_i} T_r \leqslant T_{b_i}$$

式中，BP_i、T_r 为第i个设计尺寸的工序尺寸链中的工序总数和该工序尺寸链中的第r个工序尺寸公差；T_{b_i} 为第 i 个设计尺寸的设计公差。

3）加工余量公差的约束条件

对于加工零件所有的余量公差尺寸链，如采用公差的极值公式，则前后两道相邻工序公差之和必须小于或等于后一道工序的加工余量公差，即有

$$T_{ij} + T_{i(j-1)} \leqslant T_{zij}$$

式中，T_{ij}、$T_{i(j-1)}$ 为第 i 个组成环尺寸第 j、$j-1$ 道相邻两工序公差；T_{zij} 为第i 个组成环尺寸的第 j 道工序的加工余量公差。

2. 工序公差设计的目标函数

目标函数是工序公差设计优劣的指标，因此应慎重地选择目标函数。由于人们所考虑的角度不同以及为了工序公差的设计模型的简化，提出了许多目标函数，归纳起来有如下六种模型。

(1) 为了使公差与尺寸的数量等级相等，将加工零件的工艺路线中的所有工序公差乘

以某一常数(例如100),然后将其和工序尺寸相加,并使总数为最大。这种目标函数的表达式为

$$\max\Big(\sum_{j} WD_j + \sum_{j} 100P_jT_j\Big)$$

式中,P_j 为 第 j 道工序公差的大于1的权系数;WD_j 为第 j 道工序尺寸。

(2) 对每一道工序分配一个初始公差,然后再计算每一个工序尺寸链,使加工余量公差尺寸链的剩余公差总和为最小。表达式为

$$\min\Big(\sum_{i=1}^{n} Z_i + \sum_{j=1}^{m} W_j\Big)$$

式中,n 为设计尺寸的数目;m 为有加工余量约束的工序数目;Z_i 为第 i 个设计尺寸链的剩余公差;W_j 为第 j 道工序的加工余量尺寸链的剩余公差。

(3) 每一种工序公差所对应的加工成本 C_k 总和为最小,即

$$\min\Big(\sum_{k} C_k\Big)$$

这种目标函数是目前最常用的。

(4) 公差平衡工序的目标函数,首先对每一道工序分配一个初始化工序公差,然后再对初始公差增加一定的公差,并使所有的这些增加的公差总和为最小,即

$$\min\Big(\sum_{k=1}^{m} P_kT_k\Big)$$

式中,P_k 为第 k 道工序的权系数;T_k 为第 k 道工序所增加的公差。

(5) 考虑工序能力公差的目标函数,使最小的工序能力为最大,其表达式为

$$\max\left\{\left(\frac{T_1}{\sigma_1},\frac{T_2}{\sigma_2},\cdots,\frac{T_k}{\sigma_k},\cdots,\frac{T_m}{\sigma_m}\right)\right\}$$

式中,σ_k 为第 k 道工序的标准偏差。

(6) 废品成本最小作为目标函数,表达式为

$$F_1 = \frac{s(1)^* C_{mm} + \sum_{i=1}^{n}\{C_{fm}(i) + C_{fi}(i) + s(i)[C_m(i) + C(i)]\}}{s(1)\prod_{i=1}^{n}\int_{WD_{il}}^{WD_{im}} f(WD_i)\,\mathrm{d}WD_i}$$

式中,$s(1)$为初始输入的零件数;C_{mm} 为单位材料费;C_{fm} 为工序的单位装夹费用;C_{fi} 为工序的单位安装检验仪器费用;$C_m(i)$为工序的单位加工费用;$f(WD_i)$为工序尺寸 WD_i 的概率密度;$C(i)$为工序的单位检验费用;WD_{im}、WD_{il}为 WD_i 的上、下限。

这些目标函数中,模型(1)、模型(4)权系数的选择依赖于设计人员的经验,带有一定的主观因素,并且设计出的工序公差依赖于初始值;模型(5)、模型(6)所需输入的工艺参数较多,这必将造成对用户的负担;模型(2)中如果初始分配的工序公差过大,则不能设计出合理的小于零的剩余公差。

计算机辅助工序公差设计时可以从上述目标函数中进行选择,然后加上一些约束条件,构成其数学模型。但是在这样的数学模型中,当设计公差不合理时,在进行工序公差设计时还需修改设计公差。

11.2.4 其他的公差设计理论

1. 成本-公差模型

为了实现合理的公差分配，建立一个实用性的成本-公差模型至关重要。目前，国内外提出的成本-公差模型主要有指数模型、幂指数模型、负平方模型、三次多项式模型、指数和幂指数组合模型、线性和指数组合模型、四次多项式模型等几种基于初等函数的数学模型。这些模型都有一个共同的特点，即都是基于“公差越小，成本越高”这样一个观察事实的。在实际应用中，选择一个适当的模型，然后根据收集到的公差成本数据采用曲线拟合的方式确定模型中的各个系数。用这种方法建立的成本模型没有与具体实现公差的加工工艺过程联系起来，因而无法确切反映公差和成本之间的真实关系。另一方面，全面收集这些公差成本数据也是很不现实的，所以应该建立一个与工艺过程相联系的、以数据库为支持的、实用性强的、面向并行公差设计的成本-公差模型。

2. 动态公差控制

传统的公差控制是一级一级向后“保障”的，即产品设计阶段产生的设计公差应保障产品规划阶段所确定的产品精度指标；在工艺设计阶段所确定的加工公差应保障设计公差；在加工阶段所得到的零件误差应小于或等于加工公差；在装配后所得到的产品实际精度应小于或等于产品的精度指标。这种逐级向后保障的体系具有逐级紧缩公差的倾向，事实上增加了制造成本。

在动态公差控制（也称顺序公差控制）中，公差数值并不是固定不变的，每加工完一个零件后，即对该零件进行测量，得到实际的误差值后，再把该值代入加工方程重新进行计算，得到未加工零件的公差值。这种动态公差控制系统可以使加工成本最小化，所存在的问题是测量成本增加，同一装配中的零件必须按顺序进行加工，零件的互换性变差。

3. 几何公差设计

几何公差和尺寸公差具有同等重要的地位，应该大力加强几何公差的研究，正确地选用几何公差，以保证产品质量，满足其工作性能和使用等方面的要求，同时便于合理地选用加工方法，以提高劳动生产率和降低成本。过去设计者往往根据经验进行设计，很容易出现一些问题：①很难控制几何公差类型的选择，为了控制轴的实效尺寸，可以选用直线度、圆轴度、圆跳动、全跳动等进行控制，但很难选定一种最合适的；②几何公差大小的选择不适当，若选择偏大，则达不到控制要求，若选择偏小，又使制造成本升高，很难选择理想值；③基准的选择和确定不合适，基准选择的正确与否不仅影响加工过程，而且也影响检测过程。因此，依据传统的经验来设计几何公差已远远不能满足要求。计算机辅助几何公差设计的方法主要有基于遗传算法与成本函数的几何公差优化设计和基于不匹配率的几何公差优化设计两种方法。

在设计方面，应该研究一种根据产品功能和装配结构定义几何公差的方法，包括必需的、影响产品功能的几何公差的类型和公差的具体数值，还应考虑几何公差之间以及几何公差同尺寸公差之间的非线性叠加问题；在制造工艺方面，应研究几何公差和加工设备、加工工艺过程确定所能产生的最大几何公差，由此来确定所设计的几何公差能否被保证。

计算机辅助公差设计作为CAD/CAM集成的关键技术之一，虽然经过国内外众多学者数十年的不懈努力取得了许多重要的研究成果，但是还远不成熟和完善，还需要做更进一步的研究，使之能够与CAD、CAPP、CAM的发展相适应。尤其应加强并行公差设计理论方面的研究，形成一套成熟的理论和方法，使得设计人员在设计阶段就可直接求出满足功能要求的加工公差。理想的并行公差设计系统，应可以直接把设计过程和制造过程联系起来，既能处理尺寸公差，也能处理几何公差，根据装配图能直接生成功能方程，能由加工工艺过程自动生成加工方程，既能进行并行公差分析又能进行并行公差综合，同时还包括一个基于数据库和加工工艺过程的实用成本模型。

习　　题

一、简答题

1. 计算机辅助设计分为哪几类？

2. 工序公差设计的约束条件有哪些？

3. 尺寸和公差在计算机中的表示方法主要有哪几种？

第12章 公差与配合综合应用

12.1 概述

“公差配合与技术测量”课程有没有学好，关键在于公差与配合的综合应用。公差与配合的综合应用是该门课程学习的终极目标，也是检验该门课程学得成功与否的唯一标准。

本章主要以典型部件减速器为实例，讲述其装配图的公差选择与标注，以及零件图的公差选择与标注，为“公差配合与技术测量”课程在后续课程中的学习及应用奠定坚实的基础。

图样是工程技术人员在研究和设计机器时，经过运动设计、动力设计、强度设计、结构设计和精度设计后，最终在图纸上用图形和文字表达的统一形式，是机器加工、安装、使用与维护过程中的指令性文件，是工程技术人员在机械工程活动中交流的标准语言和工具。机器图样分为装配图（部件图）和零件图两大类。

12.1.1 装配图与公差

装配图主要表达机器或部件的整体结构、工作原理、零件之间的装配和连接关系，以及主要零件的结构形状等。装配图的作用有两点：一是根据装配图制订机器的装配工艺规程，指导机器装配、检验及维修；二是根据主要零件的结构形状拆画零件图。

装配图中的公差项目有主要配合零件之间的配合公差、相邻零件之间的安装公差以及其他公差要求，如图 12-1 所示。

1. 主要配合零件之间的配合公差

图 12-1 所示主要配合零件之间的配合公差有：小轴承内、外圈与轴和孔的配合公差（ϕ12h5、ϕ32H7），大轴承内、外圈与轴和孔的配合公差（ϕ17h5、ϕ40H7），大齿轮孔与低速轴的配合公差（ϕ20H8/k7），带轮孔与高速轴的配合公差（ϕ10H8/h7），以及键与键槽的配合公差（6N9、6JS9、3N9、3JS9）等。

2. 相邻零件之间的安装公差

图 12-1 所示相邻零件之间的安装公差有中心距的尺寸公差（48±0.0195）等。

3. 其他公差要求

图 12-1 所示技术要求的“齿面接触斑点沿齿高不小于 40%，沿齿宽不小于 50%”为其他公差要求。

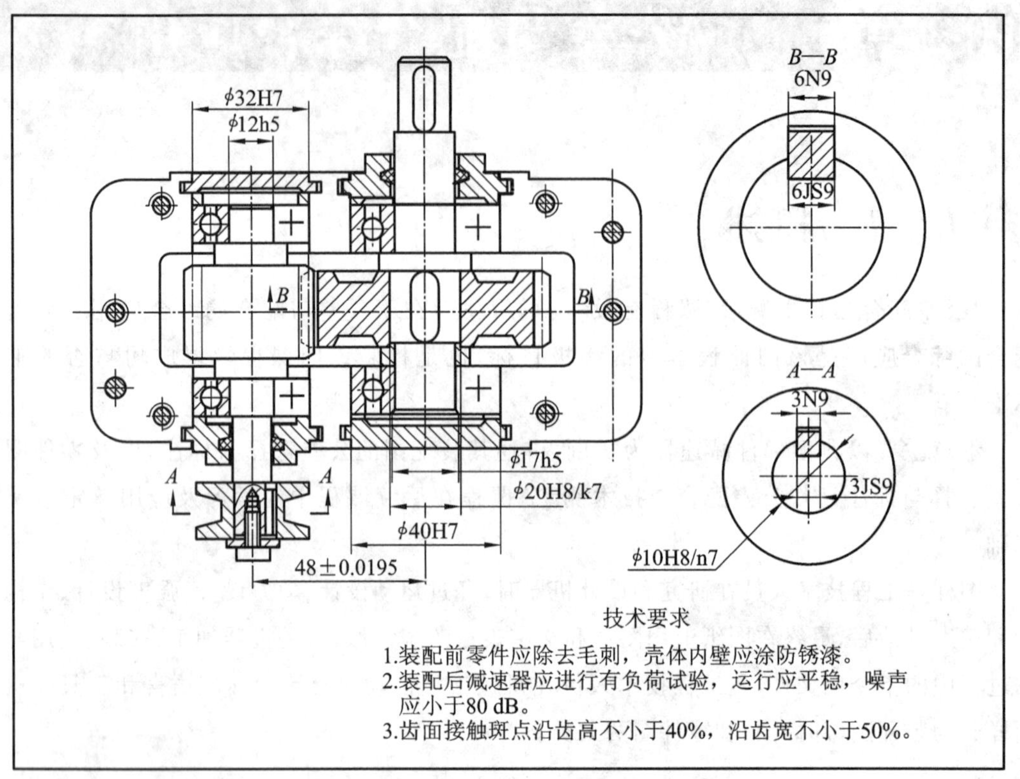

图 12-1 装配图中的主要公差项目

12.1.2 零件图与公差

在机器的设计过程中，零件图一般是从装配图中拆画来的。零件图是零件的加工和检验的指令性文件。因此，零件图必须表达出完整的零件形状，标注出完整的尺寸及公差要求。零件图中的主要公差项目有尺寸公差、形状公差、位置公差、表面粗糙度及其他公差要求。图 12-2 所示为一大齿轮零件的公差要求。

1. 尺寸公差

图 12-2 所示的尺寸公差主要有：齿顶圆直径($\phi77_{-0.190}^{\ 0}$)、齿轮内孔直径($\phi30_{\ 0}^{+0.021}$)、键宽(8±0.018)和键深($33.3_{\ 0}^{+0.2}$)等。

2. 形状公差

图 12-2 所示的形状公差主要有：齿轮内孔 $\phi30_{\ 0}^{+0.021}$ 遵守包容要求Ⓔ公差。

3. 位置公差

图 12-2 所示的位置公差主要有：齿顶圆相对于齿轮内孔中心线的径向圆跳动公差(0.018)、基准端面相对于齿轮内孔中心线的轴向圆跳动公差(0.018)。

4. 表面粗糙度

图 12-2 所示的表面粗糙度主要有：齿顶圆表面粗糙度($Ra3.2$ μm)、齿轮内孔表面粗糙

度(Ra1.6 μm)、齿轮端面表面粗糙度(Ra3.2 μm)、齿面表面粗糙度(Ra1.6 μm)及其余面表面粗糙度(Ra3.2 μm)。

5. 其他公差要求

图 12-2 中的齿形公差为其他公差要求。

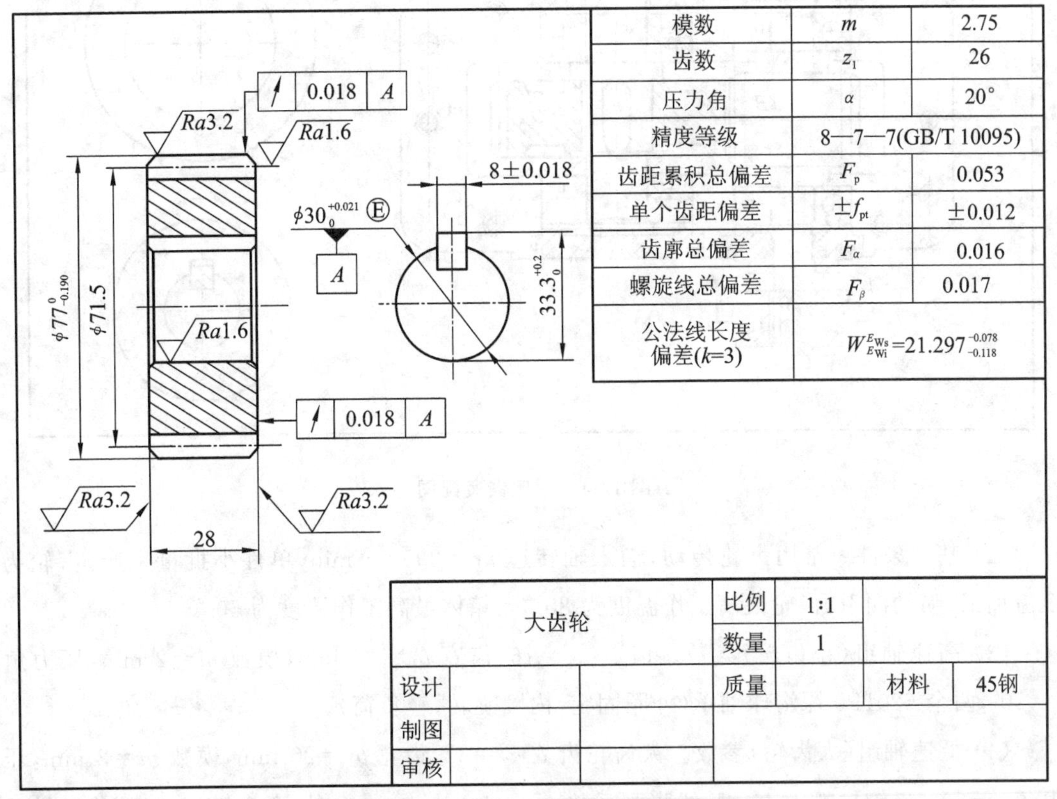

图 12-2　大齿轮零件的公差要求

12.2　减速器装配图公差选择与标注

减速器是机器中最常用的部件之一,也是“机械零件课程设计”中最关键的设计部件。减速器装配图中的公差选择与标注是减速器设计的主要内容之一。本节以图 12-3 所示的单级圆柱直齿减速器为例,讲述装配图公差选择与标注的方法。

12.2.1　已知条件

在进行机械零件课程设计时,经过了运动设计、动力设计、强度设计、结构设计后,可以得到单级圆柱直齿减速器的以下已知条件,这是对减速器进行精度设计的原始数据。

图 12-3　单级圆柱直齿减速器

(1) 减速器装配图如图 12-4 所示。

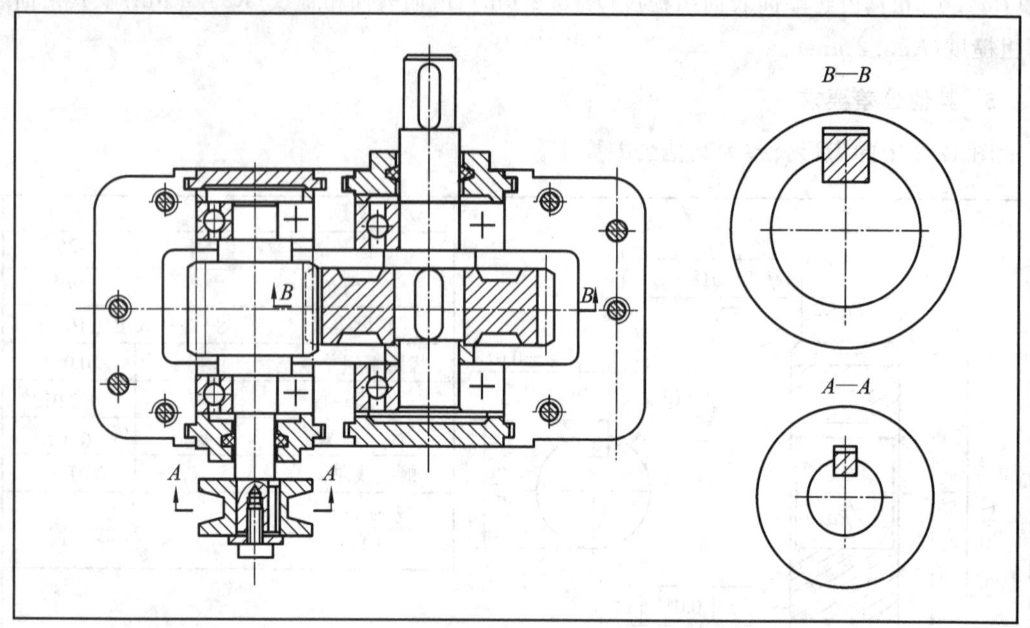

图 12-4　减速器装配图

(2) 基本条件。常用齿轮传动,输入轴转速 $n_1=2950$ r/min,单件小批量生产,齿轮为滚齿加工、喷油润滑,齿轮最高工作温度为 80 ℃,箱体最高工作温度为 50 ℃。

(3) 高速轴组(小齿轮)参数。齿数 $z_1=16$,齿宽 $b_1=25$ mm,模数 $m=2$ mm,压力角 $\alpha=20°$,两个 6201P0 深沟球轴承(外圈固定,内圈旋转,轻负荷)。

(4) 低速轴组(大齿轮)参数。大齿轮齿数 $z_2=32$,齿宽 $b_2=20$ mm,模数 $m=2$ mm,压力角 $\alpha=20°$,齿轮材料为 45 钢,线膨胀系数 $\alpha_1=11.5\times10^{-6}$ ℃$^{-1}$,两个 6203P0 深沟球轴承(外圈固定,内圈旋转,轻负荷)。

(5) 带轮与高速轴为一般配合,轻负荷,可拆卸,带轮内孔直径为 $\phi10$ mm。

(6) 大齿轮与低速轴为一般配合,轻负荷,精密定位,可拆卸,大齿轮内孔直径为 $\phi20$ mm。

(7) 箱体材料为铸铁,线膨胀系数 $\alpha_2=10.5\times10^{-6}$ ℃$^{-1}$,箱体上两对轴承孔的跨距 L 相等,均为 46 mm。

12.2.2　高速轴组配合公差选择与标注

高速轴组配合公差主要有:轴承内圈与高速轴轴颈的配合公差、轴承外圈与壳体孔的配合公差、高速轴与带轮内孔的配合公差以及高速轴与带轮平键的配合公差四项。

1. 轴承内圈与高速轴轴颈的配合公差选择

(1) 6201P0 为深沟球轴承,查表得轴承内圈直径为 $\phi12$ mm。

(2) 根据已知条件"外圈固定,内圈旋转,轻负荷",查表选择轴承内圈与轴颈的配合公差代号为 h5。

(3) 轴承内圈与高速轴轴颈的配合公差为 ϕ12h5。

2. 轴承外圈与壳体孔的配合公差选择

(1) 6201P0 为深沟球轴承，查表得轴承外圈直径为 ϕ32 mm。

(2) 根据已知条件“外圈固定，内圈旋转，轻负荷”，查表选择轴承外圈与壳体孔的配合公差代号为 H7。

(3) 轴承外圈与壳体孔的配合公差为 ϕ32H7。

3. 高速轴与带轮内孔的配合公差选择

(1) 因带轮与高速轴为一般配合，根据基孔制优先的原则，选择带轮内孔公差代号为 H。

(2) 因带轮是轻负荷传动，可拆卸，查表选择配合性质为中过渡配合 H/n。

(3) 因带轮与高速轴为一般配合，精度及定位要求都不高，所以选择带轮内孔精度等级为 8 级(精车可达到)，选择与带轮内孔配合的高速轴段的精度等级为 7 级(轴比孔低一级，精车可达到)。

(4) 带轮内孔与高速轴的配合公差选择为 ϕ10H8/n7。

4. 高速轴与带轮平键的配合公差选择

(1) 根据带轮内孔直径为 ϕ10 mm，查表得键宽 $b=3$ mm。

(2) 因带轮与轴无相对运动，又是轻负荷，所以选择一般平键连接，根据表查得键与高速轴键槽的配合公差代号为 N9，键与带轮内孔键槽的配合公差代号为 JS9。

5. 高速轴组配合公差标注

配合公差选定后，应正确地标注在装配图上。图 12-5 所示为高速轴组配合公差标注。

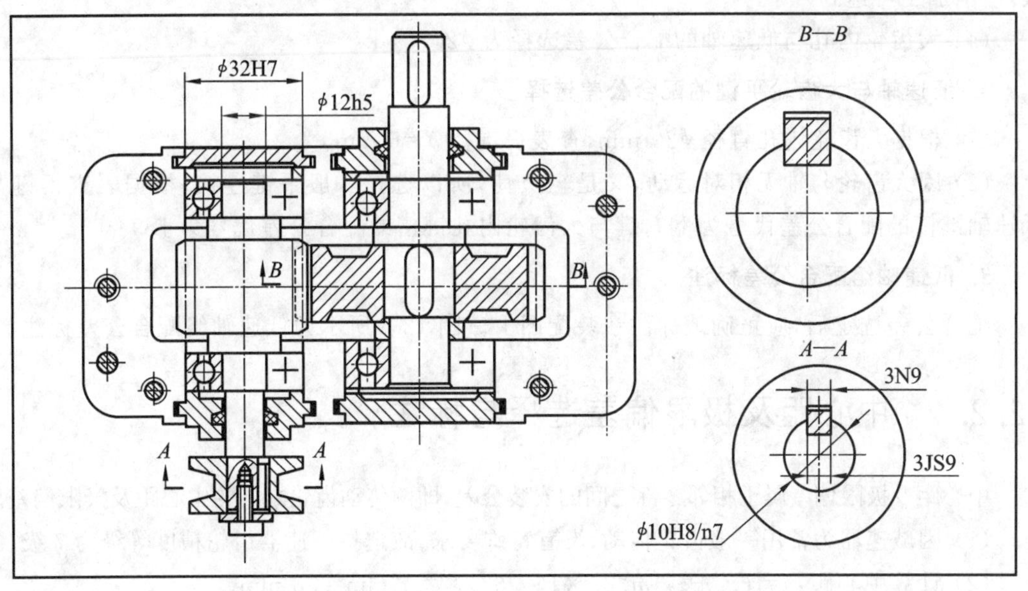

图 12-5　高速轴组配合公差标注

12.2.3 低速轴组配合公差选择与标注

低速轴组配合公差主要有：轴承内圈与低速轴轴颈的配合公差、轴承外圈与壳体孔的配合公差、低速轴与大齿轮内孔的配合公差以及低速轴与大齿轮平键的配合公差四项。

1. 轴承内圈与高速轴轴颈的配合公差选择

(1) 6203P0 为深沟球轴承，查表得轴承内圈直径为 ϕ17 mm。

(2) 根据已知条件“外圈固定，内圈旋转，轻负荷”，查表选择轴承内圈与轴颈的配合公差代号为 h5。

(3) 轴承内圈与低速轴轴颈的配合公差为 ϕ17h5。

2. 轴承外圈与壳体孔的配合公差选择

(1) 6203P0 为深沟球轴承，查表得轴承外圈直径为 ϕ40 mm。

(2) 根据已知条件“外圈固定，内圈旋转，轻负荷”，查表选择轴承外圈与壳体孔的配合公差代号为 H7。

(3) 轴承外圈与壳体孔的配合公差为 ϕ40H7。

3. 低速轴与大齿轮内孔的配合公差选择

(1) 因大齿轮与低速轴为一般配合，根据基孔制优先的原则，选择大齿轮内孔公差代号 H。

(2) 因大齿轮是轻负荷传动，可拆卸，精密定位，查表选择配合性质为小过渡配合 H/k。

(3) 因大齿轮与低速轴为一般配合，精度及定位要求较高，所以选择大齿轮内孔精度等级为 8 级(精车可达到)，选择与大齿轮内孔配合的低速轴段的精度等级为 7 级(轴比孔低一级，磨削加工可达到)。

(4) 大齿轮内孔与低速轴的配合公差选择为 ϕ20H8/k7。

4. 低速轴与大齿轮平键的配合公差选择

(1) 根据大齿轮内孔直径 ϕ20 mm，查表得键宽 b=6 mm。

(2) 因大齿轮与轴无相对运动，又是轻负荷，所以选择一般平键连接，根据表查得键与低速轴键槽的配合公差代号为 N9，键与大齿轮内孔键槽的配合公差代号为 JS9。

5. 低速轴组配合公差标注

配合公差选定后，应正确地标注在装配图上。图 12-6 所示为低速轴组配合公差标注。

12.2.4 中心距及极限偏差选择与标注

中心距及极限偏差属于相邻零件之间的安装公差，即两传动齿轮之间的中心距及极限偏差。

(1) 因减速器为常用一般齿轮传动，没有特殊要求，故选择减速器齿轮精度等级为 7 级。

(2) 计算中心距：$a=(z_1+z_2)m/2=(16+32)\times 2/2$ mm=48 mm。

(3) 查表得中心距极限偏差 $\pm f_a=\pm 0.0195$ mm。

(4) 减速器中心距及极限偏差为 48±0.0195 mm。

(5) 减速器中心距及极限偏差标注如图 12-7 所示。

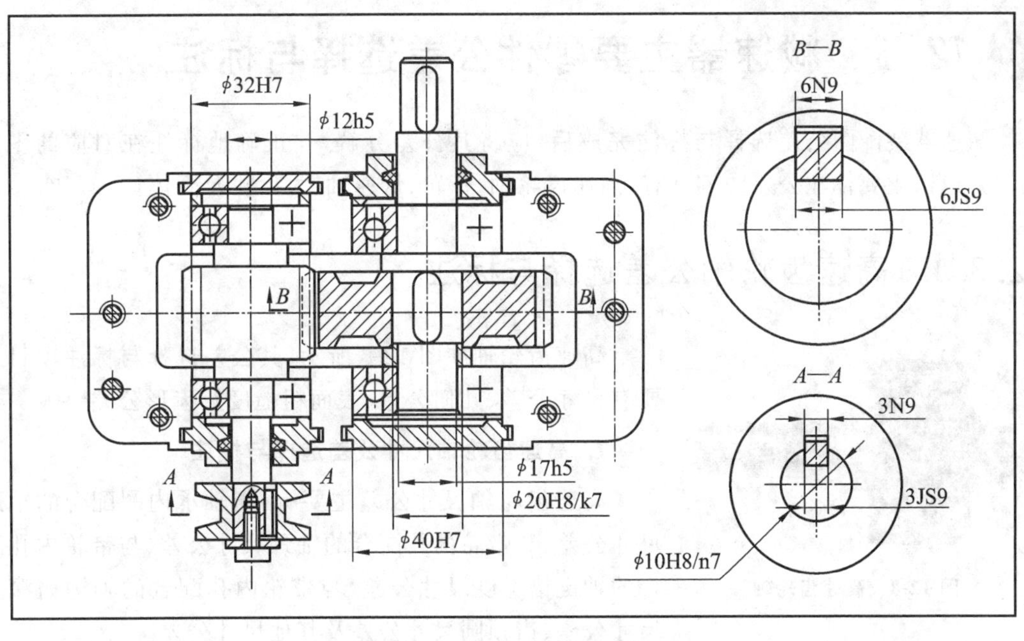

图 12-6 低速轴组配合公差标注

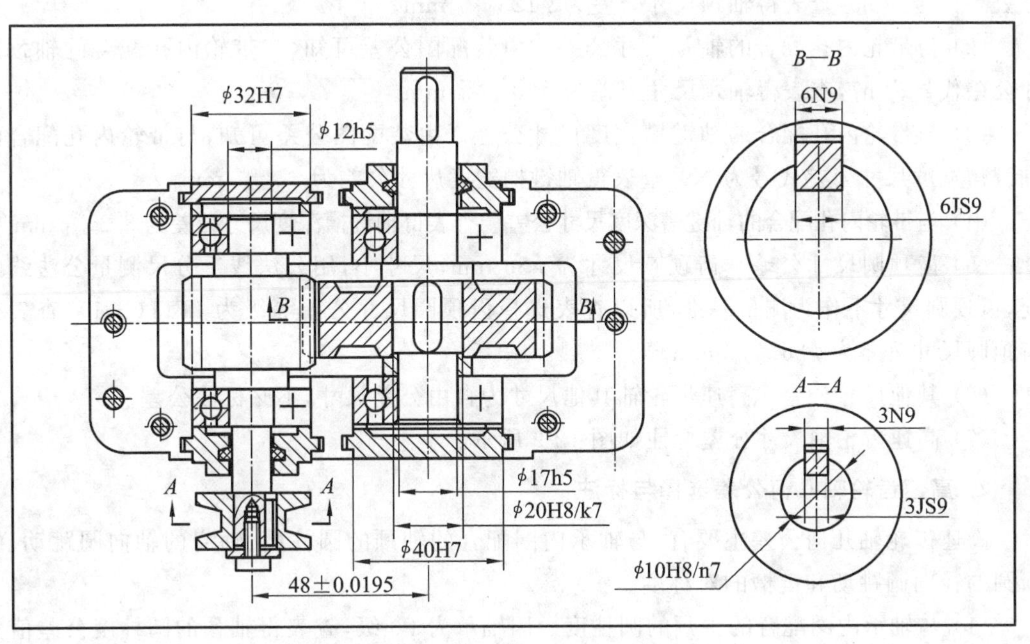

图 12-7 减速器中心距及极限偏差标注

12.2.5 齿面接触斑点选择

查表得齿面接触斑点：沿齿高不小于40%，沿齿宽不小于50%。

12.3 减速器主要零件公差选择与标注

减速器装配图公差选择与标注完成后，应将其公差分解，并正确地标注在对应的零件上。减速器主要标注公差的零件有：高速齿轮轴、带轮、低速轴、大齿轮及壳体。

12.3.1 高速齿轮轴公差选择与标注

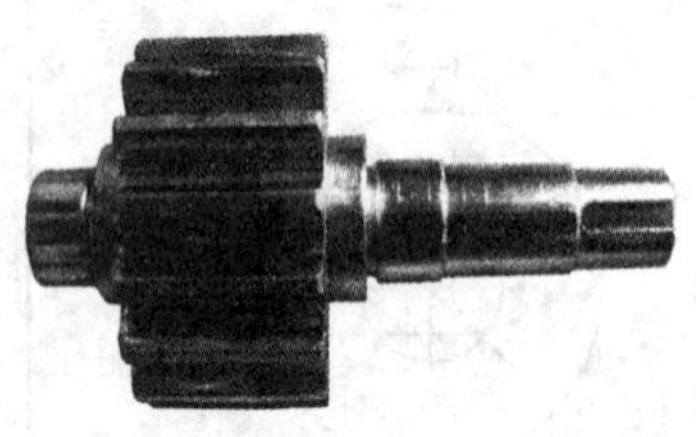
图 12-8 高速齿轮轴

高速齿轮轴如图 12-8 所示，其公差选择与标注项目主要有尺寸公差、几何公差、表面粗糙度及齿形公差。

1. 高速齿轮轴尺寸公差选择与标注

高速齿轮轴尺寸公差主要有：与轴承内圈配合的轴颈尺寸公差、与带轮内孔配合的轴颈尺寸公差、与带轮内孔配合的轴键槽宽度尺寸公差、与带轮内孔配合的轴键槽深度尺寸公差、齿顶圆尺寸公差及其他尺寸公差。

(1) 与轴承内圈配合的轴颈尺寸公差。由装配图公差可知，与轴承内圈配合的轴颈尺寸公差代号为 h5，查表得轴颈尺寸公差为 $\phi12_{-0.006}^{\ 0}$ mm。

(2) 与带轮内孔配合的轴颈尺寸公差。由装配图公差可知，与带轮内孔配合的轴颈尺寸公差代号为 n7，查表得轴颈尺寸公差为 $\phi10_{+0.010}^{+0.025}$ mm。

(3) 与带轮内孔配合的轴键槽宽度尺寸公差。由装配图公差可知，与带轮内孔配合的轴键槽宽度尺寸公差代号为 N9，查表得轴键槽宽度尺寸公差为 $3_{-0.029}^{-0.004}$ mm。

(4) 与带轮内孔配合的轴键槽深度尺寸公差。查表得轴键槽深度尺寸公差为 $8.2_{-0.1}^{\ 0}$ mm。

(5) 齿顶圆尺寸公差。齿顶圆尺寸为 $\phi36$ mm，尺寸小，用公法线千分尺测量公法线长度，齿顶圆尺寸不作为测量基准，所以查表选择齿顶圆尺寸公差等级为 IT11(h11)，查表得齿顶圆尺寸公差为 $\phi36_{-0.160}^{\ 0}$ mm。

(6) 其他尺寸公差。高速齿轮轴其他尺寸为自由公差尺寸，不必标注公差。

(7) 高速齿轮轴尺寸公差标注如图 12-9 所示。

2. 高速齿轮轴几何公差选择与标注

高速齿轮轴几何公差主要有：与轴承内圈配合的轴颈的圆柱度、轴肩的轴向圆跳动、齿顶圆的径向圆跳动和键槽的对称度。

(1) 与轴承内圈配合的轴颈的圆柱度。因轴承为 P0 级，查表得轴颈的圆柱度公差值为 0.003 mm。

(2) 轴肩的轴向圆跳动。因轴承为 P0 级，查表得轴肩的轴向圆跳动公差值为 0.01 mm。

(3) 齿顶圆的径向圆跳动。因齿轮精度等级为 7 级，查表得齿顶圆的径向圆跳动公差值为 0.018 mm。

(4) 键槽的对称度。因键长与键宽比 $L/b=12/3=4<8$，轴键槽选择标注对称度，公差等级在 7～9 级中选取，这里取 8 级。查表得对称度公差值为 0.01 mm。

(5) 高速齿轮轴几何公差标注如图 12-10 所示。

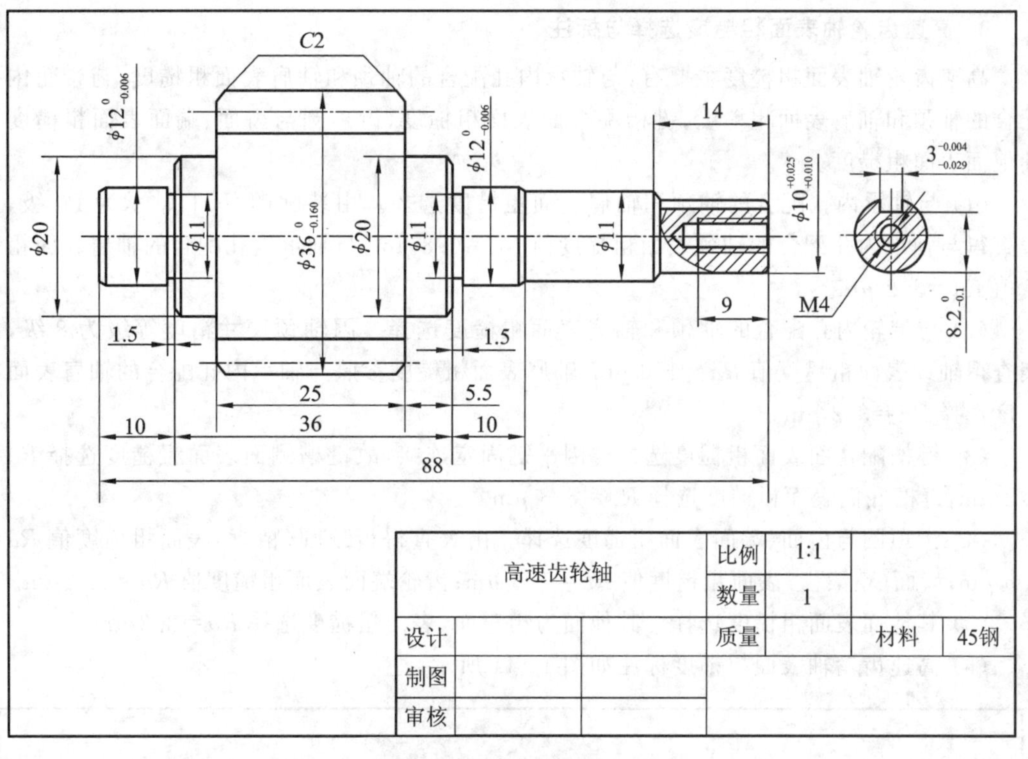

图 12-9 高速齿轮轴尺寸公差标注

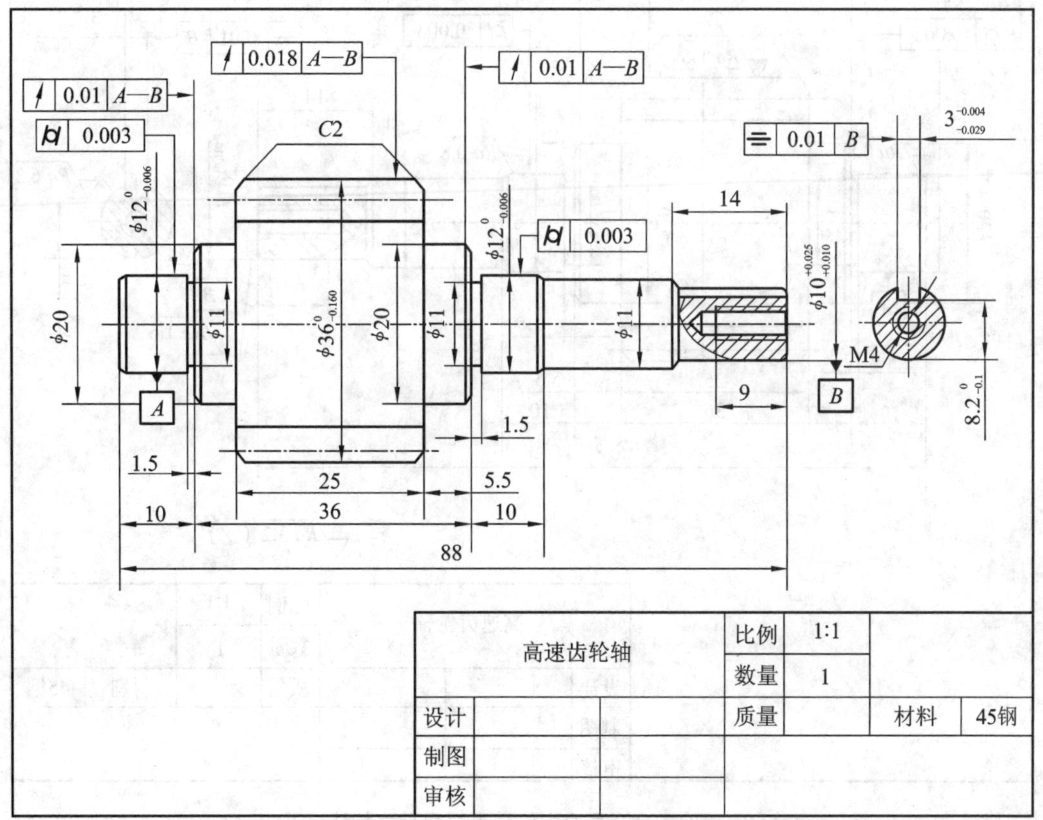

图 12-10 高速齿轮轴几何公差标注

3. 高速齿轮轴表面粗糙度选择与标注

高速齿轮轴表面粗糙度主要有：与轴承内孔配合的轴颈和轴肩表面粗糙度，与带轮内孔配合的轴颈和轴肩表面粗糙度，键槽配合面表面粗糙度，齿顶圆与齿面、端面表面粗糙度及其他面表面粗糙度。

（1）与轴承内孔配合的轴颈和轴肩表面粗糙度选择。由装配图可知，轴承为 P0 级，由表查得与轴承内孔配合的轴颈表面粗糙度值 $Ra=0.8\ \mu m$，与轴承内孔配合的轴肩表面粗糙度值 $Ra=3.2\ \mu m$。

（2）与带轮内孔配合的轴颈和轴肩表面粗糙度选择。因轴颈尺寸精度等级为 8 级，由表查得轴颈表面粗糙度值 $Ra=1.6\ \mu m$；轴肩表面粗糙度参照与轴承内孔配合的轴肩表面粗糙度选择 $Ra=3.2\ \mu m$。

（3）键槽配合面表面粗糙度选择。因平键固定连接，故键槽侧面表面粗糙度选择 $Ra=3.2\ \mu m$，键槽底面表面粗糙度选择 $Ra=6.3\ \mu m$。

（4）齿顶圆与齿面、端面表面粗糙度选择。由表查得齿顶圆（精车）表面粗糙度值 $Ra=1.6\ \mu m$；齿面（精滚齿）表面粗糙度值 $Ra=1.6\ \mu m$；齿轮端面表面粗糙度值 $Ra=3.2\ \mu m$。

（5）其他面表面粗糙度选择。其他面为粗车面，表面粗糙度选择 $Ra=3.2\ \mu m$。

（6）高速齿轮轴表面粗糙度标注如图 12-11 所示。

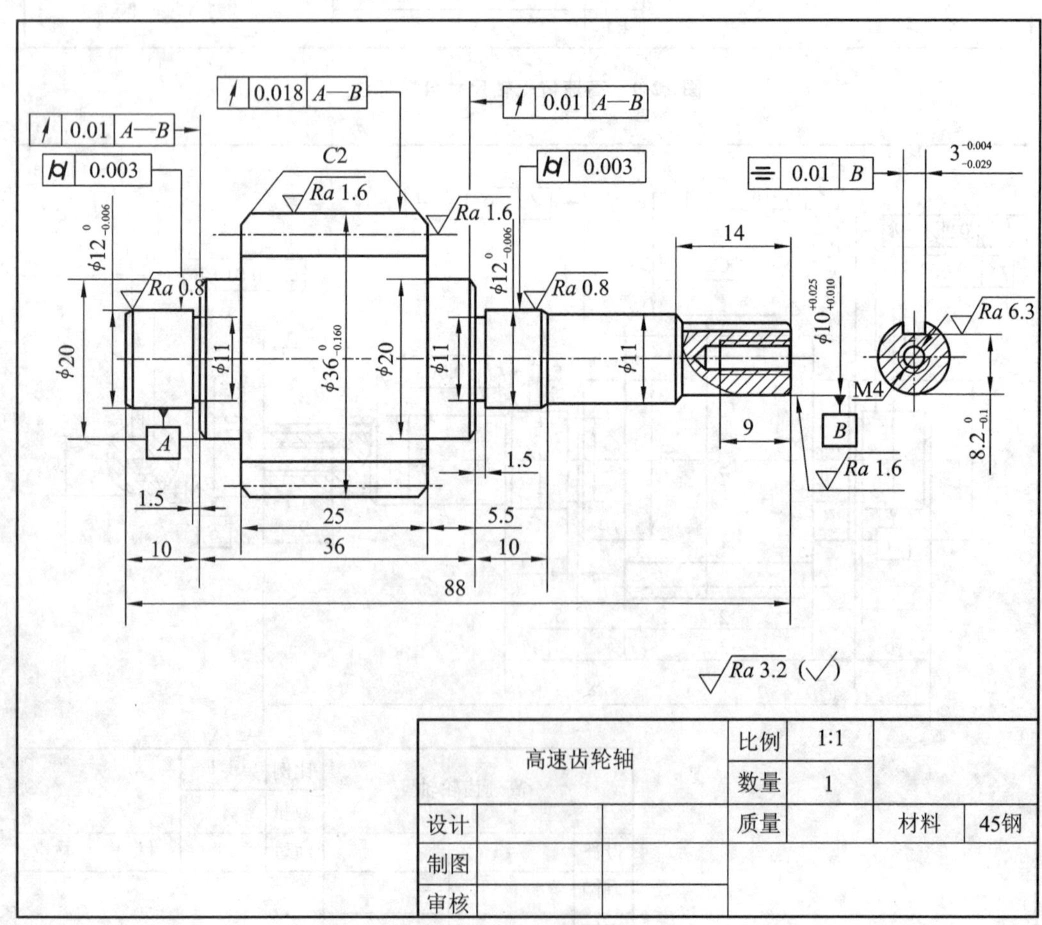

高速齿轮轴		比例	1:1		
		数量	1		
设计		质量		材料	45钢
制图					
审核					

图 12-11　高速齿轮轴表面粗糙度标注

4. 高速齿轮轴齿形公差选择与标注

1）确定齿轮精度等级

(1) 粗选齿轮精度等级。因为该齿轮用于常用减速器，查表大致可以确定齿轮精度等级为 7～8 级。

(2) 精选齿轮精度等级。因为该齿轮是高速动力齿轮，既传递运动，又传递动力，且转速较高，主要要求传动平稳性精度，故按齿轮圆周线速度和噪声强度要求首先选定第Ⅱ公差组的精度等级。

小齿轮圆周线速度为

$$v_1=\pi d_1 n_1/(60\times 1000)=\pi m z_1 n_1/(60\times 1000)=3.14\times 2\times 16\times 2950/(60\times 1000)\ \mathrm{m/s}$$
$$=4.94\ \mathrm{m/s}$$

参照表确定齿轮传动平稳性精度等级为 7 级(第Ⅱ公差组)。又由于齿轮对传递运动准确性要求不高，故可比第Ⅱ公差组精度等级降低一级，选定传递运动准确性精度等级为 8 级(第Ⅰ公差组)。动力齿轮对齿面载荷分布均匀性有一定要求，第Ⅲ公差组精度等级应不低于第Ⅱ公差组，故载荷均匀性精度等级定为 7 级。最后选择并在图样上标注的齿轮精度等级为:8—7—7(GB/T 10095.1～2)。

2）确定齿轮偏差检测项目及公差值

因为齿轮单件小批量生产，确定齿轮偏差检测项目及公差值如下。

(1) 齿距累积总偏差 F_p。齿距累积总偏差属于第Ⅰ(准确性)公差组(已选定为 8 级)，根据分度圆直径($mz_1=2\times 16$ mm$=32$ mm)，由表查得 $F_p=0.042$ mm。

(2) 单个齿距偏差 $\pm f_{pt}$。单个齿距偏差属于第Ⅱ(平稳性)公差组(已选定为 7 级)，根据分度圆直径($mz_1=2\times 16$ mm$=32$ mm)，由表查得 $\pm f_{pt}=\pm 0.011$ mm。

(3) 齿廓总偏差 F_α。齿廓总偏差也属于第Ⅱ(平稳性)公差组(已选定为 7 级)，根据分度圆直径($mz_1=2\times 16$ mm$=32$ mm)，由表查得 $F_\alpha=0.014$ mm

(4) 螺旋线总偏差 F_β。螺旋线总偏差属于第Ⅲ(均匀性)公差组(选定为 7 级)，根据分度圆直径($mz_1=2\times 16$ mm$=32$ mm)，由表查得 $F_\beta=0.016$ mm。

3）计算齿厚偏差

(1) 齿厚计算。因齿轮模数为 $m=2$ mm，齿数 $z_1=16$，由表查得 $m=1$ mm 时的齿厚 $s_{a1}=1.5698$ mm。因此，$m=2$ mm 时的齿厚

$$s_a=2\times s_{a1}=2\times 1.5698\ \mathrm{mm}=3.1396\ \mathrm{mm}$$

(2) 确定保证正常的润滑所必需的最小侧隙 j_{n1}。由表按喷油润滑查得

$$j_{n1}=0.01\times m=0.01\times 2\ \mathrm{mm}=0.02\ \mathrm{mm}$$

(3) 确定补偿温升而引起的变形所必需的最小侧隙 j_{n2}，由式得

$$j_{n2}=2a(\alpha_1\Delta t_1-\alpha_2\Delta t_2)\sin\alpha$$
$$=2\times 48\times[11.5\times 10^{-6}\times(80-20)-10.5\times 10^{-6}\times(50-20)]\times\sin 20^\circ\ \mathrm{mm}$$
$$=0.0123\ \mathrm{mm}$$

(4) 确定补偿加工误差和安装误差所需的两齿轮齿厚减薄量 δ_s。$d_2=mz_2=2\times 32$ mm$=$

64 mm，由表查得 $f_{pt2}=12\ \mu m$，且 $f_{pt1}=11\ \mu m$，$F_\beta=16\ \mu m$，$L=46$ mm，$b_1=25$ mm，得

$$\begin{aligned}\delta_s &= \sqrt{0.88\times(f_{pt1}^2+f_{pt2}^2)+[1.77+0.34\,(L/b_1)^2F_\beta^2]}\\ &= \sqrt{0.88\times(11^2+12^2)+[1.77+0.34\times(46/25)^2]\times 16^2}\ \text{mm}\\ &=31.2\ \mu m=0.0312\ \text{mm}\end{aligned}$$

（5）确定一对齿轮在法向侧隙方向上总的减薄量 δ_{SN}

$$\delta_{SN}=j_{n1}+j_{n2}+\delta_s=0.02\ \text{mm}+0.0123\ \text{mm}+0.0312\ \text{mm}=0.0635\ \text{mm}$$

（6）确定齿厚上偏差 E_{sns}

$$\begin{aligned}E_{sns} &= -\left[\frac{\delta_{SN}}{2\cos\alpha}+|f_a|\tan\alpha\right]\\ &= -\left[\frac{0.0635}{2\cos 20^\circ}+0.0195\times\tan 20^\circ\right]\ \text{mm}\\ &= -0.041\ \text{mm}\end{aligned}$$

（7）确定齿厚公差 T_{sn}。由表查得 $F_r=34\ \mu m$（第Ⅰ公差组，8 级）；由表查得切齿时的径向进刀公差等级为 1.26IT9，再由表按分度圆直径（$d_1=32$ mm）查得 $b_r=78\ \mu m$，因此齿厚公差为

$$\begin{aligned}T_{sn} &= 2\tan\alpha\ \sqrt{b_r^2+F_r^2}=2\times\tan 20^\circ\times\sqrt{78^2+34^2}\ \mu m\\ &=62\ \mu m=0.062\ \text{mm}\end{aligned}$$

（8）确定齿厚下偏差 E_{sni}

$$E_{sni}=E_{sns}-T_{sn}=-0.041\ \text{mm}-0.062\ \text{mm}=-0.103\ \text{mm}$$

（9）齿厚偏差为

$$s_a=3.1396_{-0.103}^{-0.041}\ \text{mm}$$

4）计算公法线平均长度偏差

对于中、小模数齿轮，控制侧隙的指标宜采用公法线平均长度偏差，所以还得把齿厚偏差转换成公法线长度偏差。

（1）确定公法线公称长度 W 及其跨齿数 k。因齿数 $z_1=16$，由表查得 $m=1$ mm 时的跨齿数 k 为 2，公法线公称长度 $W_1=4.6523$ mm。因此，$m=2$ mm 时的公法线公称长度

$$W=2\times W_1=2\times 4.6523\ \text{mm}=9.3046\ \text{mm}$$

（2）确定公法线长度上偏差 E_{Ws}。因是外齿轮，故公法线长度上偏差为

$$\begin{aligned}E_{Ws} &= E_{sns}\cos\alpha-0.72F_r\sin\alpha=(-0.041\cos 20^\circ-0.72\times 0.034\times\sin 20^\circ)\ \text{mm}\\ &= -0.047\ \text{mm}\end{aligned}$$

（3）确定公法线长度下偏差 E_{Wi}

$$\begin{aligned}E_{Wi} &= E_{sni}\cos\alpha+0.72F_r\sin\alpha=(-0.103\cos 20^\circ+0.72\times 0.034\times\sin 20^\circ)\ \text{mm}\\ &= -0.088\ \text{mm}\end{aligned}$$

（4）公法线平均长度偏差为

$$W=9.3046_{-0.088}^{-0.047}\ \text{mm}。$$

5）齿形公差标注

齿形公差一般标注在图样右上角的表中，如图 12-12 所示。

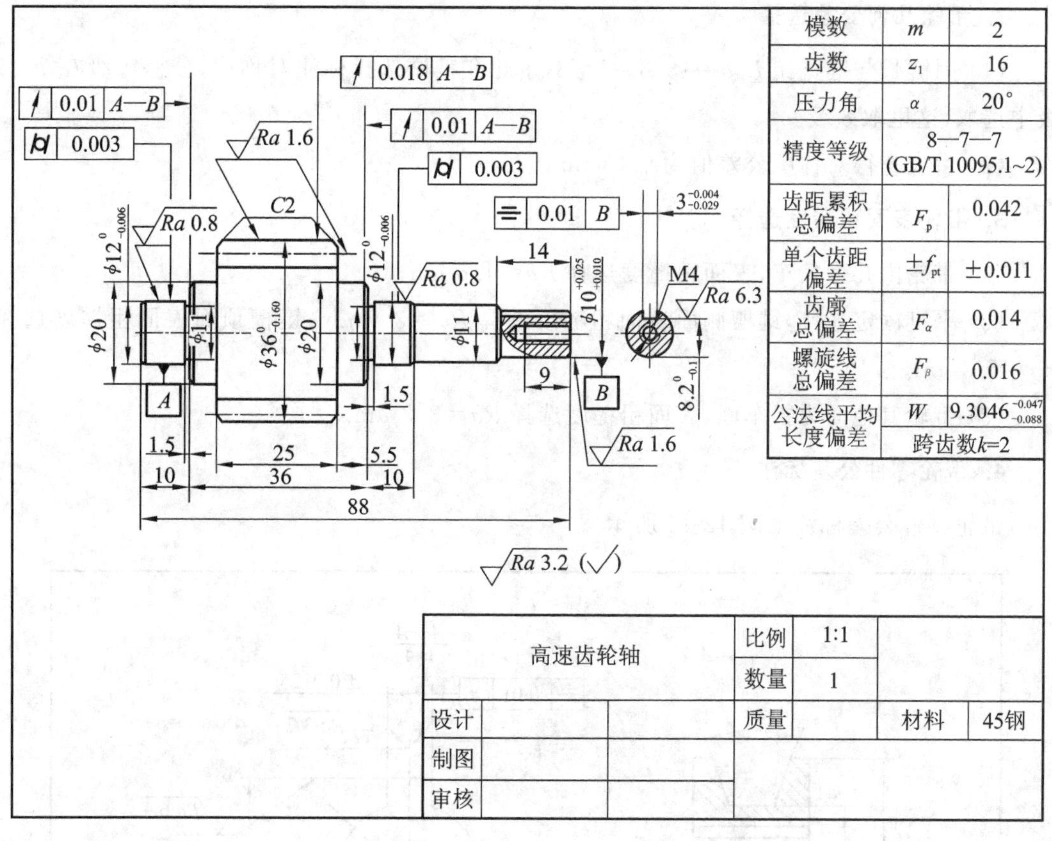

图 12-12　高速齿轮轴齿形公差标注

12.3.2　带轮公差选择与标注

带轮如图 12-13 所示，其公差选择与标注项目主要有尺寸公差、几何公差及表面粗糙度。

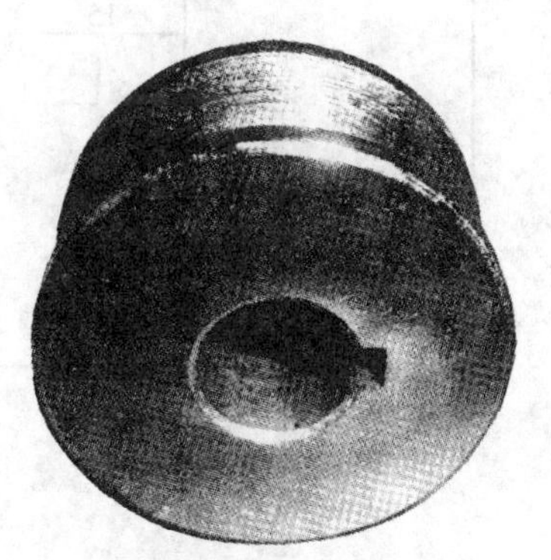

图 12-13　带轮

1. 带轮尺寸公差选择

带轮尺寸公差主要有：带轮内孔尺寸公差、带轮内孔键槽宽度尺寸公差、带轮内孔键槽深度尺寸公差及带轮其他尺寸公差。

(1) 带轮内孔尺寸公差选择。由装配图公差可知，带轮内孔尺寸公差代号为 H8，查表得带轮内孔尺寸公差为 $\phi10^{+0.022}_{\ 0}$ mm。

(2) 带轮内孔键槽宽度尺寸公差选择。由装配图公差可知，带轮内孔键槽宽度尺寸公差代号为 JS9，查表得带轮内孔键槽宽度尺寸公差为 3±0.0125 mm。

(3) 带轮内孔键槽深度尺寸公差选择。查表得带轮内孔键槽深度尺寸公差为 $11.4^{+0.1}_{\ 0}$ mm。

(4) 其他尺寸公差选择。带轮其他尺寸为自由公差尺寸，不必标注公差。

2. 带轮几何公差选择

(1) 因键长与键宽比 $L/b=15/3=5<8$，带轮孔键槽选择标注对称度，公差等级在 7～9 级中选取，这里取 8 级。

(2) 由表查得对称度公差值为 0.01 mm。

3. 带轮表面粗糙度选择

(1) 带轮内孔为精车，表面粗糙度选择 $Ra=1.6$ μm；

(2) 平键固定连接，键槽侧面表面粗糙度选择 $Ra=3.2$ μm，键槽顶面表面粗糙度选择 $Ra=6.3$ μm。

(3) 带轮其他面为粗车面，表面粗糙度选择 $Ra=3.2$ μm。

4. 带轮零件公差标注

带轮零件公差标注如图 12-14 所示。

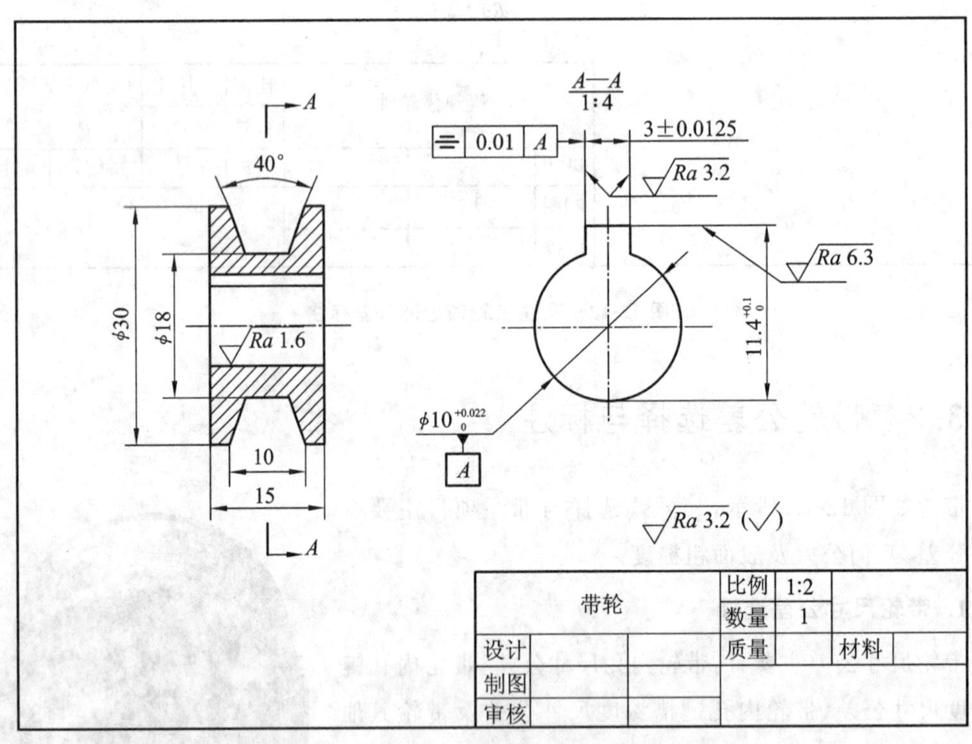

图 12-14　带轮零件公差标注

12.3.3　低速轴公差选择与标注

低速轴如图 12-15 所示，其公差选择与标注项目主要有尺寸公差、几何公差及表面粗糙度。

1. 低速轴尺寸公差选择与标注

低速轴尺寸公差主要有：与轴承内圈配合的轴颈尺寸公差、与大齿轮内孔配合的轴颈尺

图 12-15 低速轴

寸公差、与大齿轮内孔配合的轴键槽宽度尺寸公差、与大齿轮内孔配合的轴键槽深度尺寸公差及其他尺寸公差。

（1）与轴承内圈配合的轴颈尺寸公差。由装配图公差可知，与轴承内圈配合的轴颈尺寸公差代号为 h5，查表得轴颈尺寸公差为 $\phi17_{-0.008}^{\ 0}$ mm。

（2）与大齿轮内孔配合的轴颈尺寸公差。由装配图公差可知，与大齿轮内孔配合的轴颈尺寸公差代号为 k7，查表得轴颈尺寸公差为 $\phi20_{+0.002}^{+0.023}$ mm。

（3）与大齿轮内孔配合的轴键槽宽度尺寸公差。由装配图公差可知，与大齿轮内孔配合的轴键槽宽度尺寸公差代号为 N9，查表得轴键槽宽度尺寸公差为 $6_{-0.03}^{\ 0}$ mm。

（4）与大齿轮内孔配合的轴键槽深度尺寸公差。查表得轴键槽深度尺寸公差为 $16.8_{-0.1}^{\ 0}$ mm。

（5）其他尺寸公差。低速轴其他尺寸为自由公差尺寸，不必标注公差。

（6）低速轴尺寸公差标注如图 12-16 所示。

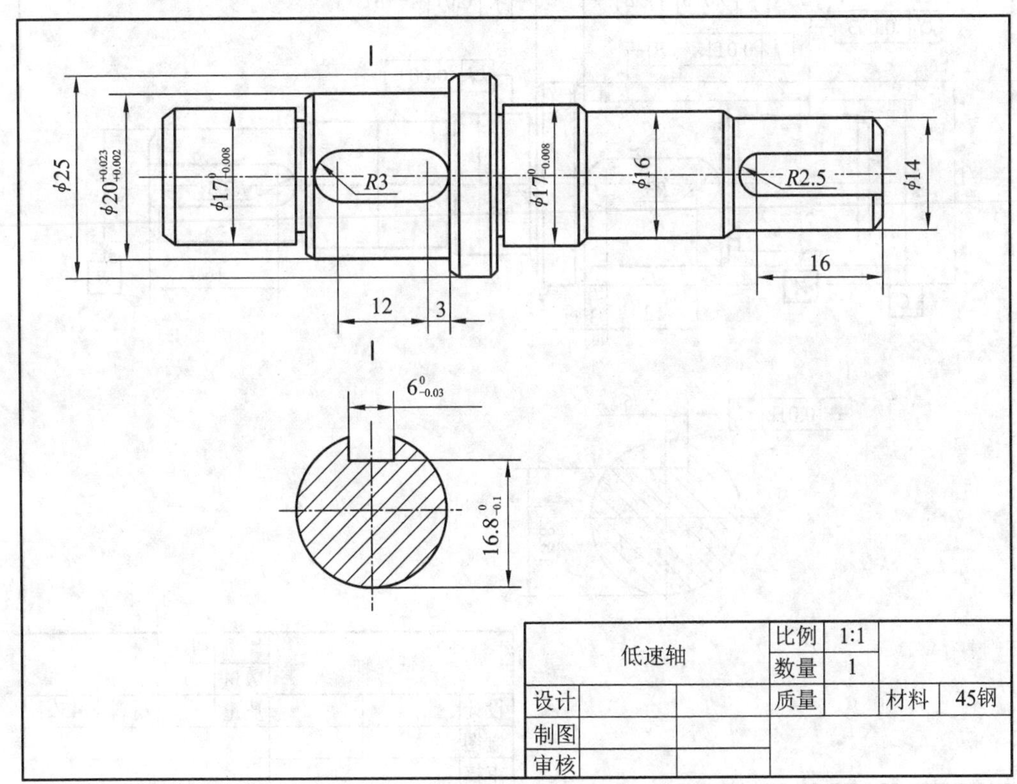

低速轴			比例	1:1		
			数量	1		
设计			质量		材料	45钢
制图						
审核						

图 12-16 低速轴尺寸公差标注

2. 低速轴几何公差选择与标注

低速轴几何公差主要有：与轴承内圈配合轴颈的圆柱度、轴肩的轴向圆跳动、与大齿轮内孔配合轴肩的径向圆跳动、与大齿轮内孔配合轴肩的轴向圆跳动及键槽的对称度。

（1）与轴承内圈配合轴颈的圆柱度。因轴承为 P0 级，由表查得轴颈的圆柱度公差值为 0.003 mm。

（2）轴肩的轴向圆跳动。因轴承为 P0 级，由表查得轴肩的轴向圆跳动公差值为 0.01 mm。

（3）与大齿轮内孔配合轴肩的径向圆跳动。因齿轮精度等级为 7 级，为保证齿顶圆的径向圆跳动公差，与大齿轮内孔配合轴肩的径向圆跳动精度应比齿轮精度高一级，选择为 6 级。由表查得与大齿轮内孔配合轴肩的径向圆跳动公差值为 0.01 mm。

（4）与大齿轮内孔配合轴肩的轴向圆跳动。取与大齿轮内孔配合轴肩的轴向圆跳动精度等级为 7 级，由表查得与大齿轮内孔配合轴肩的轴向圆跳动公差值为 0.015 mm。

（5）键槽的对称度。因键长与键宽比 $L/b=12/6=2<8$，轴键槽选择标注对称度，公差等级在 7～9 级中选取，这里取 8 级。由表查得对称度公差值为 0.012 mm。

（6）低速轴几何公差标注如图 12-17 所示。

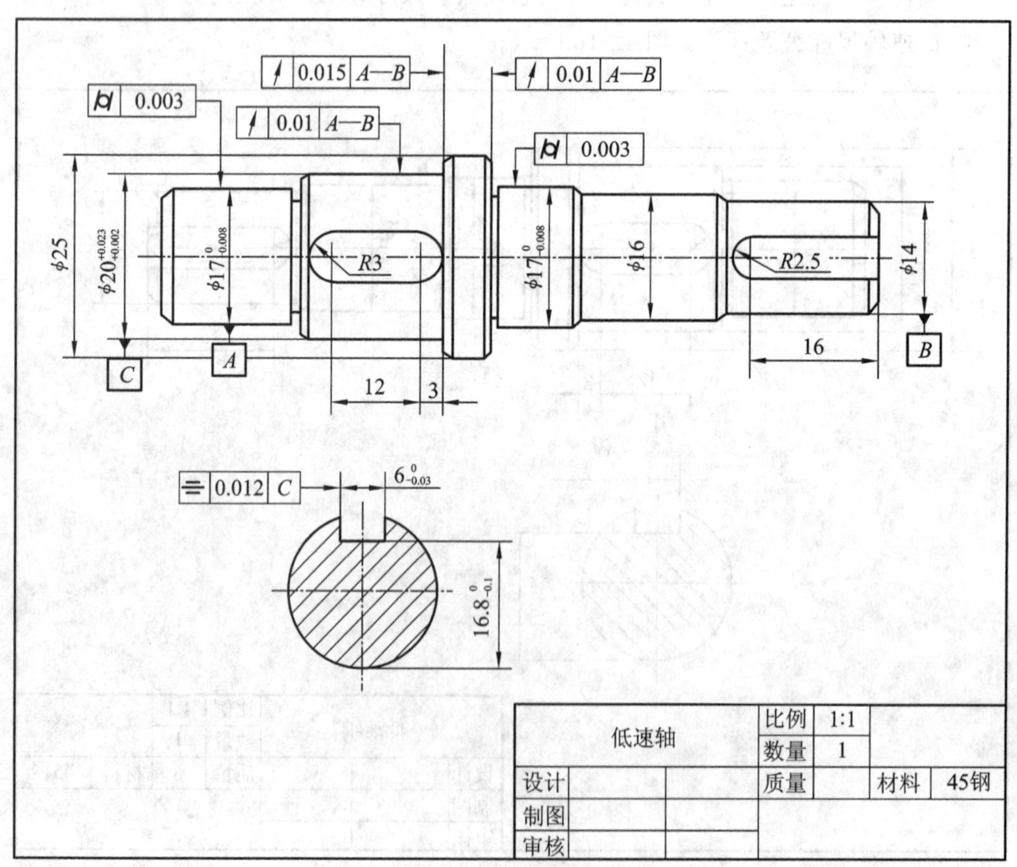

图 12-17　低速轴几何公差标注

3. 低速轴表面粗糙度选择与标注

低速轴表面粗糙度主要有:与轴承内圈配合的轴颈和轴肩的表面粗糙度、与齿轮内孔配合的轴颈和轴肩的表面粗糙度、与键槽配合面的表面粗糙度及其他面的表面粗糙度。

(1) 与轴承内圈配合的轴颈和轴肩表面粗糙度选择。由装配图可知,轴承为P0级,由表查得与轴承内圈配合的轴颈表面粗糙度值 $Ra=0.8\ \mu m$,与轴承内圈配合的轴肩表面粗糙度值 $Ra=3.2\ \mu m$。

(2) 与齿轮内孔配合的轴颈和轴肩表面粗糙度选择。因轴颈尺寸精度等级为7级,由表查得轴颈表面粗糙度值 $Ra=0.8\ \mu m$;轴肩表面粗糙度参照与轴承内圈配合的轴肩表面粗糙度选择 $Ra=3.2\ \mu m$。

(3) 键槽配合面表面粗糙度选择。因平键固定连接,故键槽侧面表面粗糙度选择 $Ra=3.2\ \mu m$,键槽底面表面粗糙度选择 $Ra=6.3\ \mu m$。

(4) 其他面表面粗糙度选择。低速轴其他面为粗车面,表面粗糙度选择 $Ra=3.2\ \mu m$。

(5) 低速轴表面粗糙度标注如图12-18所示。

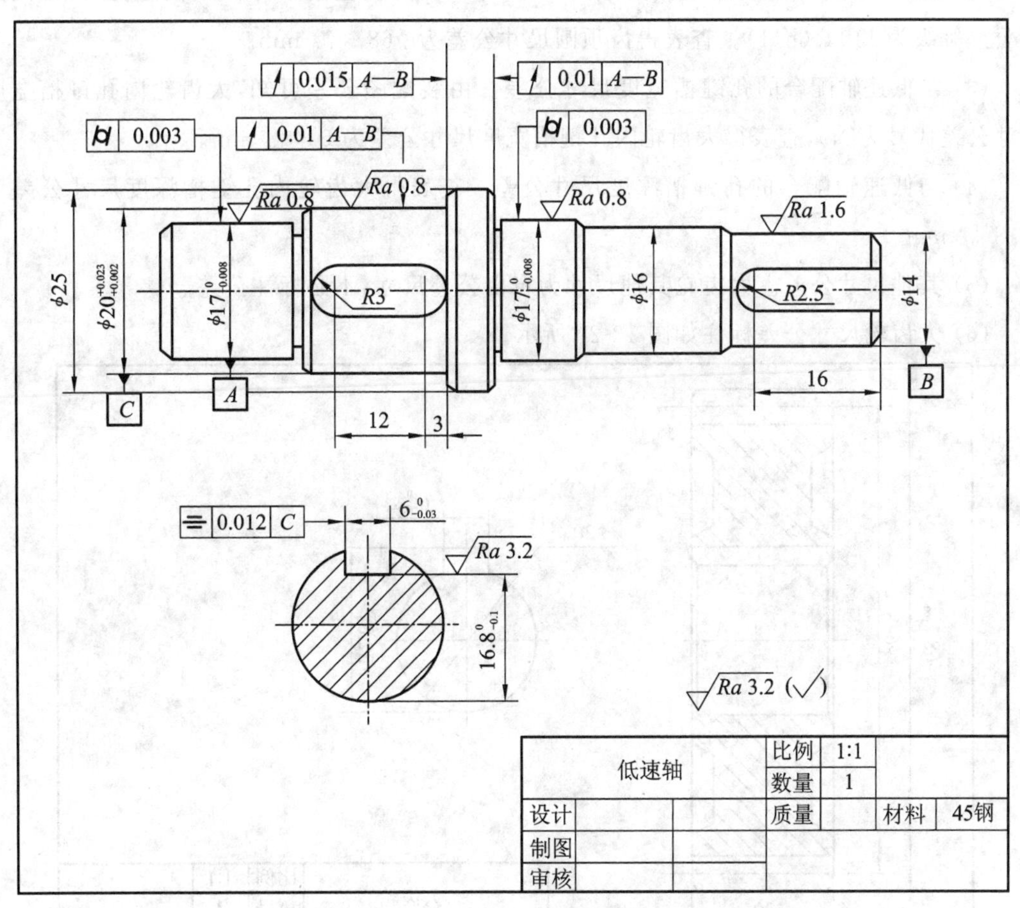

图 12-18 低速轴表面粗糙度标注

12.3.4 大齿轮公差选择与标注

图 12-19 大齿轮

大齿轮如图 12-19 所示，其公差选择与标注项目主要有尺寸公差、几何公差、表面粗糙度及齿形公差。

1. 大齿轮尺寸公差选择与标注

大齿轮尺寸公差主要有：与低速轴配合的内孔尺寸公差、齿顶圆尺寸公差、与低速轴配合的孔键槽宽度尺寸公差、与低速轴配合的孔键槽深度尺寸公差。

(1) 与低速轴配合的内孔尺寸公差。由装配图公差可知，大齿轮内孔与低速轴配合的尺寸公差代号为 H7，查表得大齿轮内孔尺寸公差为 $\phi 20^{+0.021}_{0}$ mm。

(2) 齿顶圆尺寸公差。齿顶圆尺寸为 ϕ68 mm，尺寸小，用公法线千分尺测量公法线长度，齿顶圆尺寸不作为测量基准，所以由表选择齿顶圆尺寸公差等级为 IT11 (h11)。查表得齿顶圆尺寸公差为 $\phi 68^{0}_{-0.190}$ mm。

(3) 与低速轴配合的孔键槽宽度尺寸公差。由装配图公差可知，大齿轮内孔键槽宽度尺寸公差代号为 N9，查表得大齿轮内孔键槽宽度尺寸公差为 $6^{0}_{-0.036}$ mm。

(4) 与低速轴配合的孔键槽深度尺寸公差。查表得大齿轮内孔键槽深度尺寸公差为 $22.8^{+0.1}_{0}$ mm。

(5) 其他尺寸公差。大齿轮其他尺寸为自由公差尺寸，不必标注公差。

(6) 大齿轮尺寸公差标注如图 12-20 所示。

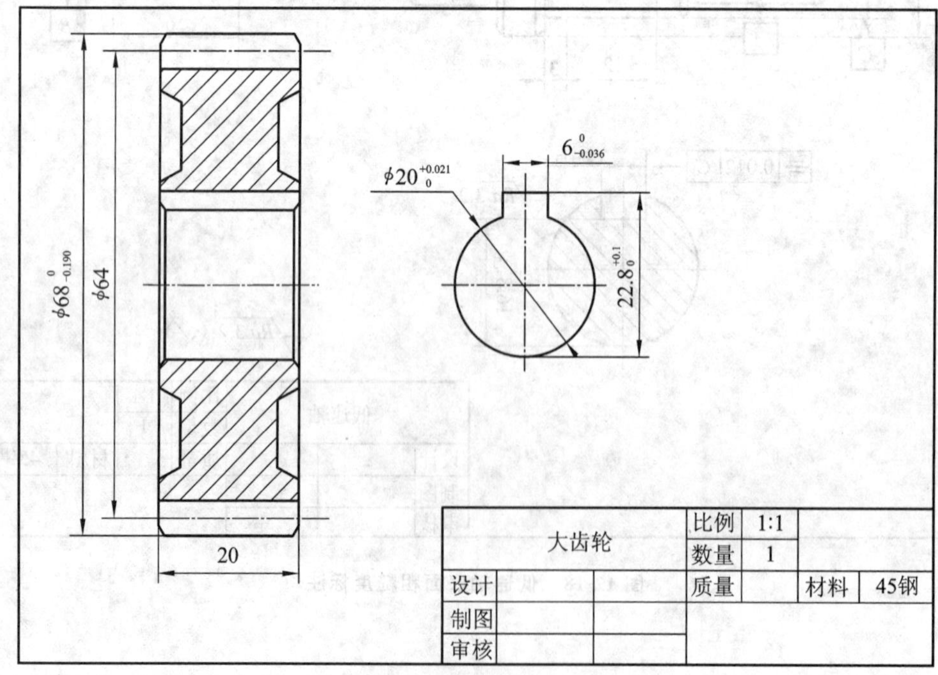

图 12-20 大齿轮尺寸公差标注

2. 大齿轮几何公差选择与标注

大齿轮几何公差主要有：大齿轮内孔几何公差、大齿轮轴向圆跳动、齿顶圆径向圆跳动、大齿轮内孔键槽的对称度。

(1) 大齿轮内孔几何公差。因齿轮精度等级为7级，齿轮内孔直径为20 mm，应采用基孔制及包容要求，则由表查得齿轮内孔公差为$\phi 20H7\ (^{+0.021}_{0}$Ⓔ$)$ mm。

(2) 大齿轮轴向圆跳动。因齿轮精度等级为7级，由表查得基准端面的轴向圆跳动公差值为0.018 mm。

(3) 齿顶圆径向圆跳动。因齿轮精度等级为7级，由表查得齿顶圆的径向圆跳动公差值为0.018 mm。

(4) 大齿轮内孔键槽的对称度。因键长与键宽比$L/b=12/6=2<8$，大齿轮内孔键槽选择标注对称度，公差等级在7～9级中选取，这里取8级。由表查得对称度公差值为0.012 mm。

(5) 大齿轮几何公差标注如图12-21所示。

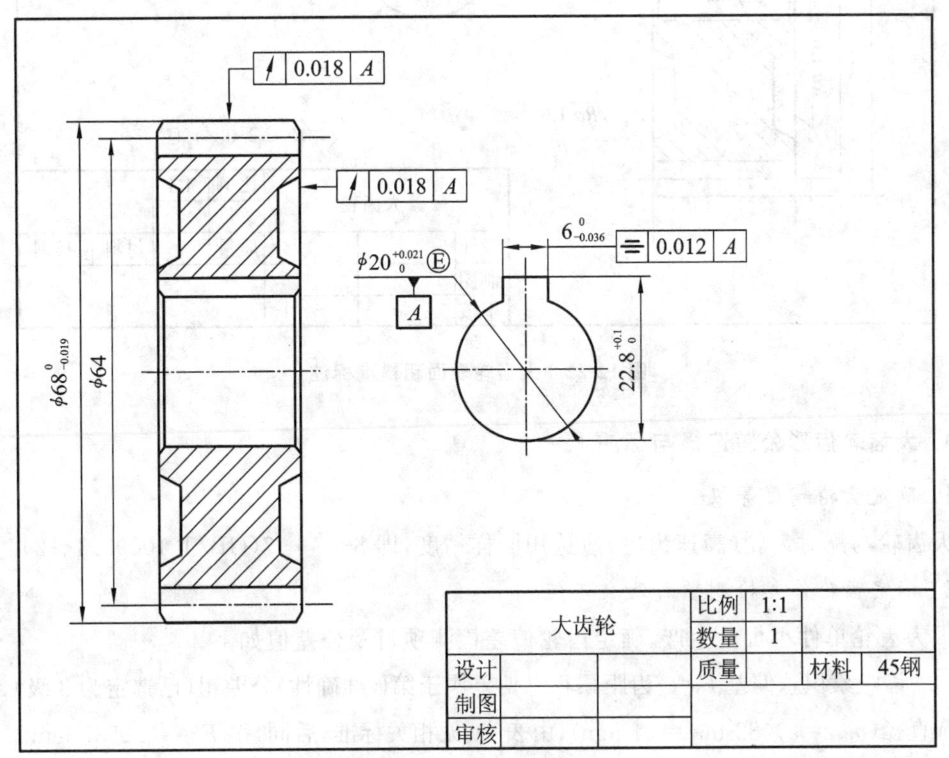

图12-21　大齿轮几何公差标注

3. 大齿轮表面粗糙度选择与标注

大齿轮表面粗糙度主要有：齿顶圆与齿面、端面表面粗糙度，键槽配合面表面粗糙度及其他面表面粗糙度。

(1) 齿顶圆与齿面、端面表面粗糙度选择。由表查得齿顶圆(精车)表面粗糙度值$Ra=1.6\ \mu m$；齿面(精滚齿)表面粗糙度值$Ra=1.6\ \mu m$；齿轮端面表面粗糙度值$Ra=1.6\ \mu m$。

(2) 键槽配合面表面粗糙度选择。因平键固定连接，故键槽侧面表面粗糙度选择$Ra=$

3.2 μm,键槽顶面表面粗糙度选择 $Ra=6.3$ μm。

(3) 其他面表面粗糙度选择。其他面为粗车面,表面粗糙度选择 $Ra=3.2$ μm。

(4) 大齿轮表面粗糙度标注如图 12-22 所示。

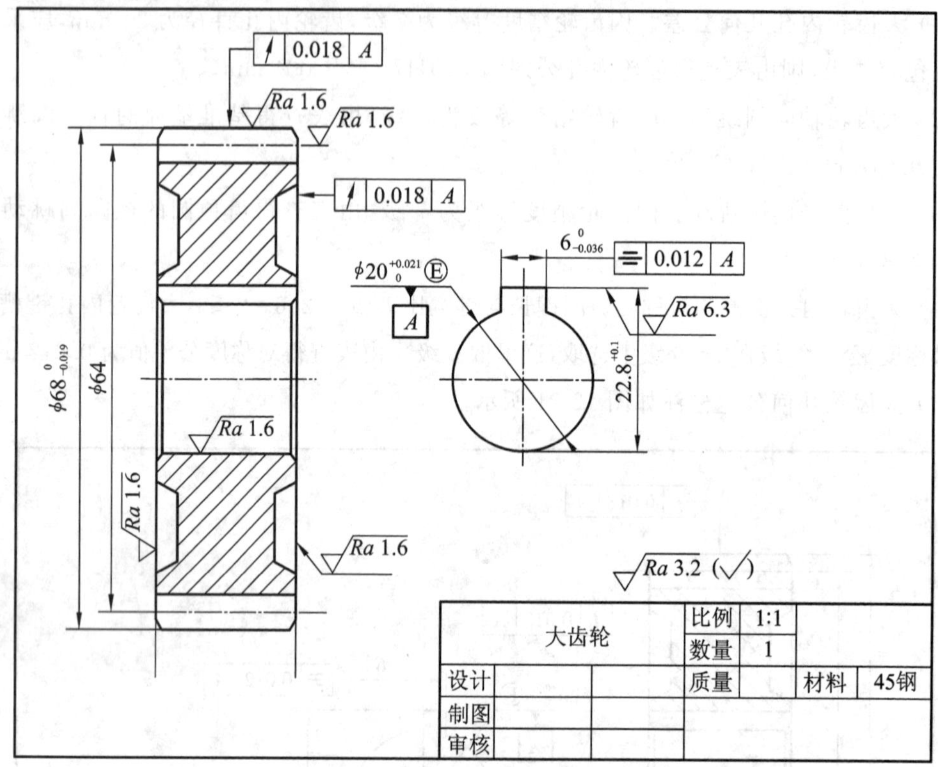

图 12-22 大齿轮表面粗糙度标注

4. 大齿轮齿形公差选择与标注

1) 确定齿轮精度等级

大齿轮与配对齿轮(高速齿轮)应选用同样精度,即 8—7— 7(GB/T 10095.1~2)。

2) 确定齿轮偏差检测项目及公差值

因为齿轮单件小批量生产,确定齿轮偏差检测项目及公差值如下。

(1) 齿距累积总偏差 F_{P2}。齿距累积总偏差属于第Ⅰ(准确性)公差组(已选定为 8 级),根据分度圆直径($mz_2=2\times32$ mm$=64$ mm),由表查(见相关标准,后同)得 $F_{p2}=0.0537$ mm。

(2) 单个齿距偏差 $\pm f_{pt2}$。单个齿距偏差属于第Ⅱ(平稳性)公差组(已选定为 7 级),根据分度圆直径($mz_2=2\times32$ mm$=64$ mm),由表查得 $\pm f_{pt2}=\pm0.0127$ mm。

(3) 齿廓总偏差 $F_{\alpha2}$。齿廓总偏差也属于第Ⅱ(平稳性)公差组(已选定为 7 级),根据分度圆直径($mz_2=2\times32$ mm$=64$ mm),由表查得 $F_{\alpha2}=0.015$ mm。

(4) 螺旋线总偏差 $F_{\beta2}$。螺旋线总偏差属于第Ⅲ(均匀性)公差组(选定为 7 级),根据分度圆直径($mz_2=2\times32$ mm$=64$ mm),由表查得 $F_{\beta2}=0.017$ mm。

3) 计算齿厚偏差

(1) 齿厚计算。因齿轮模数为 $m=2$ mm,齿数 $z_2=32$,由表查得 $m=1$ mm 时的齿厚

$s_{a1}=1.57027$ mm。因此，$m=2$ mm 时的齿厚 $s_a=2\times s_{a1}=2\times 1.57027$ mm$=3.14054$ mm。

(2) 确定保证正常的润滑所必需的最小侧隙 j_{n1}。由表按喷油润滑查得

$$j_{n1}=0.01\times m=0.01\times 2\ \text{mm}=0.02\ \text{mm}$$

(3) 确定补偿温升而引起的变形所必需的最小侧隙 j_{n2}。

$$\begin{aligned} j_{n2}&=2a(\alpha_1\Delta t_1-\alpha_2\Delta t_2)\sin\alpha \\ &=2\times 48\times[11.5\times 10^{-6}\times(80-20)-10.5\times 10^{-6}\times(50-20)]\times\sin 20°\ \text{mm} \\ &=0.0123\ \text{mm} \end{aligned}$$

(4) 确定补偿加工误差和安装误差所需的两齿轮齿厚减薄量 δ_s。由表查得 $f_{pt2}=12$ μm，$F_{\beta2}=17$ μm，$L=46$ mm，$b_2=20$ mm，且 $f_{pt1}=11$ μm，则

$$\begin{aligned} \delta_s&=\sqrt{0.88\times(f_{pt1}^2+f_{pt2}^2)+[1.77+0.34(L/b_2)^2]F_{\beta2}^2} \\ &=\sqrt{0.88\times(11^2+12^2)+[1.77+0.34\times(46/20)^2]\times 17^2}\ \mu\text{m}=32.2\ \mu\text{m}=0.0322\ \text{mm} \end{aligned}$$

(5) 确定一对齿轮在法向侧隙方向上总的减薄量 δ_{SN}

$$\delta_{SN}=j_{n1}+j_{n2}+\delta_s=0.02\ \text{mm}+0.0123\ \text{mm}+0.0322\ \text{mm}=0.0645\ \text{mm}$$

(6) 确定齿厚上偏差 E_{sns}

$$\begin{aligned} E_{sns}&=-\left[\frac{\delta_{SN}}{2\cos\alpha}+|f_a|\tan\alpha\right] \\ &=-\left[\frac{0.0645}{2\cos 20°}+0.0195\times\tan 20°\right]\text{mm}=-0.042\ \text{mm} \end{aligned}$$

(7) 确定齿厚公差 T_{sn}。由表查得 $F_{r2}=43$ μm(第Ⅰ公差组 8 级)；由表查得切齿时的径向进刀公差等级为 1.26IT9，再由表按分度圆直径($d_2=64$ mm)查得 $b_{r2}=93$ μm，因此齿厚公差为

$$T_{sn}=2\tan\alpha\sqrt{b_{r2}^2+F_{r2}^2}=2\times\tan 20°\times\sqrt{93^2+43^2}\ \mu\text{m}=72\ \mu\text{m}=0.072\ \text{mm}$$

(8) 确定齿厚下偏差 E_{sni}

$$E_{sni}=E_{sns}-T_{sn}=-0.042\ \text{mm}-0.072\ \text{mm}=-0.114\ \text{mm}$$

4) 计算公法线平均长度偏差

对于中、小模数齿轮，控制侧隙的指标宜采用公法线平均长度偏差，所以还得把齿厚偏差转换成公法线长度偏差。

(1) 确定公法线公称长度 W 及其跨齿数 k。因齿数 $z_2=32$，由表查得 $m=1$ mm 时的跨齿数 k 为 4，公法线公称长度 $W_1=10.7806$ mm。因此，$m=2$ mm 时的公法线公称长度

$$W=2\times W_1=2\times 10.7806\ \text{mm}=21.5612\ \text{mm}$$

(2) 确定公法线长度上偏差 E_{Ws}。因是外齿轮，则公法线长度上偏差为

$$E_{Ws}=E_{sns}\cos\alpha-0.72F_{r2}\sin\alpha=(-0.042\cos 20°-0.72\times 0.043\times\sin 20°)\ \text{mm}=-0.049\ \text{mm}$$

(3) 确定公法线长度下偏差 E_{Wi}

$$E_{Wi}=E_{sni}\cos\alpha+0.72F_{r2}\sin\alpha=(-0.114\cos 20°+0.72\times 0.043\times\sin 20°)\ \text{mm}=-0.097\ \text{mm}$$

(4) 公法线平均长度偏差为 $W=21.5612_{-0.097}^{-0.049}$ mm。

5) 齿形公差标注

齿形公差一般标注在图样右上角的表中，如图 12-23 所示。

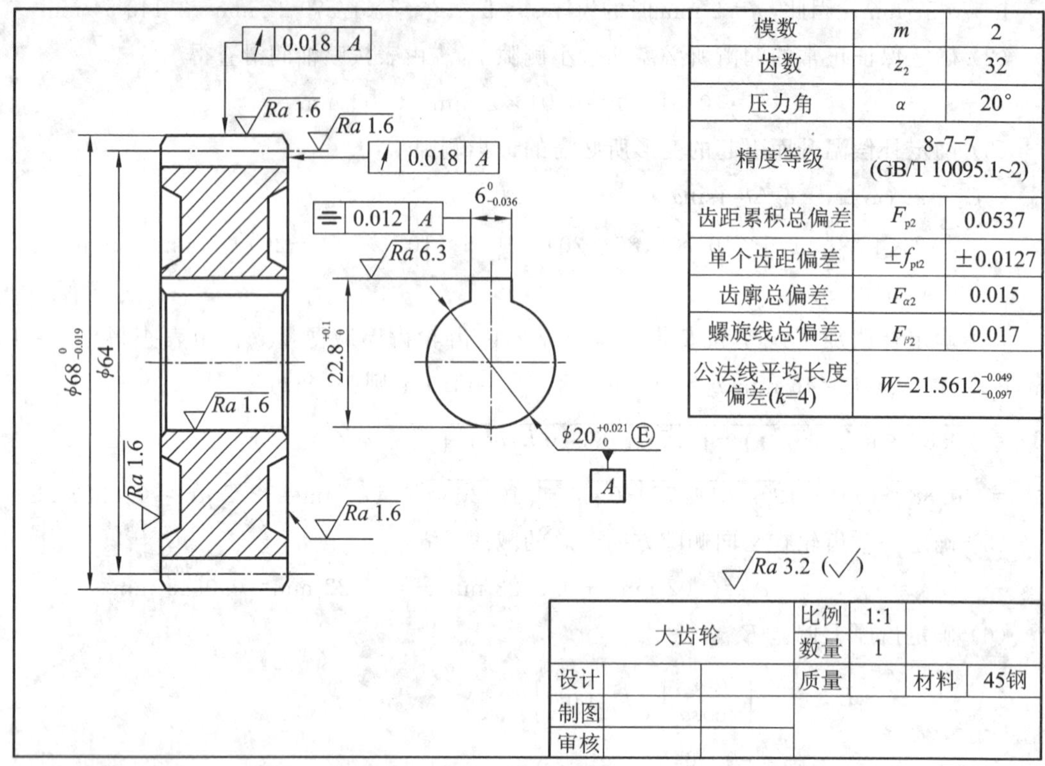

图 12-23　大齿轮齿形公差标注

12.3.5　壳体公差选择与标注

壳体如图 12-24 所示，其公差选择与标注项目主要有尺寸公差、几何公差及表面粗糙度。

图 12-24　壳体

1. 壳体尺寸公差选择与标注

壳体尺寸公差主要有：壳体孔中心距及极限偏差、与轴承外圈配合的高速轴组壳体孔尺寸公差、与轴承外圈配合的低速轴组壳体孔尺寸公差及其他尺寸公差。

(1) 壳体孔中心距及极限偏差。由装配图公差可知，壳体孔中心距及极限偏差 $a \pm f$ 与装配图中的相同，为 48±0.0195 mm。

(2) 与轴承外圈配合的高速轴组壳体孔尺寸公差。由装配图公差可知，与轴承外圈配合的高速轴组壳体孔尺寸公差代号为 H7，查表得与轴承外圈配合的高速轴组壳体孔尺寸公差为 $\phi 32^{+0.025}_{0}$ mm。

(3) 与轴承外圈配合的低速轴组壳体孔尺寸公差。由装配图公差可知，与轴承外圈配合的低速轴组壳体孔尺寸公差代号为 H7，查表得与轴承外圈配合的低速轴组壳体孔尺寸公差为 $\phi 40^{+0.025}_{0}$ mm。

(4) 其他尺寸公差。壳体其他尺寸为自由公差尺寸，不必标注公差。

(5) 壳体尺寸公差标注如图 12-25 所示。

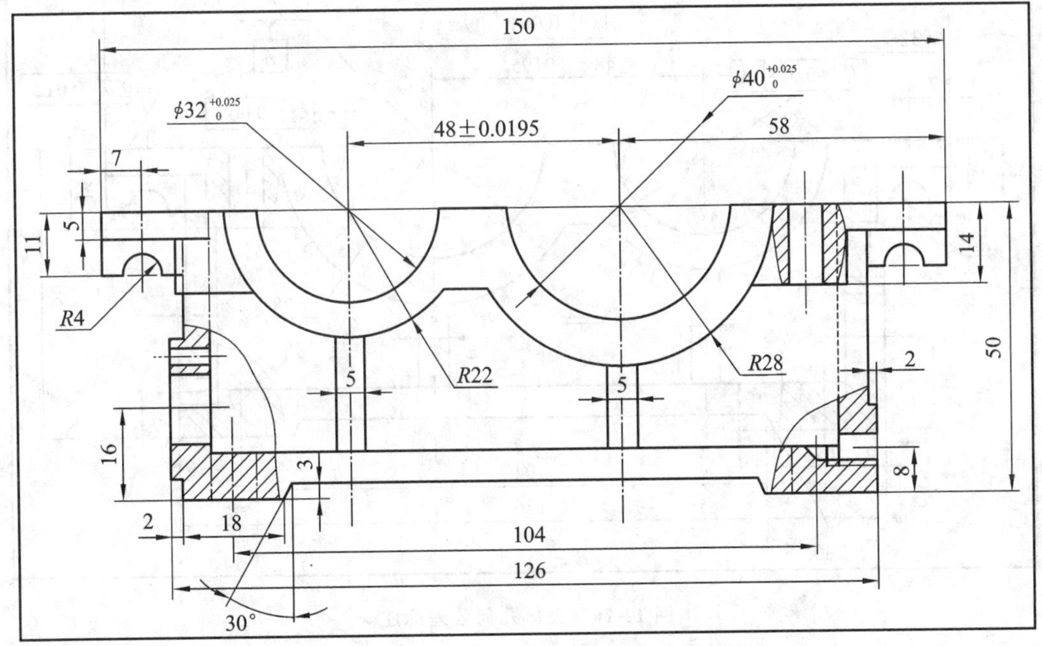

图 12-25　壳体尺寸公差标注

2. 壳体几何公差选择与标注

壳体几何公差主要有：两壳体孔的圆柱度、两壳体孔中心线的平行度和壳体顶面的平面度。

(1) 两壳体孔的圆柱度。由装配图可知，两壳体孔均与轴承(P0 级)外圈相配，由表查得两壳体孔的圆柱度公差值为 0.004 mm。

(2) 两壳体孔中心线的平行度。两壳体孔中心线平行误差实际为两齿轮轴线的平行误差。

① 两轴线在轴线平面上的平行度由下式计算

$$f_{\Sigma\beta}=0.5(L/b_1)F_\beta=0.5\times(46/25)\times0.016\ \text{mm}=0.015\ \text{mm}$$

② 两轴线在垂直平面上的平行度由下式计算

$$f_{\Sigma\delta}=2f_{\Sigma\beta}=2\times0.015\ \text{mm}=0.03\ \text{mm}$$

③ 为了方便标注，又可达到平行度公差要求，选择两壳体孔中心线在任意方向上的平行度公差值取最小值 0.015 mm。

(3) 壳体顶面的平面度。因壳体顶面与上壳体底面要求密封，对平面度要求较高，取平面度公差等级为 6 级，由表查得平面度公差值为 0.012 mm(要求用铲刮法进一步消除平面误差)。

(4) 壳体几何公差标注如图 12-26 所示。

3. 壳体表面粗糙度选择与标注

壳体表面粗糙度主要有：两壳体孔表面粗糙度、壳体顶面表面粗糙度及其他面表面粗糙度。

(1) 两壳体孔表面粗糙度选择。由装配图可知，两壳体孔均与轴承(P0 级)外圈相配，表面粗糙度要求较高，由表查得两壳体孔表面粗糙度值 $Ra=1.6\ \mu\text{m}$。

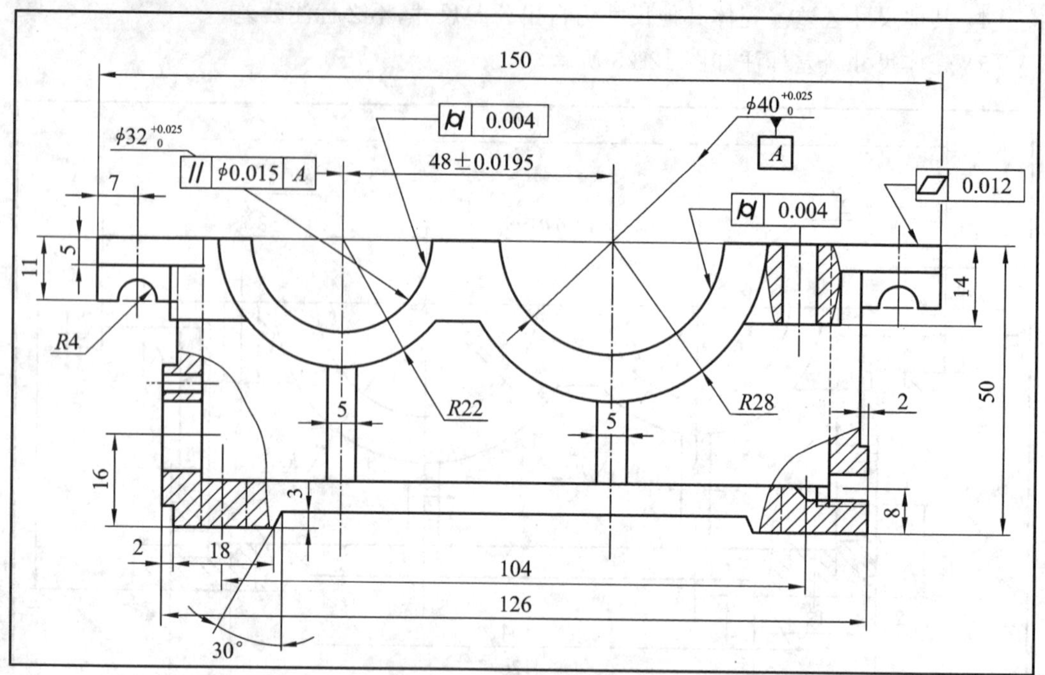

图 12-26　壳体几何公差标注

(2) 壳体顶面表面粗糙度选择。因壳体顶面与上壳体底面要求密封,对表面粗糙度要求较高,用磨削加工,取壳体顶面表面粗糙度值 $Ra=0.8$ μm。

(3) 其他面表面粗糙度选择。壳体其他面对表面粗糙度要求不高,选择其他面表面粗糙度值 $Ra=3.2$ μm。

(4) 壳体表面粗糙度标注如图 12-27 所示。

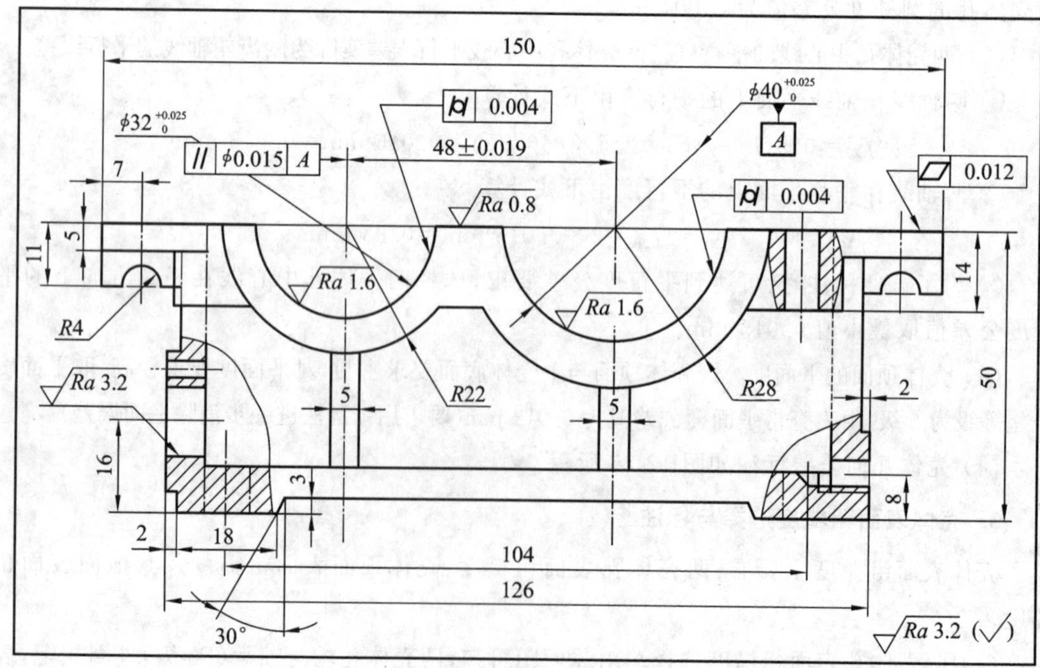

图 12-27　壳体表面粗糙度标注

习　题

一、综合题

1. 将下列精度要求标注在图12-28所示图样上。

(1) 内孔尺寸为 ϕ30H7，遵守包容要求；

(2) 圆锥面的圆度公差为0.01 mm，母线的直线度公差为0.01 mm；

(3) 圆锥面对内孔的轴线的斜向圆跳动公差为0.02 mm；

(4) 内孔的轴线对右端面的垂直度公差为0.01 mm。

(5) 左端面对右端面的平行度公差为0.02 mm；

(6) 圆锥面的表面粗糙度 Ra 的最大值为6.3 μm，其余表面 Ra 的上限值为3.2 μm。

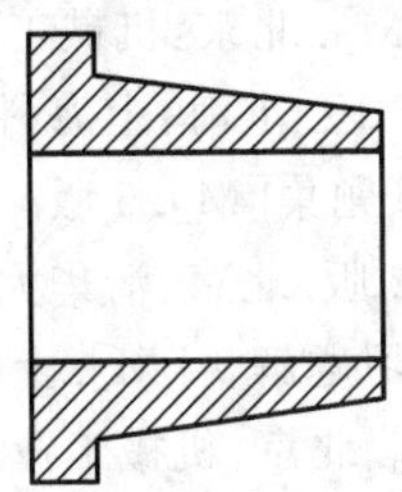

图12-28　标注图样1

2. 将下列精度要求标注在图12-29所示图样上。

(1) 小端圆柱面的尺寸为 $\phi30_{-0.025}^{\ 0}$ mm，采用包容原则，表面粗糙度 Ra 的最大允许值为0.8 μm；

(2) 大端圆柱面的尺寸为 $\phi50_{-0.039}^{\ 0}$ mm，采用独立原则，表面粗糙度 Ra 的最大允许值为1.6 μm；

(3) 键槽中心平面对其轴线的对称度公差为0.02 mm，键槽两侧面表面粗糙度 Ra 的最大允许值为3.2 μm；

(4) 大端圆柱面对小端圆柱轴线的径向圆跳动公差为0.03 mm，轴肩端平面对小端圆柱轴线的端面圆跳动公差为0.05 mm；

(5) 小端圆柱面的圆柱度公差为0.006 mm；

(6) 其余表面粗糙度的最大允许值 Ra 为6.3 μm。

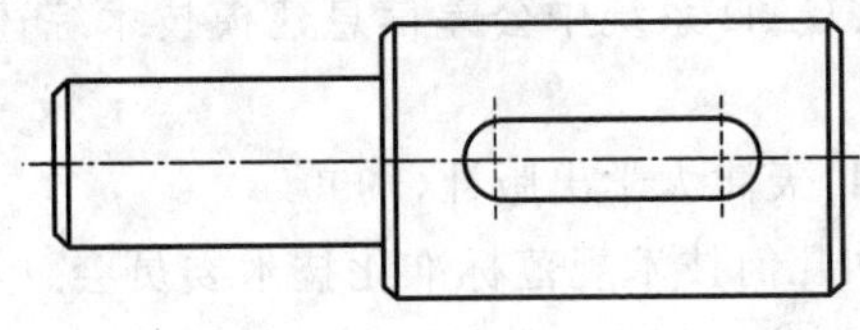

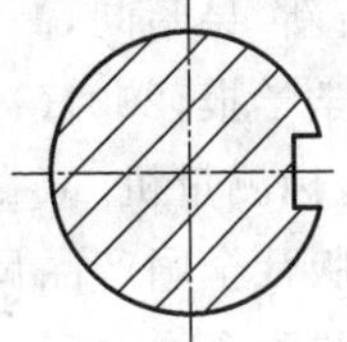

图12-29　标注图样2

参考文献 CANKAOWENXIAN

[1] 韩进宏. 互换性与技术测量[M]. 北京:机械工业出版社,2004.
[2] 张琳娜,赵凤霞,李晓沛. 简明公差标准应用手册[M]. 上海:上海科学技术出版社,2005.
[3] 陈于萍,周兆元. 互换性与测量技术基础[M]. 北京:机械工业出版社,2003.
[4] 王伯平. 互换性与测量技术基础[M]. 北京:机械工业出版社,2003.
[5] 甘永立. 几何量公差与检测[M]. 4 版. 上海:上海科学技术出版社,2003.
[6] 甘永立. 几何量公差与检测习题试题集[M]. 5 版. 上海:上海科学技术出版社,2005.
[7] 邢闽芳. 互换性与技术测量[M]. 2 版. 北京:清华大学出版社,2011.
[8] 刘璇,曹守启. 互换性与测量技术习题解析[M]. 上海:上海交通大学出版社,2013.
[9] 黄云清. 公差配合与测量技术[M]. 北京:机械工业出版社,2007.
[10] 何赐方,唐家才. 形位误差测量[M]. 北京:中国计量出版社,1998.
[11] 陈于萍,李翔英,蒋平. 互换性与测量技术基础学习指导及习题集[M]. 北京:机械工业出版社,2006.
[12] 徐茂功. 公差配合与技术测量[M]. 3 版. 北京:机械工业出版社,2008.
[13] 周文玲. 互换性与测量技术[M]. 北京:机械工业出版社,2011.
[14] 李柱,徐振高,蒋向前. 互换性与测量技术[M]. 北京:高等教育出版社,2004.
[15] 周玉凤,杜向阳. 互换性与技术测量[M]. 北京:清华大学出版社,2008.
[16] 董燕. 公差配合与测量技术[M]. 武汉:武汉理工大学出版社,2008.
[17] 吕永智. 公差配合与技术测量[M]. 北京:机械工业出版社,2006.
[18] 冯丽萍. 公差配合与机械测量[M]. 北京:机械工业出版社,2011.
[19] 毛平淮. 互换性与测量技术基础[M]. 北京:机械工业出版社,2006.
[20] 吴昭同,杨将新. 计算机辅助公差优化设计[M]. 杭州:浙江大学出版社,1999.
[21] 张根保. 计算机辅助公差设计综述[J]. 中国机械工程,1996(5).
[22] 刘玉生,杨将新,吴昭同,高曙明. CAD 系统中公差信息建模技术综述[J]. 计算机辅助设计与图形学学报,2001(11).
[23] 张国雄. 三坐标测量机[M]. 天津:天津大学出版社,1999.
[24] 中国标准出版社全国产品尺寸和几何技术规范标准化技术委员会. 中国机械工业标准汇编　极限与配合卷[M]. 2 版. 北京:中国标准出版社,2002.